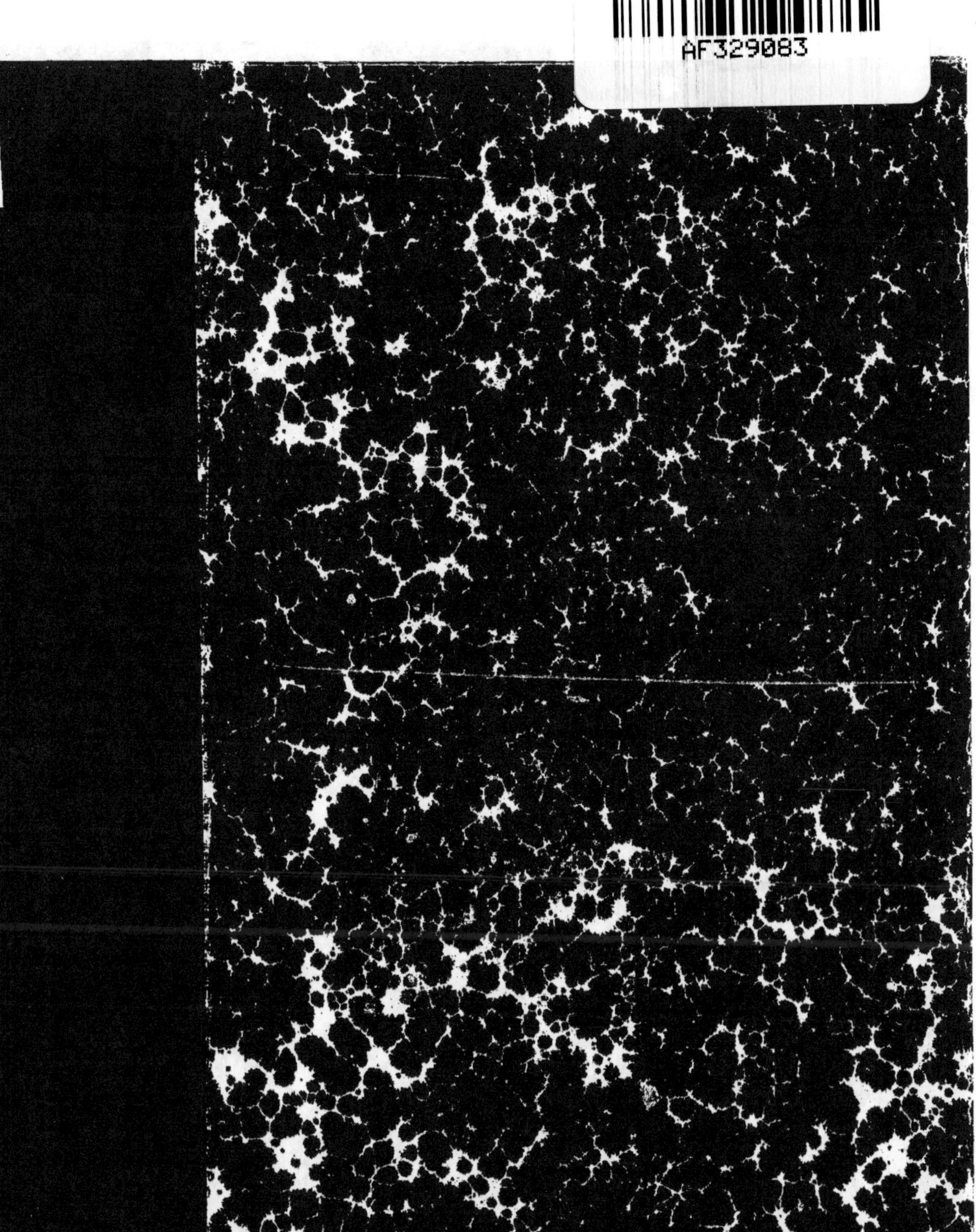

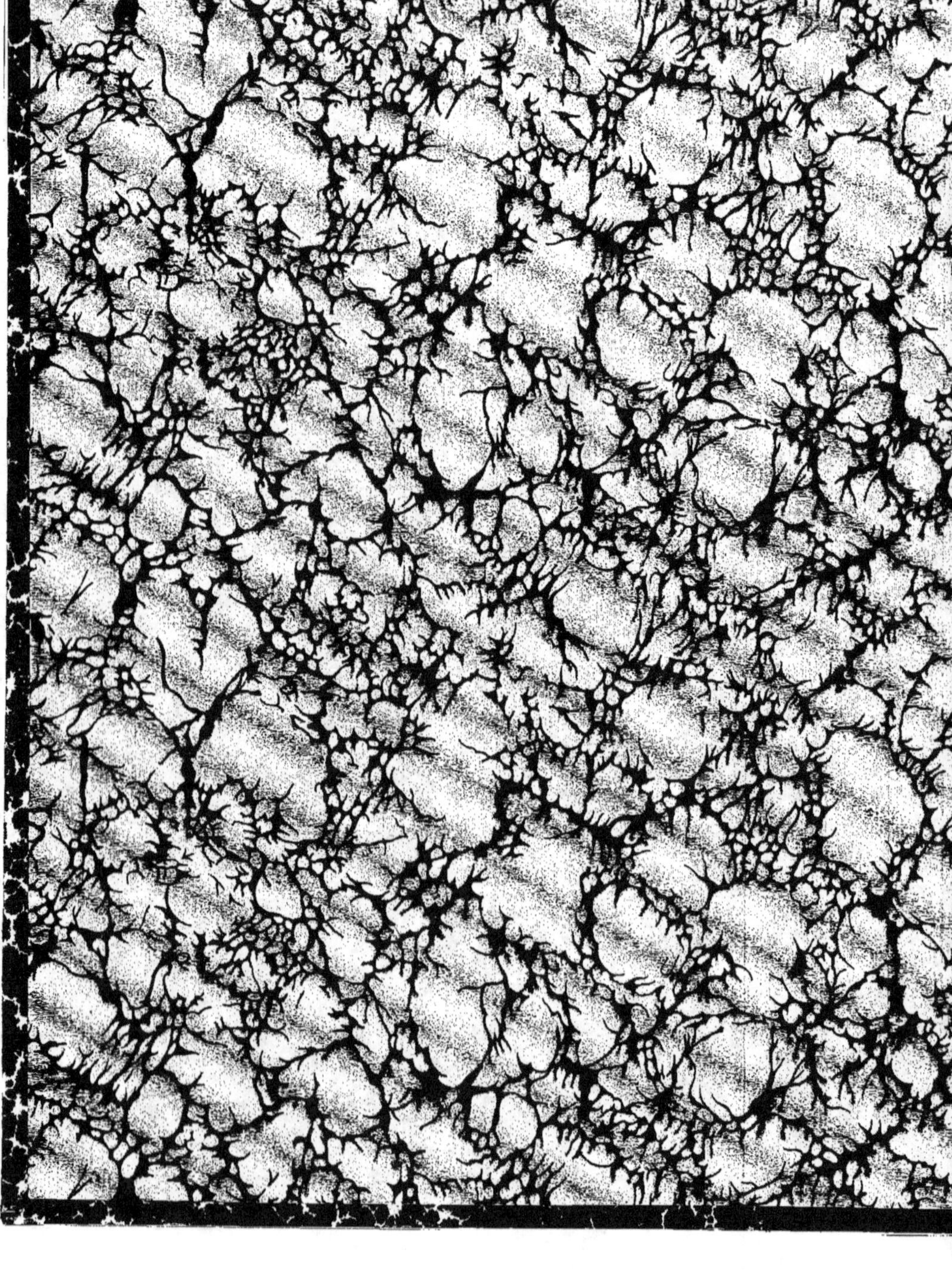

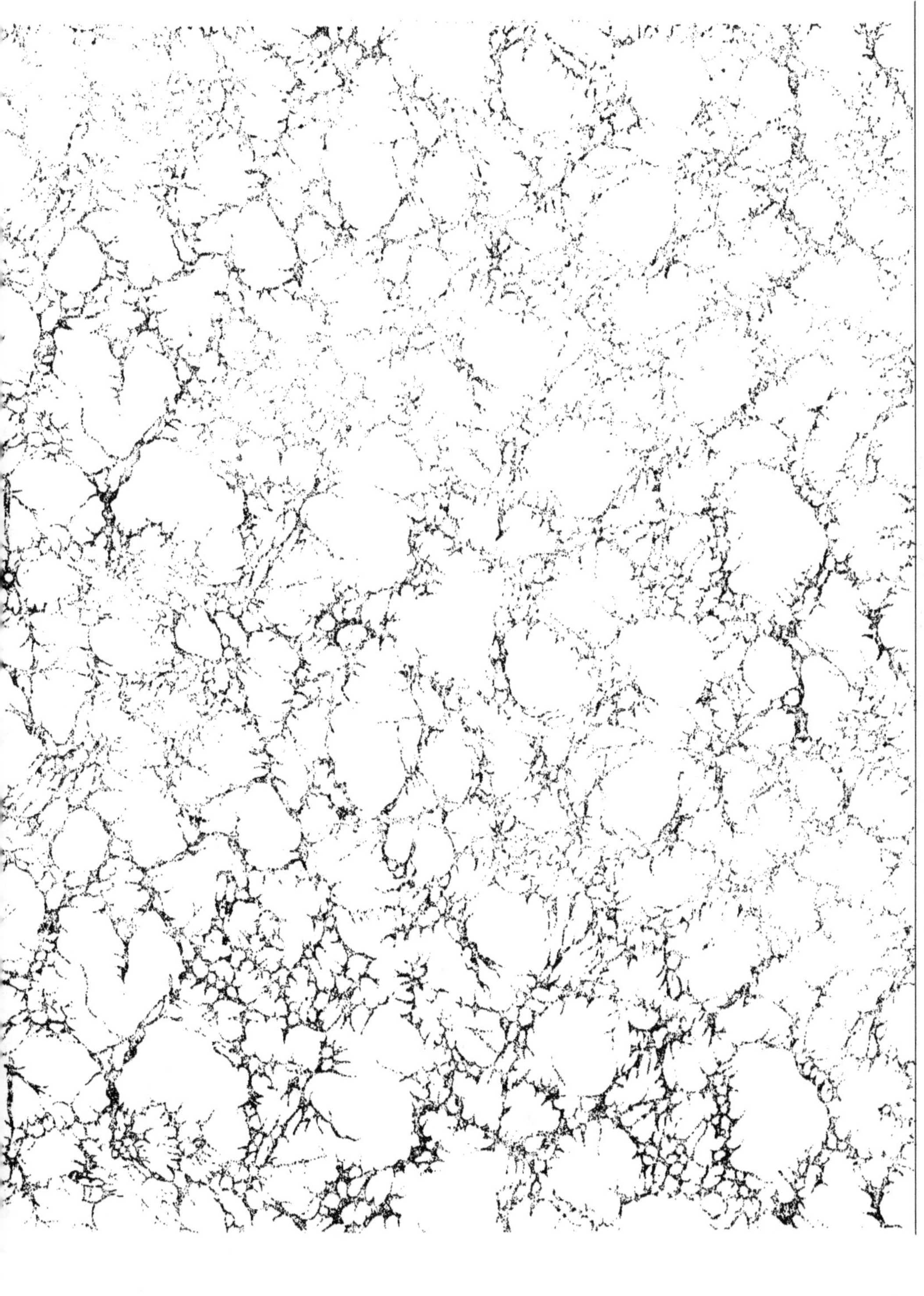

# COURS DE MÉCANIQUE

D'APRÈS

## LA NATURE GÉNÉRALEMENT FLEXIBLE ET ÉLASTIQUE DES CORPS,

COMPRENANT

LA STATIQUE ET LA DYNAMIQUE AVEC LA THÉORIE DES VITESSES VIRTUELLES,
CELLE DES FORCES VIVES ET CELLE DES FORCES DE RÉACTION,
LA THÉORIE DES MOUVEMENTS RELATIFS ET LE THÉORÈME DE NEWTON
SUR LA SIMILITUDE DES MOUVEMENTS

Par F. REECH,

Ingénieur de la marine, Directeur de l'École spéciale d'application du génie maritime à Lorient,
Officier de la Légion d'honneur, etc.

## PARIS,

CARILIAN-GOEURY ET V°° DALMONT,

LIBRAIRES DES CORPS DES PONTS ET CHAUSSÉES ET DES MINES,

Quai des Augustins, n° 49.

1852

# COURS DE MÉCANIQUE.

PARIS. — IMPRIMÉ PAR E. THUNOT ET Cᵉ,
26, RUE RACINE, PRÈS DE L'ODÉON.

# COURS DE MÉCANIQUE

D'APRÈS

## LA NATURE GÉNÉRALEMENT FLEXIBLE ET ÉLASTIQUE DES CORPS,

COMPRENANT

LA STATIQUE ET LA DYNAMIQUE AVEC LA THÉORIE DES VITESSES VIRTUELLES,
CELLE DES FORCES VIVES ET CELLE DES FORCES DE RÉACTION,
LA THÉORIE DES MOUVEMENTS RELATIFS ET LE THÉORÈME DE NEWTON
SUR LA SIMILITUDE DES MOUVEMENTS.

### PAR F. REECH,

Ingénieur de la marine, Directeur de l'École spéciale d'application du génie maritime à Lorient,
Officier de la Légion d'honneur, etc.

## PARIS.

CARILIAN-GŒURY ET Vᵒʳ DALMONT,

LIBRAIRES DES CORPS DES PONTS ET CHAUSSÉES ET DES MINES,

**Quai des Augustins, nᵒ 49.**

1852

# POST-SCRIPTUM.

On a eu jusqu'à présent le singulier spectacle d'une science dite mathématique dans laquelle le mot fondamental, le mot *force*, était à double ou même à triple entente, et de cette ambiguïté sont venues toutes les difficultés, obscurités et malentendus que l'on n'a cessé de reprocher avec plus ou moins de raison à la science de la mécanique.

Pour sortir d'un tel embarras et même pour ne pas fausser en quelque sorte le sens du mot mathématique, il faut qu'on se décide à faire en mécanique ce que l'on a toujours regardé comme indispensable dans les sciences exactes, en n'attribuant à chaque mot essentiel qu'une signification parfaitement déterminée. Il faut donc qu'à l'avenir le mot force ne serve plus qu'à désigner de deux choses l'une, ou une pression ou une quantité de mouvement.

Si l'on opte pour la quantité de mouvement (la signification savante du mot force), la mécanique céleste, c'est-à-dire la mécanique d'un nombre quelconque de points matériels entièrement isolés dans l'espace, se fera avec autant de clarté que de facilité, mais on n'y emploiera le mot masse que pour désigner une quantité totalement inconnue et vraiment arbitraire ; puis, quand on voudra passer de la dynamique d'un simple point matériel à la dynamique d'un corps à volume fini, l'on rencontrera cet obstacle formidable de la qualité *liaison* des corps qui ne pourra être franchi qu'à l'aide de pures hypothèses ; la statique enfin sera un non-sens ou une vaine abstraction dès l'instant qu'on voudra y voir autre chose que le résultat particulier des formules déjà connues de la dynamique, quand les vitesses de tous les points d'un système se réduiront exceptionnellement à zéro, et pourtant le mot masse ne cessera d'être une quantité totalement arbitraire qu'autant que de la dynamique on aura passé à la statique et de la statique à l'expérience des faits terrestres.

On fera donc de cette manière un chemin immense et vraiment trop abstrait pour arriver à la connaissance des faits mécaniques les plus vulgaires et les plus usuels à la surface de la terre, ou bien l'on cessera de suivre une marche rigoureusement logique, et l'on tombera dans cette perpétuelle confusion dont il a été question, de manière à faire surgir inévitablement à côté de la mécanique dite mathématique, une autre science mécanique dite physique et expérimentale, qui vraiment fera tache à la première.

Si, au contraire, l'on opte pour cette signification vulgaire du mot force dite pression ou traction, l'on aura à fonder de prime abord une science de la qualité *liaison* des corps sur laquelle on greffera ultérieurement la science purement géométrique des vitesses, et qui, ainsi complétée, embrassera toute la mécanique.

De la qualité liaison des corps on fera sortir cette science pure de la statique qui subsistera par elle-même comme la géométrie, et qu'on ne sera pas libre de tirer comme un corollaire des formules de la dynamique.

Ce sera la statique qui devra être établie la première par un ordre de raisonnements dans lequel on ne s'occupera ni des masses ni des vitesses des corps ; puis, quand cette science-là sera solidement établie, l'on fera un nouveau pas, et, à défaut d'une évidence abstraite, l'on invoquera une hypothèse ou un fait d'expérience, s'il le faut, pour étendre les règles bien connues de la statique à tous les cas de mouvement, c'est-à-dire pour fonder la dynamique et par suite une science mécanique universelle qui, en partant de ce qui a lieu en nous-mêmes et à l'entour de nous à la surface de la terre, s'étendra jusqu'aux corps célestes les plus distants les uns des autres.

La question étant ainsi posée, le choix de la meilleure signification du mot force ne saurait être douteux un instant ni pour une école destinée à former des ingénieurs, c'est-à-dire des hommes obligés de lutter incessamment contre toutes les propriétés physiques et chimiques de la matière, ni même pour ces établissements destinés à l'enseignement des sciences abstraites et purement spéculatives qui, pour la gloire de l'entendement humain, ne doivent pas être moins encouragées qu'un établissement destiné plus spécialement à l'enseignement des sciences pratiques et vraiment fécondes dans les applications terrestres.

Que surtout l'on sache se tenir en garde contre un enseignement quasi encyclopédique, et que, par le désir de vouloir tout expliquer, on ne tombe pas dans le grave inconvénient de ne plus rien expliquer utilement.

Enseigner peu, mais bien, avec un lien philosophique toujours palpable et d'une grande simplicité, faire porter le raisonnement plutôt sur les qualités physiques des choses que sur des combinaisons abstraites d'équations ; effleurer en passant une foule de sujets intéressants, et ne s'occuper à fond que des principaux d'entre eux, mais réellement à fond et même avec surabondance d'érudition ou de minutie pour ceux-là, tel est le secret de former des jeunes gens laborieux et capables, qui chercheront toujours à allier une saine théorie à une pratique éclairée ; telle est du moins la conviction que l'auteur a cherché à mettre à profit dans la rédaction de l'ouvrage qu'on va lire et qu'il n'aurait peut-être jamais achevé, si les nombreux changements qui viennent d'avoir lieu dans les programmes et cours de l'École polytechnique ne lui en avaient pas fait un véritable devoir.

F. REECH.

Paris, le 20 novembre 1851.

# AVERTISSEMENT.

L'ouvrage qu'on va lire a été commencé en décembre 1850, quand le bruit s'est répandu et confirmé bientôt après, que, dorénavant, on n'admettrait plus la science de la statique à l'École polytechnique, ou du moins que la statique n'y serait plus admise que comme une conséquence de la dynamique, ce qui était la même chose, au fond, dans la manière de voir de l'auteur, qui prétend que le mal contre lequel on lutte depuis si longtemps, en vain, dans la science de la mécanique, n'a pour principales causes que deux mauvaises définitions.

La première de ces définitions est celle qui consiste à dire que la force est une cause quelconque de mouvement.

Cet énoncé est trop vague pour le début, et ne saurait même être entendu, comme une conséquence ultérieure de la science, qu'au point de vue restrictif et inverse, qui consisterait à dire : toute cause de changement de mouvement équivaudra à une certaine force.

Car une science mathématique, non spéculative mais réelle, ne saurait être établie qu'avec des quantités mesurables et parfaitement déterminées.

La seconde définition vicieuse est celle qui consiste à dire que, puisqu'une cause quelconque de mouvement imprimera de la vitesse à une masse entièrement libre, la force sera dirigée dans le sens de la vitesse, avec une intensité égale au produit de la masse par cette vitesse.

En s'exprimant ainsi, au début de la science, on commet la double faute de généraliser empiriquement, et de restreindre en même temps ce qui tout à l'heure était trop vague, de manière à rendre inintelligible la signification du mot force dans la science de la statique, où l'on ne s'occupe jamais ni des masses ni des vitesses des corps, mais seulement des directions et des intensités des forces.

A ces deux fautes principales viennent se joindre en seconde ligne, d'une part, l'emploi abusif de l'hypothèse de la rigidité des corps et de celle encore d'un état absolu de repos dans l'espace; d'autre part, la signification obscure que prend le mot équilibre, du moment où la force n'est plus qu'une vitesse ou une quantité de mouvement.

Que dans cet ordre d'idées prises en dehors de la vraie nature des choses, on ait pu demander la suppression radicale de la statique, cela se conçoit, ce n'était que de la saine logique, mais une logique qui, malheureusement, après avoir été admise, fera rétrograder la science de la mécanique de plus d'un siècle, au lieu de la faire avancer, comme ce devait être le but de la haute commission qui a été chargée de réformer l'enseignement à l'École polytechnique.

Qu'est-ce au fond que la statique? n'est-ce pas la science de la répartition des forces par le moyen de la qualité liaison des corps ? et la qualité liaison des corps ne peut-elle être conçue indépendamment de la qualité matière ou masse?

Que fera le mouvement ou la vitesse à la qualité liaison, quand il n'y aura plus rien de matériel dans le volume d'un corps? La force, alors, ne pourra-t-elle pas continuer d'y résider comme elle le ferait dans une multitude de fils tendus les uns contre les autres, et dont la qualité matière ou masse serait négligeable?

Que fera encore la rigidité à cela? et à quoi bon l'invoquer quand, d'une part, notre entendement ne l'exigera pas, et quand, d'autre part, tous les corps seront essentiellement flexibles ou variables de figure?

Quelle sera, d'ailleurs, cette espèce de force qui pourra continuer de résider dans le volume des corps supposés dépourvus de leur qualité matière ou masse; dans les volumes flexibles comme dans les volumes rigides, à l'état de repos comme à l'état de mouvement de ces volumes? Ne sera-ce pas une quantité réelle et absolue, parfaitement distincte de l'état de repos ou de mouvement des points des corps entre lesquels elle agira? une quantité qui aura son existence propre dans la qualité liaison des corps, où elle naîtra par le changement de figure de la chose, qui servira à faire la qualité liaison dans le volume d'un corps? une quantité, enfin, que l'homme le moins instruit appréciera parfaitement à l'aide de ses organes ou à l'aide de quelque instrument à ressort, et qu'il nommera une pression ou une traction?

Pourquoi donc attribuera-t-on au mot force une autre signification que celle-là, quand le savant lui-même, après s'être débattu en vain dans les entraves logiques d'un mauvais point de départ, sera obligé d'y revenir tôt ou tard, dans la théorie de la résistance des matériaux, comme aussi dans la totalité des applications terrestres de sa prétendue science des quantités de mouvement?

L'enseignement de la mécanique était certainement ce qu'il y avait de plus urgent à réformer à l'École polytechnique, et l'on a fort bien fait d'exiger la connaissance des relations purement géométriques du mouvement des corps avant de passer à la considération des forces, parce que cette voie-là seulement peut conduire à bien éclaircir les choses et à faire envisager le mot force dans sa vraie signification, qui est indépendante de l'état de repos ou de mouvement des points entre lesquels la force agit.

On a fort bien fait encore d'exiger la dynamométrie, c'est-à-dire la mesure expérimentale des forces de pression et de traction, avant l'établissement d'aucune science mécanique.

Mais par quel étrange revirement a-t-on abandonné ensuite cette idée si naturelle et si vraie de la force, pour lui substituer une quantité tout autre, le produit d'une masse par une vitesse, dès l'instant qu'il s'est agi de faire la science?

Qu'on ne s'y trompe pas, c'est dans ce saut brusque et tacite d'une force de pression ou de traction à une quantité de mouvement que gît toute l'obscurité, que des esprits droits n'ont pu méconnaître jusqu'à ce jour dans la science de la mécanique.

Le sentiment expérimental de l'homme dit pression ou traction, là où une science incomplète nous dit, de prime abord, quantité de mouvement ou produit d'une masse par une vitesse.

Le sentiment expérimental de l'homme dit encore, flexibilité ou changement de figure, là où une science incomplète veut absolument trouver de la rigidité.

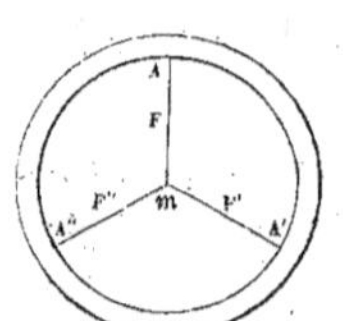


Avec l'idée vulgaire du mot force, tout le monde comprendra que, dans la disposition de trois fils tendus d'un point $m$ sur trois points A, A′, A″ d'un anneau, il y aura à résoudre le problème fondamental de la relation des intensités des forces F, F′, F″ des trois fils, et que cette relation sera indépendante de l'état de repos ou de mouvement du système, parce que chacune des forces F, F′, F″ sera une quantité réelle et absolue dans le fil dont elle proviendra, de quelque manière que le système se meuve dans l'espace, à la condition seulement que chacun des fils puisse être conçu comme étant complétement dépourvu de sa qualité matière ou masse, et que l'anneau puisse être conçu encore comme ne changeant pas de figure pendant son mouvement, afin que les forces F, F′, F″ ne puissent pas changer dans leurs intensités pendant le cours du raisonnement.

Tout le monde comprendra ainsi, de prime abord, la question de l'équilibre ou le théorème équivalent du parallélogramme des forces dans sa vraie signification, et parce que chacun des fils devra être complétement dépourvu de sa qualité matière ou masse, pour que la commune relation des forces devienne absolument indépendante de l'état de repos ou de mouvement du système; tout le monde sentira aussi la nécessité de ne pas faire dépendre le mode de démonstration, que l'on emploiera pour trouver cette commune relation, de certaines considérations de vitesses et de masses, de pures hypothèses, en un mot, qui lui seront parfaitement étrangères.

Tout le monde, enfin, sentira le vice radical qu'il y aura à biffer d'un trait de plume cette image vraiment exacte et nécessaire du théorème du parallélogramme des forces en mécanique, pour lui substituer une agglomération d'hypothèses et de vérités géométriquement évidentes, comme celles que nous allons relater succinctement ici, de manière à répondre au texte littéral du nouveau programme d'admission à l'École polytechnique.

Et d'abord les vérités géométriquement évidentes :

1° Quand on a les trois coordonnées $x'$, $y'$, $z'$ d'un point, on est sûr de trouver le point au bout de la diagonale $r'$ d'un parallélipipède construit sur les longueurs $x'$, $y'$, $z'$ comme côtés.

2° Quand les coordonnées d'un point seront $x' + x''$, $y' + y''$, $z' + z''$, on pourra ne construire que la diagonale résultante $r$ du parallélipipède dont les côtés seront les sommes $x' + x''$, $y' + y''$, $z' + z''$.

Ou bien l'on pourra construire d'abord la diagonale $r'$ du parallélipipède des longueurs $x'$, $y'$, $z'$ comme côtés, puis au bout de celle-là la diagonale $r''$ du parallélipipède des longueurs $x''$, $y''$, $z''$ comme côtés.

Ou bien encore on pourra commencer par la diagonale $r''$ des longueurs $x''$, $y''$, $z''$, afin de placer au bout de celle-là la diagonale $r'$ du parallélipipède des longueurs $x'$, $y'$, $z'$ comme côtés.

Et par cette triple construction, on reconnaîtra que la longueur résultante $r$ se trouvera être la diagonale d'un parallélogramme construit sur les longueurs partielles $r'$, $r''$ comme côtés.

3° Quand les coordonnées $(x', y', z')$, $(x'', y'', z'')$ seront des fonctions du temps, la même règle du parallélogramme s'appliquera à toutes les dérivées successives des coordonnées $(x', y', z')$, $(x'' y'' z'')$, et quand on ne s'arrêtera spécialement qu'aux dérivées du premier ordre, on aura le théorème géométriquement évident du parallélogramme des vitesses.

Puis les axiomes, définitions ou hypothèses :

1° Quand un point matériel se trouvera à l'état de repos (comme si quelqu'un pouvait connaître un état absolu de repos dans le monde !), il y persistera tant qu'il ne surviendra pas une cause pour le faire mouvoir.

2° Quand un point matériel, préalablement en repos, viendra à se mouvoir par une cause quelconque, cette cause devra être envisagée comme une force dont la direction sera celle de la vitesse, et dont l'intensité sera égale au produit de la vitesse par la masse ( comme si la masse pouvait cesser un jour d'être une quantité totalement inconnue à ce seul point de vue!).

3° Quand un point matériel, préalablement en repos, viendra à se mouvoir par deux causes différentes et simultanées, le point matériel obéira aux deux causes, comme si chacune d'elles agissait isolément, c'est-à-dire que la vitesse résultante se trouvera déterminée par la diagonale du parallélogramme, que l'on pourra former avec les vitesses qu'auraient fait naître l'une et l'autre cause en particulier.

En partant de pareilles notions et définitions, il est bien clair qu'on réussira à établir que deux forces, sur un même point, auront une résultante égale en direction et en grandeur à la diagonale du parallélogramme, que l'on pourra former avec les directions et les intensités des forces composantes comme côtés ; mais sera-ce vraiment là une démonstration du théorème du parallélogramme des forces ? de ce théorème fondamental avec lequel on prétendra fonder de prime abord la science de la dynamique ( sans avoir besoin de connaître les masses des corps) de manière à en tirer ultérieurement les relations de la statique, comme de simples cas particuliers ?

Ne sera-ce pas plutôt un subterfuge de raisonnement par lequel, après avoir déclaré, dès l'abord et sans motif, que le mot force est synonyme du mot vitesse, on aura écarté l'idée même de la force, c'est-à-dire l'idée de la pression ou de la traction, que cependant l'on ne pourra éviter ultérieurement dans le phénomène du choc ou de la rencontre des corps, comme aussi dans celui de la réunion durable des différentes parcelles d'un corps à volume fini, et qu'alors on écartera de nouveau, en invoquant une pure hypothèse sur le rôle abstrait que devront jouer, au moyen de la qualité liaison des corps, les produits des masses (non encore connues, à ce point de vue de la science) par les vitesses (souvent fictives) des parcelles de matière des corps, sans parler encore des différents axiomes de la statique qui feront défaut à chaque instant et qu'il faudra invoquer comme autant d'hypothèses nouvelles ?

Que le lecteur réponde à ces questions.

Quant à l'auteur, son opinion bien arrêtée est que, par une telle voie de raisonnement, loin de démontrer le théorème du parallélogramme des forces avec profit et clarté pour la science, on ne réussira qu'à obscurcir les choses et à faire disparaître l'idée même de la force, c'est-à-dire à faire rétrograder prodigieusement la science mécanique, au lieu de la faire avancer; et parce que telle est son opinion de plus en plus fortement arrêtée, dès l'époque où il a appris la mécanique en assistant aux leçons de M. Ampère, basées sur les doctrines de Lagrange, parce que telle est enfin sa conviction intime, qu'il n'a pas reculé devant la peine de composer l'ouvrage qu'on va lire, non pas avec la prétention d'avoir voulu inventer une foule de choses nouvelles, mais avec la satisfaction de conscience d'avoir eu le courage de séparer l'ivraie du bon grain dans la science de la mécanique, en classant d'un côté tout ce qui n'est que de la géométrie ou de la cinématique, avec des notions incomplètes des mots force et masse, et d'un autre côté tout ce qui est de la véritable mécanique.

De cet autre côté les significations des mots force et masse seront connues de prime abord; tous les axiomes de la statique résulteront avec une parfaite évidence des définitions ou de la nature même des choses; le théorème du parallélogramme des forces aura sa démonstration rigoureuse, et la science de la statique précédera immanquablement celle de la dynamique, ou plutôt, la dynamique ne sera que la science de la statique, rendue complète et universelle par le moyen des forces d'inertie de toutes les parcelles de matière d'un corps, qu'on ne devra jamais omettre de compter parmi les autres forces de ce corps.

Les règles de la dynamique seront alors d'une parfaite clarté, et cette fameuse loi d'inertie, au sujet de l'état de mouvement rectiligne uniforme d'un point matériel qui n'est sollicité par aucune force, ne sera plus un principe ni un fait d'expérience, mais une pure convention, la plus simple de toutes celles parmi lesquelles on se trouvera obligé de choisir, relativement à un système quelconque d'axes rectangulaires des $x$, $y$, $z$, sans que jamais il faille invoquer ni l'hypothèse de la rigidité des corps, ni celle d'un état absolu de repos, ni celle d'un état absolu de mouvement rectiligne uniforme dans l'espace.

Quand l'auteur sera parvenu à réaliser en effet toutes ces promesses, non pas en diminuant, mais au contraire en augmentant immensément la clarté du sujet, le lecteur, mis en pleine connaissance de cause, voudra-t-il être assez équitable pour convenir qu'enfin la science de la mécanique se trouvera débarrassée des obstacles et des idées incomplètes ou erronées qui lui ont été si préjudiciables jusqu'à ce jour ?

Telle est la question dont l'auteur attendra la réponse de la saine appréciation de chacun.

F. REECH.

Lorient, le 22 février 1851.

# PREMIÈRE PARTIE.

D'UNE PRÉTENDUE SCIENCE MÉCANIQUE,
QUI N'EST QUE DE LA GÉOMÉTRIE OU DE LA CINÉMATIQUE,
COMBINÉE AVEC UNE IDÉE IMPARFAITE DU MOT MASSE, ET COMPLÉTÉE
PAR DIFFÉRENTES HYPOTHÈSES.

# INTRODUCTION.

———◦⋙⋘◦———



## NOTIONS PRÉALABLES ET DÉFINITIONS.

————◦————

1. La *mécanique* est la science des forces et du mouvement.

2. Le mot *force* sert généralement à désigner une cause quelconque de mouvement.

3. Le *mouvement* consiste dans le changement de figure d'un corps ou d'un système de corps, et se réduit, par conséquent, aux changements des distances d'un point à d'autres points.

4. L'idée des distances d'un point à d'autres points entraîne avec elle la conception de l'*espace* ou de l'*étendue*.

5. L'idée des changements des distances d'un point à d'autres points entraîne avec elle la conception du *temps*, et nous conduit à la possibilité immédiate de mesurer le temps.

Nous concevons, en effet, très-clairement qu'un mouvement accompli puisse être accompli de nouveau dans des circonstances identiquement égales; nous comprenons surtout que certains mouvements alternatifs puissent être répétés indéfiniment de la même manière, de telle sorte que le nombre des alternatives de pareils mouvements devienne la mesure correspondante du temps.

Le temps passé sera mesuré par le nombre des alternatives déjà accomplies; le temps futur sera mesuré par le nombre des alternatives non encore accomplies, et l'échelle des temps s'étendra indéfiniment en deux sens opposés comme l'échelle des longueurs en géométrie.

6. L'échelle des longueurs et l'échelle des temps étant conçues toutes les

deux, nous sommes conduits à nous représenter chacune des distances $l$ d'un point à d'autres points comme une certaine fonction du temps $t$, de manière à pouvoir exprimer tous les cas de mouvement par des équations de la forme

$$l = f(t)$$

entre les variables essentiellement continues $l$ et $t$.

7. Mais le mouvement d'un point ne sera véritablement connu que lorsqu'on connaîtra toutes les positions successives du point dans quelque système rigide ou invariable de figure, et le plus simple alors sera de concevoir trois plans perpendiculaires dont les lignes d'intersection, supposées fixement attachées au système rigide, feront les axes rectangulaires des coordonnées $x$, $y$, $z$ du point mobile.

Les coordonnées $x$, $y$, $z$ du point mobile pouvant varier avec le temps, on aura généralement trois équations

$$x = f_1(t)$$
$$y = f_2(t)$$
$$z = f_3(t)$$

entre lesquelles il suffira d'éliminer la variable $t$ pour avoir les équations en $x$, $y$, $z$ de la courbe ou trajectoire que parcourra le point mobile dans le système rigide considéré comme fixe.

8. Les mêmes équations pourront servir aussi à faire trouver la distance $l$ du point mobile à tel autre point $(a, b, c)$ que l'on voudra, soit fixe, soit mobile, par la raison qu'on aura toujours

$$l^2 = (x-a)^2 + (y-b)^2 + (z-c)^2$$

pour le carré de la longueur de la droite $l$ et

$$\cos \alpha = \frac{x-a}{l}$$
$$\cos \beta = \frac{y-b}{l}$$
$$\cos \gamma = \frac{z-c}{l}$$

pour les angles $(\alpha, \beta, \gamma)$ de la droite $l$ avec les axes rectangulaires des $x, y, z$.

9. Le mot *fixe* que nous venons d'employer, et qui ne sert généralement qu'à désigner l'immobilité absolue d'une chose, a un sens très-net dans notre esprit, et pourtant nous ne saurions affirmer qu'il y ait quelque chose d'absolument immobile dans le monde.

De fait, tous les mouvements qu'il nous est donné de connaître doivent être considérés comme n'étant que des mouvements relatifs, et il nous appartiendra seulement, par la suite, de choisir, parmi le nombre infini d'axes rectangulaires auxquels nous voudrons rapporter le mouvement d'un système, ceux de ces axes qui nous conduiront aux relations mécaniques les plus simples.

Tel sera, notamment, le point de vue des mouvements célestes et planétaires; mais auparavant, il nous faudra établir les règles précises de la science, et d'abord nous ne nous occuperons que des relations de pure géométrie dans le mouvement d'un point, abstraction faite des causes ou forces qui pourront influer sur ce mouvement.

# SECTION I<sup>RE</sup>.

DES RELATIONS PUREMENT GÉOMÉTRIQUES DU MOUVEMENT D'UN POINT.

10. Concevons d'abord une trajectoire rectiligne et de plus une équation du premier degré entre les variables $s$ et $t$, la lettre $s$ servant à désigner la distance du point mobile à un point fixe de la droite.

Nous aurons alors, à l'instant $t$,

$$s = C + vt$$

et à l'instant $t'$

$$s' = C + vt'$$

d'où

$$s' - s = v(t' - t)$$
$$\frac{s' - s}{t' - t} = v = \text{const.}$$

Ainsi l'augmentation du chemin sera proportionnelle à l'augmentation du temps, et le rapport de ces deux augmentations, ou l'accroissement du chemin dans chaque unité de temps sera égal à la constante $v$.

Ce sera le cas d'un état de mouvement rectiligne uniforme dont la constante $v$ représentera la *vitesse*.

11. La trajectoire étant toujours rectiligne, mais la relation

$$s = f(t)$$

n'étant plus du premier degré, on aura, à un autre instant $t'$,

$$s' = f(t')$$

et le rapport

$$\frac{s' - s}{t' - t} = \frac{f(t') - f(t)}{t' - t}$$

ne sera plus constant; de plus, ce rapport dépendra à la fois de $t$ et de $t'$, ou, en d'autres termes, il dépendra à la fois du temps $t$ et de la durée $t' - t$ de l'intervalle du temps pendant lequel le mobile décrira le chemin $s' - s$.

Mais nous savons par la théorie générale des fonctions que, lorsque la différence $t' - t$ diminuera progressivement jusqu'à zéro, le rapport en question convergera vers une certaine limite déterminée $f'(t)$, et que d'après les notations usitées du calcul différentiel on aura

$$\frac{ds}{dt} = f'(t).$$

Si nous ajoutons que cette limite du rapport variable

$$\frac{s' - s}{t' - t}$$

se nomme la vitesse du point mobile, nous aurons l'équation

$$v = \frac{ds}{dt} = f'(t),$$

qui servira à définir exactement le mot *vitesse*, dans le cas d'un mouvement rectiligne varié, et il ne restera plus qu'à savoir donner une signification bien nette au mot vitesse ainsi défini.

12. A cet effet nous poserons

$$t' = t + \theta,$$

et nous développerons la fonction

$$s' = f(t') = f(t + \theta)$$

par le théorème de Taylor, ce qui nous donnera

$$s' = f(t + \theta) = f(t) + f'(t)\theta + f''(t)\,\frac{\theta^2}{1.2} + f'''(t)\,\frac{\theta^3}{1.2.3} + \ldots\ldots$$

ou

$$s' = s + \frac{ds}{dt}\,\theta + \frac{d^2s}{dt^2}\,\frac{\theta^2}{1.2} + \frac{d^3s}{dt^3}\,\frac{\theta^3}{1.2.3} + \ldots\ldots$$

ou encore

$$s' = s + v\theta + \frac{dv}{dt}\,\frac{\theta^2}{1.2} + \frac{d^2v}{dt^2}\,\frac{\theta^3}{1.2.3} + \ldots\ldots$$

puis, en supposant le temps $\theta$ excessivement petit, nous ne conserverons au premier degré d'approximation que la relation simplifiée

$$s' = s + v\theta,$$

qui nous représentera un mouvement rectiligne uniforme, dont la vitesse sera justement la quantité que nous venons de définir,

$$v = \frac{ds}{dt},$$

cette quantité pouvant être telle fonction que l'on voudra du temps.

13. Mais ce ne sera qu'au premier degré d'approximation que nous aurons une relation aussi simple entre les variables $s$, $\theta$, et au deuxième degré d'approximation, il nous faudrait poser

$$s' = s + v\theta + \frac{dv}{dt}\,\frac{\theta^2}{1.2}.$$

Au troisième degré d'approximation nous aurions

$$s' = s + v\theta + \frac{dv}{dt}\,\frac{\theta^2}{1.2} + \frac{dv^2}{dt^2}\,\frac{\theta^3}{1.2.3},$$

et ainsi de suite, tant que les dérivées subséquentes de la vitesse $v$ ne seraient pas nulles.

14. L'hypothèse

$$\frac{dv}{dt} = 0$$

entrainerait exactement

$$v = \frac{ds}{dt} = \text{const.}$$

et nous ramènerait au mouvement rectiligne uniforme.

L'hypothèse

$$\frac{d^2v}{dt^2} = 0$$

entraînera :

$$\frac{dv}{dt} = \text{const. } g \ ,$$

$$v = \frac{ds}{dt} = gt + C \ ,$$

$$s = \frac{gt^2}{2} + Ct + C' \ ,$$

et nous conduira à la théorie du mouvement rectiligne uniformément varié, dont nous voyons un exemple dans la chute verticale des corps pesants à la surface de la terre.

15. Les mêmes raisonnements pourront d'ailleurs être appliqués à une trajectoire curviligne, comme à une trajectoire rectiligne.

16. Si nous considérons maintenant les équations linéaires :

$$x = x_0 + at \ ,$$
$$y = y_0 + bt \ ;$$
$$z = z_0 + ct \ ,$$

et que nous en éliminions la variable $t$, nous reconnaîtrons que la trajectoire dans l'espace sera une ligne droite.

Si nous comptons ensuite le chemin $s$ du mobile, le long de cette droite, à partir du point $x_0$, $y_0$, $z_0$ où il se trouvera à l'instant

$$t = 0,$$

nous aurons :

$$s = \sqrt{(x - x_0)^2 + (y - y_0)^2 + (z - z_0)^2} = t\sqrt{a^2 + b^2 + c^2},$$

et par conséquent le mouvement dans l'espace sera rectiligne uniforme à l'égard des axes rectangulaires des $x$, $y$, $z$.

La grandeur de la vitesse se trouvera par la formule

$$v = \sqrt{a^2 + b^2 + c^2},$$

et la direction de la vitesse sera celle de la droite $s$.

Donc, en désignant par $\alpha$, $\beta$, $\gamma$ les angles que fera la direction de la vitesse $v$ avec les trois axes rectangulaires des $x$, $y$, $z$, on aura :

$$\cos \alpha = \frac{x - x_0}{s} = \frac{a}{\sqrt{a^2 + b^2 + c^2}} = \frac{a}{v},$$

$$\cos \beta = \frac{y - y_0}{s} = \frac{b}{\sqrt{a^2 + b^2 + c^2}} = \frac{b}{v},$$

$$\cos \gamma = \frac{z - z_0}{s} = \frac{c}{\sqrt{a^2 + b^2 + c^2}} = \frac{c}{v},$$

et l'on arrivera à ce théorème de pure géométrie, que la vitesse $v$ dans l'espace sera représentée en grandeur et en direction par la diagonale du parallélipipède, que l'on pourra former avec les longueurs $a$, $b$, $c$ comme côtés adjacents, les longueurs $a$, $b$, $c$ étant les vitesses des projections du point mobile sur les axes rectangulaires des $x$, $y$, $z$.

17. A l'aide de ce théorème on trouvera à la fois la direction et la grandeur de la vitesse résultante $v$, quand les vitesses composantes $a$, $b$, $c$ seront données, ou, réciproquement, on trouvera chacune des vitesses composantes $a$, $b$, $c$, quand la vitesse résultante $v$ sera donnée en direction et en grandeur.

La vitesse résultante $v$ pourra aussi être obtenue en ne construisant d'abord que la diagonale d'un rectangle sur les longueurs

$$a, b \text{ ou } b, c \text{ ou } c, a$$

comme côtés, et en formant ensuite un autre rectangle sur cette première diagonale et sur la troisième des longueurs $a$, $b$, $c$ comme côtés ; car la diagonale de cet autre rectangle sera identiquement celle du parallélipipède des longueurs $a$, $b$, $c$.

La même construction pourra être effectuée en sens inverse pour passer de la résultante $v$ aux vitesses composantes $a$, $b$, $c$.

18. Si nous convenons ensuite de subdiviser les longueurs $a$, $b$, $c$ de manière que l'on ait :

$$a = a' + a''$$
$$b = b' + b''$$
$$c = c' + c'',$$

nous trouverons la vitesse résultante $v$ en prenant la diagonale du parallélipipède des longueurs $a$, $b$, $c$ comme côtés ; mais nous atteindrons aussi le même but, en construisant d'abord les diagonales $v'$, $v''$ des parallélipipèdes que nous pourrons former avec les longueurs partielles $(a', b', c')$, $(a'', b'', c'')$ comme côtés, et en cherchant ensuite la diagonale du parallélogramme que nous pourrons former avec les longueurs $v'$, $v''$ comme côtés.

19. Ceci étant reconnu, nous pourrons concevoir un nouveau partage des longueurs $a$, $b$, $c$, de manière à avoir

$$a = a' + a'' + a''' = (a' + a'') + a'''$$
$$b = b' + b'' + b''' = (b' + b'') + b'''$$
$$c = c' + c'' + c''' = (c' + c'') + c''',$$

et nous serons conduits à chercher d'abord la diagonale du parallélogramme des longueurs $v'$, $v''$, puis à former un nouveau parallélogramme sur cette première diagonale et sur la longueur $v'''$ comme côtés.

La diagonale de cet autre parallélogramme sera évidemment la vitesse cherchée $v$, et la construction pourra être faite de trois manières : en opérant d'abord sur $v'$, $v''$ puis sur $v'''$, ou bien, d'abord sur $v''$, $v'''$ puis sur $v'$, ou d'abord sur $v'''$, $v'$ puis sur $v''$.

20. En résumé, de quelque manière qu'on veuille subdiviser les vitesses composantes totales $a$, $b$, $c$ en vitesses composantes partielles $(a', b', c')$, $(a'', b'', c'')$, $(a''', b''', c''')$, ...... si l'on désigne par $v'$, $v''$, $v'''$.... les résultantes partielles correspondantes, il suffira que l'on fasse la composition successive de ces vitesses partielles entre elles, au moyen de la règle ordinaire du parallélogramme, et cela dans tel ordre qu'on voudra, pour que la diagonale du dernier parallélogramme que l'on aura à construire d'après cette règle représente à la fois en direction et en grandeur la résultante totale $v$, et pour que ces différents procédés conduisent toujours au même résultat que si l'on cherchait directement la diagonale du parallélipipède des longueurs totales $a$, $b$, $c$ comme côtés.

21. De cette règle, ou du mode de démonstration qui nous y a conduit, il est facile de conclure encore que la vitesse $v$ se trouvera représentée en direction et en grandeur par la ligne droite, qui servira de base ou de fermeture à un contour polygonal, dont les différents côtés seront les longueurs $v'$, $v''$, $v'''$... placées bout à bout et parallèlement à leurs directions respectives.

Le nombre des contours polygonaux que l'on pourra tracer ainsi, sera celui du nombre des permutations que l'on pourra faire subir aux différentes lettres $v'$, $v''$, $v'''$........

22. Pour mieux voir encore la signification ou la portée de ces théorèmes, nous concevrons différents plans superposés P, P', P'', P'''... et assujettis à glisser uniformément, sans tourner, les uns sur les autres.

Le plan P ne se mouvra pas et contiendra une droite fixe, indéfinie, dans la direction de la vitesse $v'$.

Le plan P' glissera avec une vitesse $v'$ le long de cette droite fixe, et entraînera avec lui une droite indéfinie, placée initialement dans la direction de la vitesse $v''$.

Le plan P'' glissera avec une vitesse $v''$ le long de cette droite mobile, et entraînera avec lui une droite indéfinie, placée initialement dans la direction de la vitesse $v'''$.

Le plan P''' glissera avec une vitesse $v'''$ le long de cette droite mobile, etc.

Le dernier plan glissera avec la dernière vitesse partielle le long de la direction mobile de cette vitesse sur le plan précédent, et entraînera un point qui lui sera fixement attaché.

De cette manière, il est facile de comprendre que, par le glissement simultané des différents plans les uns sur les autres, l'on réussira à engendrer dans sa vraie nature, au bout d'un intervalle de temps égal à $1$, le contour polygonal, dont les côtés seront $v'$, $v''$, $v'''$..... et dont la base ou longueur de fermeture représentera la vitesse résultante $v$ du point mobile, quelles que puissent être les grandeurs des vitesses partielles $v'$, $v''$, $v'''$..... et l'ordre de glissement des plans.

23. Au lieu de faire mouvoir ainsi des plans les uns sur les autres, on pourrait faire marcher des systèmes rigides, ou des systèmes d'axes rectangulaires, parallèlement à eux-mêmes et par glissement le long de certaines droites guidantes, dont la première serait fixe; dont la deuxième serait entraînée parallèlement à elle-même par le deuxième système, marchant par glissement le long de la droite fixe; dont la troisième serait entraînée parallèlement à elle-même par le troisième système, marchant par glissement le long de la deuxième, et ainsi de suite jusqu'au dernier système, qui marcherait par glissement le long de la droite mobile précédente, et entraînerait un point qui lui serait fixement attaché.

On réussirait alors à représenter dans son entière généralité, et par des figures matériellement exécutables, ce fameux théorème de la composition et de la décomposition des vitesses en mécanique, au moyen de la règle du parallélogramme, qui ne sera qu'une proposition évidente de géométrie, parfaitement distincte jusqu'ici de l'idée que nous aurons à nous faire intérieurement du mot force.

24. Si nous considérons maintenant les équations générales

$$x = f_1(t)$$
$$y = f_2(t)$$
$$z = f_3(t)$$

et que nous y remplacions $t$ par

$$t' = t + \theta,$$

l'intervalle de temps $\theta$ étant supposé excessivement petit, nous aurons :

$$x' = x + \frac{dx}{dt}\theta + \frac{d^2x}{dt^2}\frac{\theta^2}{1.2} + \frac{d^3x}{dt^3}\frac{\theta^3}{1.2.3} + \ldots\ldots$$

$$y' = y + \frac{dy}{dt}\theta + \frac{d^2y}{dt^2}\frac{\theta^2}{1.2} + \frac{d^3y}{dt^3}\frac{\theta^3}{1.2.3} + \ldots\ldots$$

$$z' = z + \frac{dz}{dt}\theta + \frac{d^2z}{dt^2}\frac{\theta^2}{1.2} + \frac{d^3z}{dt^3}\frac{\theta^3}{1.2.3} + \ldots\ldots,$$

et, au premier degré d'approximation, nous pourrons ne considérer que les relations simplifiées

$$x' = x + \frac{dx}{dt}\theta$$

$$y' = y + \frac{dy}{dt}\theta$$

$$z' = z + \frac{dz}{dt}\theta$$

qui seront celles d'un mouvement rectiligne uniforme à l'égard des axes rectangulaires des $x$, $y$, $z$, avec une vitesse

$$v = \sqrt{\left(\frac{dx}{dt}\right)^2 + \left(\frac{dy}{dt}\right)^2 + \left(\frac{dz}{dt}\right)^2} = \frac{ds}{dt}$$

dont la direction sera celle de la tangente à l'arc $s$ de la courbe décrite; car en désignant par $\alpha$, $\beta$, $\gamma$ les angles de la tangente à la trajectoire avec les axes rectangulaires des $x$, $y$, $z$, on aura :

$$\frac{dx}{dt} = \frac{dx}{ds} \cdot \frac{ds}{dt} = v \cos \alpha$$

$$\frac{dy}{dt} = \frac{dy}{ds} \cdot \frac{ds}{dt} = v \cos \beta$$

$$\frac{dz}{dt} = \frac{dz}{ds} \cdot \frac{ds}{dt} = v \cos \gamma,$$

et par conséquent les angles $\alpha$, $\beta$, $\gamma$ de la tangente seront en même temps ceux de la direction de la vitesse $v$.

Ainsi le mobile qui à l'instant $t$ se trouvera $x$, $y$, $z$, au bout de la diagonale $r$ du parallélipipède des longueurs $x$, $y$, $z$ comme côtés, se trouvera à l'instant $t + \theta$ au bout d'une longueur $v\theta$ menée par l'extrémité de la diagonale $r$, dans le sens du mouvement, le long de la tangente à la courbe décrite.

Les projections de la longueur $v\theta$ sur les axes rectangulaires des $x$, $y$, $z$ seront respectivement

$$\frac{dx}{dt}\theta, \quad \frac{dy}{dt}\theta, \quad \frac{dz}{dt}\theta,$$

et quand on voudra avoir la diagonale $r'$ du parallélipipède subséquent des longueurs $x'$, $y'$, $z'$ comme côtés, il suffira de chercher la diagonale du parallélogramme que l'on pourra former avec les longueurs $r$ et $v\theta$ comme côtés.

25. Il ressort particulièrement de ces considérations, que le mouvement varié curviligne d'un point pourra toujours être considéré, comme étant rectiligne uniforme pendant un intervalle de temps infiniment court $\theta$, le long de la tangente à la courbe décrite.

Mais ce ne sera qu'au premier degré d'approximation qu'on aura des relations aussi simples, et au second degré d'approximation on trouvera :

$$x' = x + \frac{dx}{dt}\theta + \frac{d^2x}{dt^2}\frac{\theta^2}{1.2}$$

$$y' = y + \frac{dy}{dt}\theta + \frac{d^2y}{dt^2}\frac{\theta^2}{1.2}$$

$$z' = z + \frac{dz}{dt}\theta + \frac{d^2z}{dt^2}\frac{\theta^2}{1.2}.$$

L'élimination de la variable $\theta$ ferait reconnaître alors que la trajectoire se trouve être une courbe parabolique du deuxième degré, dont le plan passera d'une part par la droite $v\theta$ et d'autre part par une nouvelle droite

$$\varphi\,\frac{\theta^2}{1.2}$$

tellement dirigée qu'en désignant par $\lambda$, $\mu$, $\nu$ les angles de cette droite avec les axes rectangulaires $x$, $y$, $z$, on aura :

$$\varphi \cos \lambda = \frac{d^2 x}{dt^2}$$

$$\varphi \cos \mu = \frac{d^2 y}{dt^2}$$

$$\varphi \cos \nu = \frac{d^2 z}{dt^2}$$

$$\varphi = \sqrt{\left(\frac{d^2 x}{dt^2}\right)^2 + \left(\frac{d^2 y}{dt^2}\right)^2 + \left(\frac{d^2 z}{dt^2}\right)^2}.$$

Le plan ainsi défini devra manifestement être le plan osculateur de la trajectoire en $x$, $y$, $z$, et rien ne serait plus aisé que de le démontrer ; mais ce qu'il nous importe plus particulièrement de faire remarquer ici, c'est que le point mobile qui à l'instant $t$ se trouvera en $x$, $y$, $z$, au bout de la diagonale $r$ du parallélipipède des longueurs $x$, $y$, $z$ comme côtés, se trouvera à l'instant $t + \theta$ au bout de la ligne brisée, que l'on pourra former avec les trois longueurs

$$r, \quad v\theta, \quad \varphi\,\frac{\theta^2}{1.2},$$

placées bout à bout et parallèlement à leurs directions respectives, la longueur finie $\varphi$ dépendant des dérivés secondes des coordonnées $x$, $y$, $z$, de la même manière exactement que la longueur $v$ dépendra des dérivées premières de ces coordonnées, et de la même manière encore que la longueur $r$ dépendra des coordonnées elles-mêmes.

26. Au troisième degré d'approximation, on aurait :

$$x' = x + \frac{dx}{dt}\,\theta + \frac{d^2 x}{dt^2}\,\frac{\theta^2}{1.2} + \frac{d^3 x}{dt^3}\,\frac{\theta^3}{1.2.3}$$

$$y' = y + \frac{dy}{dt}\,\theta + \frac{d^2 y}{dt^2}\,\frac{\theta^2}{1.2} + \frac{d^3 y}{dt^3}\,\frac{\theta^3}{1.2.3}$$

$$z' = z + \frac{dz}{dt}\,\theta + \frac{d^2 z}{dt^2}\,\frac{\theta^2}{1.2} + \frac{d^3 z}{dt^3}\,\frac{\theta^3}{1.2.3},$$

et à la simple inspection de ces équations, on voit que par l'extrémité du contour polygonal des longueurs

$$r, \quad v\theta, \quad \varphi \, \frac{\theta^2}{1.2}$$

il y aurait encore à mener une nouvelle longueur

$$\varphi_1 \, \frac{\theta^3}{1.2.3}$$

qui dépendrait à la fois en direction et en grandeur des équations

$$\varphi_1 \cos \lambda_1 = \frac{d^3 x}{dt^3}$$

$$\varphi_1 \cos \mu_1 = \frac{d^3 y}{dt^3}$$

$$\varphi_1 \cos \nu_1 = \frac{d^3 z}{dt^3}$$

$$\varphi_1 = \sqrt{\left(\frac{d^3 x}{dt^3}\right)^2 + \left(\frac{d^3 y}{dt^3}\right)^2 + \left(\frac{d^3 z}{dt^3}\right)^2}.$$

Nous pourrions passer ensuite au quatrième degré d'approximation, et ainsi de suite, tant que les dérivées successives des variables $x$, $y$, $z$ ne seront pas nulles.

27. En résumé, si nous désignons par

$$r, \quad v, \quad \varphi, \quad \varphi_1, \quad \varphi_2, \ldots \ldots$$

les diagonales d'une série de parallélipipèdes dont les côtés sur les axes rectangulaires des $x$, $y$, $z$ seront respectivement

$$
\begin{array}{ccc}
x, & y, & z \\[4pt]
\dfrac{dx}{dt}, & \dfrac{dy}{dt}, & \dfrac{dz}{dt} \\[4pt]
\dfrac{d^2 x}{dt^2}, & \dfrac{d^2 y}{dt^2}, & \dfrac{d^2 z}{dt^2} \\[4pt]
\dfrac{d^3 x}{dt^3}, & \dfrac{d^3 y}{dt^3}, & \dfrac{d^3 z}{dt^3} \\[4pt]
\ldots & \ldots & \ldots \\
\ldots & \ldots & \ldots
\end{array}
$$

nous pourrons ériger en théorème qu'un point mobile qui, à l'instant $t$, se trouvera en $x$, $y$, $z$ ou à l'extrémité du rayon vecteur $r$, se trouvera, à l'instant $t + \theta$, à l'extrémité du contour polygonal que l'on pourra former avec les longueurs

$$r, \quad v\theta, \quad \varphi\,\frac{\theta^2}{1.2}, \quad \varphi_1\,\frac{\theta^3}{1.2.3}, \quad \varphi_2\,\frac{\theta^4}{1.2.3.4}, \ldots \ldots$$

placées bout à bout et parallèlement aux directions respectives des longueurs finies

$$r, \quad v, \quad \varphi, \quad \varphi_1, \quad \varphi_2, \ldots \ldots$$

28. De plus, si nous concevons les longueurs $x$, $y$, $z$ comme étant partagées en un nombre quelconque de longueurs partielles de manière que l'on ait

$$\begin{aligned}
x &= x' + x'' + x''' + \ldots \ldots \\
y &= y' + y'' + y''' + \ldots \ldots \\
z &= z' + z'' + z''' + \ldots \ldots ,
\end{aligned}$$

on aura également

$$\frac{dx}{dt} = \frac{dx'}{dt} + \frac{dx''}{dt} + \frac{dx'''}{dt} + \ldots \ldots$$

$$\frac{d^2x}{dt^2} = \frac{d^2x'}{dt^2} + \frac{d^2x''}{dt^2} + \frac{d^2x'''}{dt^2} + \ldots \ldots$$

$$\frac{d^3x}{dt^3} = \frac{d^3x'}{dt^3} + \frac{d^3x''}{dt^3} + \frac{d^3x'''}{dt^3} + \ldots \ldots$$

$$\ldots \ldots \ldots \ldots \ldots \ldots \ldots \ldots \ldots ,$$

et pareillement pour toutes les dérivées successives des variables $y$, $z$, de telle sorte que le théorème général de la composition et de la décomposition des vitesses, au moyen de la règle du parallélogramme, s'appliquera aux coordonnées totales $x$, $y$, $z$, et à toutes les longueurs partielles de ces coordonnées $(x', y', z')$, $(x'', y'', z'')$, $(x''', y''', z''')\ldots.$, comme à toutes les dérivées successives des longueurs totales et partielles de ces coordonnées.

29. Ce n'est pas tout, si nous désignons par

$$\left(\frac{dx}{dt}\right)', \quad \left(\frac{dy}{dt}\right)', \quad \left(\frac{dz}{dt}\right)'$$

les vitesses subséquentes du point mobile à l'instant $t+\theta$, nous aurons

$$\left(\frac{dx}{dt}\right)' = \frac{dx}{dt} + \frac{d^2x}{dt^2}\theta + \frac{d^3x}{dt^3}\frac{\theta^2}{1.2} + \ldots$$

$$\left(\frac{dy}{dt}\right)' = \frac{dy}{dt} + \frac{d^2y}{dt^2}\theta + \frac{d^3y}{dt^3}\frac{\theta^2}{1.2} + \ldots$$

$$\left(\frac{dz}{dt}\right)' = \frac{dz}{dt} + \frac{d^2z}{dt^2}\theta + \frac{d^3z}{dt^3}\frac{\theta^2}{1.2} + \ldots$$

et par là nous voyons qu'au premier degré d'approximation la vitesse subséquente $v'$ deviendra la diagonale d'un parallélogramme construit sur les longueurs $v$ et $\varphi\theta$ comme côtés.

Au deuxième degré d'approximation, il nous faudrait composer encore cette première diagonale avec une nouvelle vitesse

$$\varphi_1 \frac{\theta^2}{1.2},$$

et ainsi de suite tant que les dérivées successives des quantités

$$\frac{dx}{dt}, \quad \frac{dy}{dt}, \quad \frac{dz}{dt}$$

ne seront pas nulles.

30. Pareillement, nous aurions

$$\left(\frac{d^2x}{dt^2}\right)' = \frac{d^2x}{dt^2} + \frac{d^3x}{dt^3}\theta + \frac{d^4x}{dt^4}\frac{\theta^2}{1.2} + \ldots$$

$$\left(\frac{d^2y}{dt^2}\right)' = \frac{d^2y}{dt^2} + \frac{d^3y}{dt^3}\theta + \frac{d^4y}{dt^4}\frac{\theta^2}{1.2} + \ldots$$

$$\left(\frac{d^2z}{dt^2}\right)' = \frac{d^2z}{dt^2} + \frac{d^3z}{dt^3}\theta + \frac{d^4z}{dt^4}\frac{\theta}{1.2} + \ldots$$

et pour trouver la longueur subséquente $\varphi'$, il nous faudrait, au premier degré d'approximation, chercher la diagonale d'un parallélogramme dont les côtés seraient $\varphi$ et $\varphi_{,}\theta$.

Au deuxième degré d'approximation il nous faudrait composer encore cette première diagonale avec une nouvelle longueur

$$\varphi_{,2}\,\frac{\theta^2}{1.2}\,,\;\ldots$$

et ainsi de suite.

Etc., etc.

51. Mais l'essentiel est de comprendre que toutes ces propriétés seront des relations purement géométriques et parfaitement distinctes, jusqu'ici, de l'idée que nous aurons à nous faire ultérieurement du mot force.

# SECTION II.

DE LA MANIÈRE TOUTE GÉOMÉTRIQUE DE CONCEVOIR LA FORCE DANS LE MOUVEMENT D'UN OU
DE PLUSIEURS POINTS ENTIÈREMENT LIBRES. — **DE LA SIGNIFICATION ESSENTIELLEMENT
RELATIVE D'UNE TELLE DÉFINITION DU MOT FORCE.**— DE LA DIFFICULTÉ DE CONNAÎTRE
LES MASSES DES CORPS ET DE FONDER UNE SCIENCE MÉCANIQUE TANT SOIT PEU SATISFAISANTE
A CE POINT DE VUE INCOMPLET DES CHOSES.

**52.** Quand un point se mouvra d'une certaine manière déterminée par
rapport à trois axes rectangulaires des $x$, $y$, $z$, et que ce point nous appa-
raîtra comme entièrement libre dans l'espace, tel, par exemple, que les
corps célestes, notre première idée pourra être de considérer le mouvement observé comme une des manières d'être du point mobile, et il n'y
aura pas lieu, alors, de se préoccuper de la force ou cause du mouvement.

Il n'y aura à connaître que des chemins ou des vitesses, et tout sera dit
quand on possédera les trois équations

$$x = f_1(t)$$
$$y = f_2(t)$$
$$z = f_3(t)$$

du mouvement observé.

**53.** Quand on imaginera un nombre quelconque de points mobiles dans
l'espace avec la condition restrictive que ces points ne se rencontreront pas,

et que nos organes ne pourront ni les saisir, ni apprécier aucune sorte de liaison ou d'obstacle matériellement interposé, la question sera manifestement encore la même, et il n'y aura pas d'avantage à se préoccuper de la force; car le mouvement sera un fait immuable et indépendant de notre volonté ou de nos moyens d'action.

54. Supposons, maintenant, qu'à partir d'un instant donné $t$, nous ayons la faculté de faire changer le mouvement d'un des points en question, alors cette faculté sera une cause de changement de mouvement, et nous aurons pour la première fois une idée de la force.

55. Admettons encore que, par une telle faculté de changement de mouvement, il nous soit donné d'agir à distance sur un point mobile, à la manière des causes électriques ou magnétiques, et particulièrement à la manière des causes de la pesanteur, qui nous servent à modifier les mouvements des corps à la surface de la terre, sans que nos organes puissent nous faire saisir quelque liaison matériellement interposée entre le point mobile et la cause mystérieusement agissante sur ce mobile.

Alors il est clair que nous ne saurons avoir aucune idée à priori de la force, et que nous serons réduits à ne considérer que l'effet géométriquement évident d'une force dans un mouvement donné.

56. Or, l'effet géométriquement évident d'une force dans le mouvement d'un point, ce sera le changement de la trajectoire ou bien le changement de la vitesse du point.

Dès lors il restera à savoir si, à l'aide d'une force, il nous sera possible de produire des changements brusques, ou seulement des changements graduels dans la vitesse supposée préexistante d'un point.

57. Dans le premier cas, la force agirait brusquement à de certains instants déterminés, chaque fois que nous observerions un changement brusque de vitesse, et le changement fini de cette vitesse d'après la règle connue du parallélogramme, serait la mesure la plus convenable de la force; ou bien il nous faudrait admettre que la force est la vitesse même, auquel cas le mouvement rectiligne uniforme serait produit par une force constante dans le sens du mouvement, tandis que la suppression de la force produirait instantanément l'état de repos.

58. Ce dernier système n'a guère été admis très-explicitement, et l'autre

devra également être rejeté quand on voudra tenir compte des faits d'expérience qui nous apprennent que jamais aucune des forces ou causes de mouvement, dont il est question ici, n'a pu servir à produire des changements brusques de vitesse.

Ce sera donc le deuxième cas seul qui méritera toute notre attention, et d'après les faits d'expérience dont nous venons de parler, nous devrons ériger en principe que l'effet d'une force augmentera progressivement avec le temps, de telle sorte qu'une force de grandeur finie ne produira que des changements de vitesse infiniment petits pendant un intervalle de temps infiniment court.

59. Le problème de la mesure d'une force par l'effet géométriquement évident de cette force dans le mouvement d'un point se réduira alors à ce qui suit :

Soit MS' la trajectoire d'un point entièrement libre en apparence, et supposons qu'à partir de la position M du mobile, à l'instant $t$, l'une des forces mystérieusement agissantes dont il est question ici, vienne à agir sur le point de manière à lui faire décrire quelqu'autre trajectoire MS.

Alors les deux trajectoires MS, MS' se raccorderont tangentiellement en M, par la raison qu'au point M, à l'instant $t$, la vitesse ne sera point encore modifiée par la force, ni en direction ni en grandeur, et que la direction d'une vitesse sera toujours celle de la tangente à la courbe décrite.

Mais au bout d'un intervalle de temps très-petit $\theta$, le mobile, au lieu de se trouver en $m'$ sur la courbe MS', se trouvera quelque part en $m$ sur la courbe MS.

La petite ligne $m'm$ sera donc l'effet géométriquement évident de la force sur le point mobile pendant le temps $\theta$, et comme, par hypothèse, il ne nous est pas donné de connaître la force par elle-même, nous n'aurons évidemment pas d'autre ressource que de concevoir la force dans la direction de la ligne $m'm$, à la condition, toutefois, que le temps $\theta$ devra être diminué progressivement jusqu'à zéro, afin que la petite longueur $m'm$

devienne sensiblement droite, et que sa direction puisse être déterminée avec une entière précision.

Nous pourrons concevoir encore la grandeur de la force, comme étant proportionnelle à la longueur de la ligne $m'm$, pendant un intervalle de temps supposé donné, mais infiniment petit, et au moyen de ces deux conventions, il nous sera facile de développer le système mécanique correspondant.

40. A l'instant $t$ le mobile se trouvera en $x$, $y$, $z$, au bout du rayon vecteur $r$ mené de l'origine O.

A l'instant $t + \theta$ le mobile se trouvera en $m$ sur la courbe MS à l'extrémité du contour polygonal des droites

$$r, \quad v\theta, \quad \varphi \frac{\theta^2}{1.2}, \quad \varphi_1 \frac{\theta^3}{1.2.3} \ldots \ldots$$

Ainsi, en portant la longueur $v\theta$ en MM′ sur la tangente MT à la trajectoire, il faudra que nous menions d'abord la petite longueur

$$\varphi \frac{\theta^2}{1.2}$$

par le point M′, puis la longueur

$$\varphi_1 \frac{\theta^3}{1.2.3}$$

par l'extrémité de celle-là, ainsi de suite indéfiniment.

Donc à la dernière limite de petitesse de l'intervalle de temps $\theta$, la droite M′$m$ sur la figure sera représentée en direction et en grandeur par la longueur infiniment petite du deuxième ordre,

$$\varphi \frac{\theta^2}{1.2}$$

dont les projections sur les axes rectangulaires des $x, y, z$ nous conduiront
aux équations :

$$\varphi \cos \lambda = \frac{d^2 x}{dt^2}$$

$$\varphi \cos \mu = \frac{d^2 y}{dt^2}$$

$$\varphi \cos \nu = \frac{d^2 z}{dt^2}.$$

Pareillement sur la trajectoire $MS'$, à cause de la commune vitesse $v$ de
cette trajectoire avec la précédente en $M$, la droite $M'm'$ de la figure sera
représentée en direction et en grandeur par la longueur infiniment petite
du deuxième ordre

$$\varphi' \frac{\theta^2}{1.2}$$

dont les projections sur les axes rectangulaires des $x, y, z$ nous conduiront
aux équations :

$$\varphi' \cos \lambda' = \frac{d^2 x'}{dt^2}$$

$$\varphi' \cos \mu' = \frac{d^2 y'}{dt^2}$$

$$\varphi' \cos \nu' = \frac{d^2 z'}{dt^2}.$$

Donc en désignant par $\alpha, \beta, \gamma$ les angles de la droite $m'm$ avec les axes
rectangulaires des $x, y, z$, et en représentant la longueur de cette droite
par la quantité

$$f \frac{\theta^2}{1.2}$$

nous aurons :

$$f \cos \alpha = \varphi \cos \lambda - \varphi' \cos \lambda' = \frac{d^2 x}{dt^2} - \frac{d^2 x'}{dt^2}$$

$$f \cos \beta = \varphi \cos \mu - \varphi' \cos \mu' = \frac{d^2 y}{dt^2} - \frac{d^2 y'}{dt^2}$$

$$f \cos \nu = \varphi \cos \nu - \varphi' \cos \nu' = \frac{d^2 z}{dt^2} - \frac{d^2 z'}{dt^2},$$

et, en vertu de la double convention que nous avons faite, la force se trouvera représentée par la longueur finie $f$ dans la direction des angles $\alpha, \beta, \gamma$ des formules que nous venons de trouver.

41. De plus, comme les projections des longueurs $f, \varphi, \varphi'$ sur les axes rectangulaires des $x, y, z$, pourront être subdivisées comme on voudra, et que cette subdivision reviendra toujours identiquement à décomposer ou à recomposer entre elles les longueurs $\varphi, \varphi', f$, d'après la règle connue du parallélogramme, on voit que la force unique $f$ de nos formules pourra être considérée comme étant la résultante de telles autres forces que l'on voudra en déduire, au moyen de cette même règle de parallélogramme, et que notamment les quantités

$$f \cos \alpha, \quad f \cos \beta, \quad f \cos \gamma,$$

ou les projections de la force résultante $f$ sur les axes rectangulaires des $x, y, z$, deviendront trois forces composantes, dont la simultanéité parallèlement aux axes équivaudra parfaitement à leur résultante.

42. Si, au lieu de raisonner sur le changement de forme de la trajectoire, nous voulions raisonner sur le changement de vitesse du mobile pendant le temps infiniment petit $\theta$, nous aurions à dire ce qui suit :

La vitesse étant $v$ à l'instant $t$, au point M, sur l'une et l'autre trajectoire, dans la commune direction MT du mouvement le long de ces trajectoires, on trouvera la vitesse subséquente $v$, à l'instant $t + \theta$ sur la trajectoire MS en cherchant la diagonale du parallélogramme que l'on pourra former avec les longueurs $v$ et $\varphi\theta$ comme côtés, la longueur $\varphi\theta$ ayant la même direction ici dans le sens de la ligne M'$m$ de la figure, que la longueur

$$\varphi \, \frac{\theta^2}{1.2}$$

de l'autre mode de raisonnement.

De même sur la trajectoire MS', on trouvera la vitesse subséquente $v'$, en cherchant la diagonale d'un parallélogramme que l'on pourra former avec les longueurs $v'$ et $\varphi'\theta$ comme côtés, la longueur $\varphi'\theta$ ayant la même direction ici dans le sens de la ligne M'$m'$ de la figure que la longueur

$$\varphi' \frac{\theta^2}{1.2}$$

de l'autre mode de raisonnement.

Donc en désignant par $f\theta$ une longueur infiniment petite dans le sens de la droite $m'm$ de la figure, la quantité $f$ étant aussi exactement celle de l'autre mode de raisonnement, on arrivera à déduire la vitesse subséquente $v_{\text{\tiny{l}}}$ sur la trajectoire MS de la vitesse subséquente $v_{\text{\tiny{l}}}'$ sur la trajectoire MS' en cherchant la diagonale d'un parallélogramme que l'on pourra former avec les longueurs $v_{\text{\tiny{l}}}'$ et $f\theta$ comme côtés.

Ce sera, par conséquent, la longueur infiniment petite du premier ordre

$$f\theta$$

au lieu de la longueur infiniment petite du second ordre

$$f \frac{\theta^2}{1.2}$$

qui deviendra l'effet géométriquement évident de la force pendant le temps infiniment petit $\theta$, et du moment où l'on n'aura d'autre ressource que de prendre l'effet géométrique d'une force pour la mesure de la force, en direction comme en grandeur; on arrivera aux mêmes relations fondamentales que par l'autre méthode, celle du changement de forme de la trajectoire.

45. Un troisième mode de raisonnement consisterait à dire que, puisqu'une force finie ne saurait produire que des changements de vitesse infiniment petits dans un temps infiniment court, ce seront les dérivées du deuxième ordre seulement qui pourront varier brusquement dans le cas de l'application subite d'une force, et qu'ainsi, au moyen de la règle connue du parallélogramme au sujet des longueurs représentées par les dérivées successives de tous les ordres des variables $x$, $y$, $z$, on sera conduit à

prendre immédiatement la longueur finie $f$ de nos précédents raisonnéments pour la mesure de la force, en direction comme en grandeur.

44. En résumé, quand on aura :

$$\left.\begin{aligned} \frac{d^2x'}{dt^2} &= a \\[1mm] \frac{d^2y'}{dt^2} &= b \\[1mm] \frac{d^2z'}{dt^2} &= c \end{aligned}\right\} \qquad (1)$$

dans le mouvement d'un point matériel entièrement libre en apparence le long d'une trajectoire MS', et qu'à partir d'un point M d'une telle trajectoire, le mobile, sollicité par une force, suivra une autre trajectoire MS tangentiellement à la précédente, la force qui produira ce changement se trouvera représentée en direction et en grandeur par une longueur $f$ telle qu'en nommant X, Y, Z les projections de la longueur $f$ sur les axes rectangulaires des $x$, $y$, $z$, conformément aux relations

$$X = f \cos \alpha$$
$$Y = f \cos \beta$$
$$Z = f \cos \gamma,$$

on aura :

$$X = \frac{d^2x}{dt^2} - a$$
$$Y = \frac{d^2y}{dt^2} - b$$
$$Z = \frac{d^2z}{dt^2} - c$$

ou inversement :

$$\left.\begin{aligned} \frac{d^2x}{dt^2} &= a + X \\[1mm] \frac{d^2y}{dt^2} &= b + Y \\[1mm] \frac{d^2z}{dt^2} &= c + Z \end{aligned}\right\} \qquad (2)$$

et rien ne serait changé dans ces relations si l'on y concevait les longueurs totales X, Y, Z comme étant les sommes de telles autres longueurs que l'on voudrait,

$$X = X' + X'' + X''' + \ldots \ldots$$
$$Y = Y' + Y'' + Y''' + \ldots \ldots$$
$$Z = Z' + Z'' + Z''' + \ldots \ldots,$$

chacun des groupes $(X', Y', Z')$, $(X'', Y'', Z'')$, $(X''', Y''', Z''')$, $\ldots$ pouvant être remplacé par la diagonale du parallélipipède construit sur les trois longueurs de ce groupe comme côtés, et toutes les diagonales ainsi obtenues devant être composées ensemble d'après la règle ordinaire du parallélogramme.

15. A ce point de vue, les équations (1) seront celles de l'*état naturel de mouvement* d'un point entièrement libre en apparence, et les équations (2) seront celles du mouvement modifié du même point à l'aide d'une force $f$.

Si au contraire nous posions :

$$\left. \begin{aligned} \frac{d^2x}{dt^2} &= a + X = a' \\[1ex] \frac{d^2y}{dt^2} &= b + Y = b' \\[1ex] \frac{d^2z}{dt^2} &= c + Z = c' \end{aligned} \right\} \qquad (2^{\text{ bis}})$$

nous aurions :

$$\left. \begin{aligned} \frac{d^2x'}{dt^2} &= a = a' - X \\[1ex] \frac{d^2y'}{dt^2} &= b = b' - Y \\[1ex] \frac{d^2z'}{dt^2} &= c = c' - Z \end{aligned} \right\} \qquad (1^{\text{ bis}}),$$

et, alors, en voulant prendre les équations $(2^{\text{ bis}})$ pour celles de l'état naturel de mouvement d'un point entièrement libre en apparence le long de la trajectoire MS, nous serions conduits à dire, d'après les équations (1 bis ), que la même force $f$ dirigée en sens contraire deviendra la cause de l'autre mouvement le long de la trajectoire MS′.

46. Le mot force n'aura, de cette manière, aucune signification absolue, et comme, avec des causes mystérieusement agissantes comme celles dont il est question dans la présente section, il n'y aura pas plus de raison de prendre la trajectoire MS′ que la trajectoire MS, ou telle autre trajectoire, encore, que l'on voudra, pour représenter cet état naturel de mouvement d'un point entièrement libre, duquel dépendra la définition essentiellement relative de la force, le plus simple évidemment sera de faire servir à un tel usage l'état de mouvement rectiligne uniforme.

Cette convention une fois admise, on aura, pour tel autre mouvement que l'on voudra,

$$X = \frac{d^2x}{dt^2},$$

$$Y = \frac{d^2y}{dt^2},$$

$$Z = \frac{d^2z}{dt^2}.$$

47. Mais le mot force ne cessera pas d'avoir une signification toute relative, car il suffira que nous imaginions des axes rectangulaires des $x'$, $y'$, $z'$ dans quelque système rigide qui se mouvra autrement que celui des $x, y, z$, pour qu'un mouvement rectiligne uniforme dans l'un des systèmes corresponde à un mouvement curviligne varié dans l'autre système, ou, en d'autres termes, pour qu'un seul et même état de mouvement dans l'espace corresponde à des forces $f, f'$ essentiellement différentes de l'un à l'autre des systèmes d'axes rectangulaires des $x, y, z$ et des $x', y', z'$.

On entrevoit, il est vrai, qu'il y aura des relations purement géométriques à établir entre les composantes $X'$, $Y'$, $Z'$ de la force $f'$ et les composantes $X, Y, Z$ de la force $f$ d'après la seule nature du mouvement arbitraire de translation et de rotation du système rigide des $x', y', z$, par rapport au système rigide des $x, y, z$; mais ce serait nous écarter de notre but que de nous arrêter présentement à de pareilles recherches même purement géométriques.

48. Ce qu'il y a de plus urgent en ce moment, c'est d'essayer de nous
faire une idée du mot *masse*, et quoique cette idée ne puisse véritablement
pas ressortir avec une clarté suffisante des considérations toutes géométriques, dans lesquelles nous avons voulu nous renfermer dans la présente
section, nous allons tâcher cependant de nous y appesantir autant qu'il
nous sera possible de le faire, sans discuter à fond les principes effectifs de
la mécanique, qui feront l'objet de la deuxième partie ci-après.

A cet effet nous supposerons, d'abord, que l'on conçoive bien nettement
les équations :

$$X = \frac{d^2 x}{dt^2}$$

$$Y = \frac{d^2 y}{dt^2}$$

$$Z = \frac{d^2 z}{dt^2}$$

pour un certain corpuscule ou point matériel parfaitement déterminé.

Nous imaginerions ensuite un autre corpuscule ou point matériel identiquement égal et juxtaposé à celui-là le long d'une trajectoire identique
qu'on obtiendra en déplaçant un peu la précédente parallèlement à une
droite donnée.

Nous concevrons les mêmes équations pour le deuxième point matériel,
puis encore pour un troisième, et ainsi de suite, pour autant de points matériels identiques que l'on voudra, en nombre $m$.

Alors les $m$ points matériels, tous identiques, feront un corps ou corpuscule de forme exactement invariable, pendant le mouvement parallèle
de translation du système, et les choses se passeront comme si le corps
ou corpuscule était rigide.

Mais de ce que chaque point matériel exigera l'action des forces X, Y, Z,
nous devons conclure que le mouvement du corps entier exigera les forces :

$$P = m\,X = m\,\frac{d^2 x}{dt^2},$$

$$Q = m\,Y = m\,\frac{d^2 y}{dt^2},$$

$$R = m\,Z = m\,\frac{d^2 z}{dt^2}.$$

Si nous ajoutons que le nombre $m$, ainsi défini, se nommera la masse du corps ou corpuscule, nous aurons de cette manière les équations ordinaires du mouvement d'un point matériel supposé libre dans l'espace.

49. Mais quel usage pourrons-nous faire des équations ainsi établies, non pas seulement dans le phénomène de la rencontre ou du choc de deux corps ou corpuscules animés de vitesses très-différentes en grandeurs et en directions, mais encore dans le cas du double mouvement de translation et de rotation d'un corps à volume fini, dont les différentes parcelles se pénétreraient mutuellement, ou se sépareraient les unes des autres, s'il n'y avait dans la nature même du corps ce commun obstacle à l'un et à l'autre effet, qu'on nomme la qualité *liaison*, et dont il n'a été nullement question jusqu'ici ?

50. Pour vaincre la difficulté, nous pourrions bien faire une hypothèse en disant que, dans le cas de deux points matériels réunis par une droite rigide et inextensible, et dont cette droite servira à modifier les mouvements respectifs, les quantités ou longueurs $mf$, $m'f'$ des deux points devront être égales et de sens opposés dans la direction de la droite; puis généralement, que dans un corps à volume fini supposé libre, toutes les quantités $mf$, $m'f'$, $m''f''$... devront, au moyen de la règle parallélogramme, se réduire à un groupe quelconque de longueurs équivalentes mutuellement égales et opposées suivant de certaines lignes droites; mais ce ne serait qu'une pure hypothèse, qui ne pourrait être ni vérifiée ni contredite par l'expérience, dans le cas où il y aurait des liaisons entre des corpuscules ou points matériels de différentes espèces, comme par exemple de fer et de plomb; car, à ce point de vue de la mécanique, nous pourrions bien admettre que les masses des corps de même espèce sont proportionnelles aux volumes de ces corps, mais pour des corps d'espèces différentes, nous ne voyons plus comment il serait possible de connaître les masses $m$, $m'$ de ces corps sous des volumes donnés.

51. Les faits d'expérience de la pesanteur terrestre, et la théorie ultérieure de l'équilibre de la balance nous fourniraient, sans doute, le moyen de trouver les masses $m$, $m'$ de deux corps quelconques d'espèces différentes; mais comment établirions-nous la théorie de l'équilibre de la balance, sans fonder auparavant la théorie générale du mouvement de rotation d'un corps

rigide autour d'un axe fixe, et, sans être obligés d'invoquer de nouvelles hypothèses sur la loi des quantités *mf* dans le cas d'un axe fixe? Là précisément où le point de vue inverse auquel nous nous placerons tout à l'heure ne nous fera rencontrer que des relations parfaitement évidentes de cette partie spéciale de la mécanique qu'on nomme la *statique* et qui est la science pure des forces, indépendamment des vitesses ou des quantités de mouvement qui pourront être les effets géométriquement évidents des forces.

51. Nous devons donc conclure que la science mécanique que l'on voudrait fonder sur les considérations de la présente section seulement serait au moins très-imparfaite et très-vague, sinon incomplète et fort empirique; qu'à l'aide de différentes hypothèses on réussirait, il est vrai, à faire marcher les formules de cette science parallèlement, mais en dehors ou à côté certainement des véritables conceptions mécaniques dont nous exposerons le système dans la deuxième partie ci-après, et qui nous serviront à fonder une science mathématique aussi complète et aussi pleinement satisfaisante dans chacune de ses parties que l'autre serait incomplète et creuse au fond.

# DEUXIÈME PARTIE.

DE LA VRAIE SCIENCE MÉCANIQUE.

# INTRODUCTION.

*De la manière de concevoir la force comme une quantité réelle et absolue,* parfaitement distincte de l'état de repos ou de mouvement des corps ou points matériels entre lesquels elle agit. — De la qualité *matière* ou *masse*, et de la qualité *liaison* des corps. — De la mesure expérimentale des intensités des forces par le moyen de certaines liaisons élastiques. — De la définition précise des mots *force* et *équilibre*, et de la parfaite évidence des différents axiomes de la statique dans un fil tendu de nature élastique. — De la manière de fonder la science entière de la mécanique, avec cette seule idée de la force, et d'y ramener ultérieurement toutes les causes imaginables de mouvement.

1. La seule et véritable idée que nous devions nous faire de la force, c'est celle que nous acquérons quand, à l'aide de nos organes, nous cherchons à modifier l'état de repos ou de mouvement des corps qui nous environnent.

Nous éprouvons alors des sensations qui éveillent en nous plusieurs idées fondamentales : d'abord celle de l'existence des corps, puis celle de la forme des corps et des propriétés de l'espace, puis celle du mouvement et du temps, puis encore celle d'une certaine quantité que nous nommons une *pression* ou une *traction*.

Cette quantité est une cause de mouvement ou plutôt une cause de changement de mouvement pour les parties des corps que nous rencontrons à l'aide de nos organes; et comme il nous est possible de produire des mouvements ou des changements de mouvements dans toutes les directions de l'espace, nous parvenons naturellement à concevoir la pression ou la traction comme agissant avec une certaine grandeur ou intensité sur un certain point et dans une certaine direction.

2. Les sensations qui éveillent en nous l'idée de la pression ou de la traction sont les mêmes, quand nos organes rencontrent des corps immobiles ou des corps en mouvement, et par là nous concevons déjà la force comme une quantité absolue, parfaitement distincte de l'état de repos ou de mouvement des corps ou points matériels entre lesquels elle agit.

Nous concevons encore la force comme une quantité durable ou persistante aux points des corps qu'elle sollicite.

Nous concevons surtout la force comme une telle quantité absolue et durable, quand, à l'aide d'une pression ou traction convenablement dirigée, nous parvenons à empêcher le mouvement ou changement de mouvement qui aurait lieu en l'absence de cette quantité ou force.

3. L'expérience nous apprend qu'avec de pareilles forces d'une action continue, nous ne pouvons jamais modifier brusquement les vitesses des corps, et de là vient cet axiome ou principe fondamental : qu'*une force d'intensité finie ne saurait produire que des changements de vitesse infiniment petits, dans un temps infiniment court.*

4. Quand, au moyen de nos organes, nous agissons sur des corps entièrement libres, mais de grandes et de petites dimensions, ou sur des corps de différentes espèces à dimensions égales, nous ne réussissons à produire des changements égaux dans les mouvements préalablement identiques de ces corps qu'avec des forces très-inégales.

Nous sommes donc conduits à penser que dans le pur mouvement de translation d'un corps à volume fini, la force totale devra augmenter comme le nombre des particules identiques dont le corps sera formé.

Nous sommes conduits encore à regarder comme équivalentes, en mécanique, des parcelles de matière de différentes espèces, dès l'instant qu'il nous faudra faire agir des forces égales sur ces parcelles pour leur faire subir des changements égaux dans leurs mouvements, et par là nous comprenons de suite la signification du mot *masse*.

5. Les masses des corps seront des nombres proportionnels aux intensités des forces de pression ou de traction qu'il nous faudra employer pour obtenir des changements identiques dans les mouvements de translation préalablement identiques de ces corps placés librement dans l'espace.

La condition restrictive du pur mouvement de translation des corps, dont on voudra connaître les masses, sera bien facile à concevoir, si l'on considère que dans le mouvement de rotation d'un corps à volume fini, les trajectoires des différents points du corps seront très-différentes les unes des autres, et varieront nécessairement avec la figure du corps.

6. Cependant quelque idée qu'on veuille se faire des relations mécaniques, présentement encore inconnues, du double mouvement de translation et de rotation d'un corps à volume fini, on devra regarder comme évident qu'à la dernière limite de petitesse des parcelles de matière d'un pareil corps, toutes les trajectoires d'un nombre infini de points que l'on pourra concevoir encore dans une parcelle, seront comme identiques, et qu'ainsi les effets dus à la rotation de la parcelle seront comme nuls ; c'est-à-dire, en d'autres termes, que lorsqu'on voudra fonder la théorie du mouvement d'un simple point matériel, sans dimensions appréciables, l'on n'aura à s'occuper que de la translation du point matériel le long d'une certaine courbe ou trajectoire, sans tenir compte d'une rotation du point matériel à l'entour de la courbe (*).

7. Mais ce n'est pas seulement la qualité matière ou masse que nous reconnaissons ainsi, au moyen des forces de traction ou de pression, que nous pouvons faire agir sur les corps par l'intermédiaire de nos organes ; nous reconnaissons en même temps que les corps à volumes finis, les corps solides principalement, ont une tendance propre vers une certaine forme déterminée, et que cette tendance est la cause qui fait que l'état de repos ou de mouvement d'une seule partie d'un corps entraine des états correspondants de repos ou de mouvement dans les autres parties du corps.

Il y a donc une autre propriété encore, que nous nommerons la qualité *liaison*, et qui servira à la transmission ou à la production même de la force entre toutes les parcelles de matière d'un corps à volume fini.

8. Cette autre propriété ou qualité existe bien réellement, car l'expérience nous apprend que la figure ou le système de liaison d'un corps peut

---

(*) A moins toutefois que la matière ne cesse d'être divisible à une certaine limite de petitesse de ses parcelles, et qu'à cette limite le mouvement de rotation d'une parcelle puisse être excessivement rapide, ce que l'on ne suppose pas ordinairement en mécanique.

On entrevoit, au surplus, que, dans le cas où cette circonstance pourrait avoir lieu quelque part, nous aurions la ressource d'appliquer à chacune des parcelles excessivement petites d'un pareil assemblage, les relations que par la suite nous trouverons, au point de vue ordinaire des choses, dans la théorie du double mouvement de translation et de rotation des corps à volumes finis.

être rompu, et qu'alors la transmission cesse entre les parties séparées.

L'expérience nous apprend aussi que la rupture ou la séparation du système de liaison d'un corps n'a lieu qu'après un certain changement de figure, préalablement accompli, et par là nous comprenons que la qualité liaison des corps pourra nous servir à trouver expérimentalement les intensités des forces dès le début et avant l'établissement d'aucune science mécanique.

Il nous suffira de convenir en principe ou d'ériger en axiome qu'*il faudra des forces doubles pour rompre à la fois, ou seulement pour déformer à la fois de quantités égales, deux systèmes de liaison identiques.*

9. Il y a notamment des corps dont la figure, plus ou moins variable sous l'action des forces que nous pouvons leur appliquer, redevient exactement la même quand les forces ont disparu, et cette propriété, qu'on nomme *élasticité*, nous sera d'une utilité immense dans la recherche expérimentale des intensités des forces par le moyen de la qualité liaison des corps.

Tous les systèmes de liaison paraissent d'ailleurs être élastiques entre des limites de déformation suffisamment rapprochées; mais ce n'est pas là ce qui mérite ici notre principale attention.

10. L'essentiel est que *nous devons regarder un corps à volume fini comme étant formé à la fois de matière et de liaison.*

*La qualité matière ou masse comprendra toute chose indistinctement qui exigera de la force pour être dérangée de son état actuel de repos ou de mouvement, et la qualité liaison comprendra toute chose qui ne servira qu'à la transmission ou à la production même de la force entre les points auxquels elle aboutira.*

11. Nos organes ne peuvent saisir, il est vrai, aucune liaison dépourvue de masse ni aucune masse dépourvue de liaison; mais nous sommes bien libres d'isoler parfaitement ces deux choses dans notre esprit, en appelant matière l'une et liaison l'autre.

Alors la qualité liaison n'aura plus aucune des propriétés de la masse, et la chose que nous devrons nous représenter, comme faisant une pareille qualité dans le volume d'un corps, deviendra complétement indifférente à se mouvoir d'une manière plutôt que d'une autre, c'est-à-dire qu'une telle chose suivra spontanément les parcelles de matière qu'elle servira à relier entre elles, en faisant de la force sur ces parcelles et en n'exigeant elle-même aucune force pour participer à leur mouvement.

12. Cette chose, qui fait la qualité liaison des corps, a été regardée jusqu'à présent comme rigide ou comme inaltérable dans sa forme; et comme elle n'avait plus aucune des propriétés de la masse, il fallait lui supposer une mobilité tellement parfaite, qu'une seule force qu'on aurait voulu faire agir sur elle, pendant un temps infiniment court, aurait suffi pour lui faire prendre une vitesse infiniment grande.

On ne pouvait donc y concevoir que deux ou plusieurs forces à la fois qui se contre-balançaient mutuellement avec une entière évidence, et de ce point de vue nécessaire du sujet est venue la *statique* ou la science pure des forces, qui ne traite que des relations de l'équilibre, indépendamment de l'état de repos ou de mouvement des systèmes.

Les vérités de la statique avaient alors un caractère de certitude aussi absolu que celles de la géométrie, et leur entier développement ne pouvait manquer de précéder l'établissement de la *dynamique*, ou de cette science mécanique proprement dite, que l'on ne parvenait à fonder qu'en invoquant une pure hypothèse ou un nouveau fait d'expérience sur la relation d'une force avec l'effet géométriquement évident de cette force dans le mouvement d'un point doué de la qualité matière ou masse.

13. Le reproche unique qu'il y a à faire à cette manière connue, mais trop peu usitée de fonder la mécanique, c'est de ne pas y voir de prime abord ce que l'on doit entendre par le mot force, et d'être conduit à appliquer les relations de l'équilibre, non pas seulement aux forces de pression et de traction que nous pouvons faire à l'aide de nos organes, mais encore à de simples vitesses, ou bien aux quantités de mouvement perdues et gagnées dans le choc des corps rigides, malgré l'obscurité qu'on rencontre ainsi dans le phénomène du choc, par l'emploi des masses, non encore définies ni connues des corps, et par l'hypothèse même de la rigidité qui ne se vérifie nulle part dans le monde.

14. Ce reproche-là est bien mérité, car dans le premier cas seulement la statique subsistera par elle-même, et le théorème du parallélogramme des forces aura besoin d'une démonstration propre.

Dans l'autre cas, au contraire, le prétendu théorème du parallélogramme des forces se confondra avec la règle évidente du parallélogramme des chemins ou des vitesses en géométrie, et les relations ultérieures de la statique ne seront, au fond, que des relations dynamiques fort abstraites, et fort obscurément travesties.

La statique ne sera plus, alors, qu'une vaine complication de cette mécanique toute géométrique, dont nous avons fait entrevoir bien amplement les défauts à la fin de la précédente section.

15. L'obscurité et la confusion que, par là, on a vues rester dans la science de la mécanique jusqu'à ce jour, ne venaient pourtant pas d'un vice de raisonnement; car, du moment où l'on considérait la qualité liaison des corps comme une chose rigide, il n'était plus possible de concevoir le phénomène de la transmission des forces par le moyen de cette chose, que comme une nécessité de notre entendement, et l'on ne pouvait se refuser à admettre qu'il y aurait à transmettre, tantôt des forces de pression ou de traction, tantôt des vitesses finies ou des quantités de mouvement provenant de certains corps choquants, doués de la qualité matière ou masse.

Dans le premier cas, une force d'intensité double se concevait sans difficulté; mais dans l'autre cas une force d'intensité double ne se concevait par elle-même que quand la masse seulement devenait double, et que la vitesse perdue ou gagnée ne changeait pas. Quand la vitesse perdue ou gagnée changeait d'une de ces prétendues forces à l'autre, on tombait dans une sorte d'abstraction empirique et dans une obscurité dont on ne savait plus se débarrasser.

16. Si, au contraire, nous rejetons l'hypothèse de la rigidité; si nous érigeons en principe fondamental que *la qualité liaison des corps vient d'une chose essentiellement variable de figure, suivant les directions et les intensités des forces qu'on pourra appliquer à cette chose, ou que cette chose pourra avoir à transmettre*, nous verrons non-seulement toutes les difficultés s'évanouir, mais la force elle-même se montrera sous un nouveau jour, et la science de la mécanique acquerra enfin ce haut degré de clarté qui lui manquait.

17. Nous ne nous bornerons pas à supposer que la qualité liaison des corps vient d'une chose essentiellement variable de figure, suivant les directions et les intensités des forces qu'on pourra appliquer à cette chose, ou que cette chose pourra avoir à transmettre; nous admettrons encore que cette chose est douée d'une parfaite élasticité, parce qu'alors nous réussirons à définir exactement le mot force, et à trouver encore d'immenses

facilités pour mesurer les directions et les intensités des forces, avant l'établissement d'aucune science mécanique; parce qu'enfin, avec un système de forces bien exactement définies, au moyen des propriétés élastiques de certains corps, il nous sera toujours loisible de concevoir de pareilles forces sur d'autres corps, et d'admettre encore la cessation des propriétés élastiques de ces autres corps, dès que nous le voudrons.

18. Cela posé, nous ferons remarquer d'abord que la chose élastique qui fera la qualité liaison d'un corps, de même que la chose rigide que l'on suppose ordinairement, ne saurait être imaginée sous l'action d'une seule force dans l'espace, parce qu'étant essentiellement mobile et complétement dépourvue des propriétés de la masse, cette chose obéirait instantanément à l'action de la force avec une vitesse infiniment grande, et par conséquent se soustrairait à l'action de la force sans éprouver le moindre changement de figure.

On ne pourra donc y concevoir que deux ou plusieurs forces qui se contre-balanceront ou qui s'équilibreront mutuellement, et, de même que sur une chose rigide, l'on entreverra de suite la possibilité d'un pareil équilibre, quand on y concevra à la fois deux forces égales et de sens opposés dans la direction d'une même ligne droite; mais alors on devra observer un changement de figure en rapport avec l'intensité des deux forces égales, et ce changement de figure pourra servir à faire trouver expérimentalement la commune intensité des forces; non pas qu'une déformation exactement double doive être l'indice d'un groupe de forces doubles, mais parce que l'on pourra faire agir à la fois deux groupes de forces égales, c'est-à-dire deux groupes de forces dont chacun isolément eût produit les mêmes effets, et qu'alors le changement de figure que l'on obtiendra par l'action simultanée de pareilles forces égales, deviendra l'indice certain d'une intensité double pour tous les cas ultérieurs.

19. Mais l'idée mère du changement de figure de cette chose, qui fait la qualité liaison dans un corps élastique à volume fini, est trop complexe, non pas seulement parce que l'on peut y concevoir à la fois plusieurs groupes de forces égales et contraires, mais encore parce que l'idée du changement de figure d'un corps à volume fini se réduit, dans notre es-

prit, aux changements des distances de tous les points du volume pris deux à deux.

20. Par ce motif, et pour aller de suite à l'image la plus simple possible dans notre manière de voir, nous concevrons un fil, d'épaisseur nulle ou négligeable, mais *un fil doué de la qualité liaison des corps, et dépourvu de la qualité matière ou masse.*

Ce fil étant supposé parfaitement flexible et attaché à deux corps quelconques en mouvement, il faudra que nous regardions la figure du fil, ainsi que le mouvement des points d'attache du fil aux deux corps, comme des choses complétement indifférentes, tant que la distance des points d'attache restera inférieure à la longueur du fil, et jusque-là, il n'y aura aucune force à concevoir.

A l'instant où la distance des points d'attache deviendra égale à la longueur du fil, celui-ci ne pourra affecter qu'une force rectiligne, et la même forme persistera ultérieurement, tant que la distance des points d'attache ne deviendra pas moindre, quel que puisse être, du reste, le mouvement de translation ou de rotation de la droite qui, en passant par les deux points d'attache, fera la direction du fil.

A partir du même instant le fil servira à faire de la gêne ou de la force entre les deux points; mais il y aura deux cas à distinguer, selon qu'on voudra regarder le fil comme inextensible ou comme extensible.

21. Dans le premier cas, avec l'hypothèse d'un fil inextensible, il y aura généralement des changements brusques de vitesses dans les corps adjacents, à l'instant où le fil atteindra sa forme rectiligne; mais après cet instant, le fil pourra continuer à affecter une forme rectiligne, pendant que les vitesses ne se modifieront que peu à peu.

De l'une ou de l'autre manière, le fil inextensible ne pourra servir qu'à la transmission de la force entre les deux points des corps auxquels il tiendra, c'est-à-dire que la force ne pourra venir que de l'un des corps sur le bout adjacent du fil.

22. Mais un fil inextensible, supposé dépourvu de sa qualité matière ou masse, ne saurait être conçu comme étant sollicité par une seule force.

Notre entendement veut que nous y concevions à la fois deux forces P, P' d'une égale intensité, et de sens opposés dans la direction du fil.

La force P viendra de l'un des corps sur l'un des bouts du fil, et la force P' viendra de l'autre corps sur l'autre bout du fil.

L'inextensibilité du fil servira à la transmission mutuelle de chacune des forces P, P' de l'un des corps à l'autre, ou bien l'inextensibilité du fil pourra être regardée comme une qualité résistante, qui équivaudra dans notre esprit à deux forces intérieures mutuellement égales et contraires aux forces extérieures P, P'.

Le fil entier pourra d'ailleurs être subdivisé par la pensée, et toutes les mêmes forces devront être conçues encore aux extrémités de telles portions du fil, de longueurs finies ou infiniment petites, qu'il nous plaira d'imaginer.

23. *Mais, avec un fil inextensible, la résistance du fil ne dépendra pas de la nature du fil; ce sera une quantité indéterminée que nous ne pourrons apprécier que par la commune intensité, supposée connue des forces extérieures ou à laquelle nous attribuerons une valeur fictive, selon le besoin des raisonnements que nous aurons à faire, pour nous rendre compte de l'état obligatoire de repos ou de mouvement des corps adjacents.*

24. Dans le deuxième cas, au contraire, *avec un fil extensible, et de plus encore avec un fil élastique, la force ne dépendra que de la nature du fil et de l'allongement que le fil aura actuellement subi, par des causes quelconques de mouvement à chacune de ses extrémités.*

25. Quelles que puissent être les causes de mouvement à chacune des extrémités du fil, tant que ces causes n'auront pas allongé le fil, il n'y aura point de force à concevoir, et quand ces causes auront amené un allongement quelconque dans le fil, la force dépendra directement de la quantité d'allongement qui aura lieu, ainsi que de la nature du fil, mais nullement du mouvement de translation ou de rotation du fil dans l'espace, ni de chacune des causes en particulier, parce que toutes les causes distinctes qui pourront servir à produire un allongement égal dans un même fil, feront naître aussi des forces égales dans ce fil.

26. Donc de prime abord, à l'aide d'un fil élastique, toutes les causes imaginables de mouvement pourront être classées dans l'ordre de leurs intensités respectives, et de plus encore elles pourront être mesurées dans leurs intensités dès l'instant que l'on conviendra de regarder comme des

causes doubles, toutes celles qui produiront à la fois un égal allongement dans deux fils adjacents et identiques.

27. A ce point de vue, la force ne viendra plus du dehors sur les deux extrémités d'un fil, mais ce sera l'allongement du fil qui viendra du dehors et qui sera un effet complexe des causes quelconques de mouvement ou de changement de mouvement qu'il pourra y avoir à chacune des extrémités du fil; puis l'allongement qui aura lieu à chaque instant fera de la force à cet instant, mais une force réelle et absolue, parfaitement distincte de l'état de repos ou de mouvement du fil, et parfaitement distincte aussi de la nature des corps ou des systèmes de corps, ainsi que des causes quelconques de repos ou de mouvement qui pourront se trouver aux deux extrémités du fil, pourvu que l'allongement du fil n'en soit pas changé.

28. Cette espèce de force sera toujours nulle à l'instant où un fil passera de sa forme flottante initiale à sa forme rectiligne, et elle n'augmentera ensuite que par l'augmentation progressive de la distance des points d'attache du fil aux deux corps adjacents.

Par conséquent il n'y aura plus de changements brusques de vitesses, et l'idée que nous aurons à nous faire du mot force cadrera parfaitement avec celle que tout le monde s'en fait naturellement par le mot traction.

29. La direction de la force sera celle du fil dans lequel elle résidera, et l'intensité de la force dépendra de l'allongement ainsi que de la nature du fil; mais le sens de l'action sera double, ou en d'autres termes, il y aura deux forces mutuellement égales et opposées dans le fil sur les corps qui tiendront aux deux bouts du fil, parce que le raccourcissement d'un fil élastique pourra se faire indistinctement par l'une ou par l'autre extrémité, et que la pure tendance au raccourcissement d'un fil élastique supposé dépourvu de sa qualité matière ou masse, ne pourra être conçue avec une plus grande intensité dans un sens que dans l'autre.

30. Le fil entier pouvant être subdivisé en deux parties quelconques par la pensée, nous devrons concevoir encore deux forces égales de contraction ou de raccourcissement dans chacune des deux parties; puis, en subdivisant l'une des parties, nous arriverons à concevoir des forces toujours opposées et d'une commune intensité, qui représenteront la tendance au raccourcissement, ou l'effort mutuel de contraction de chacune des lon-

gueurs partielles qu'il nous plaira d'imaginer dans la longueur du fil entier.

51. Chacune des longueurs partielles du fil entier pourra être considérée ensuite comme étant sollicitée à l'allongement par les deux forces égales et opposées, qui proviendront des tendances ou raccourcissement des longueurs adjacentes, et par conséquent l'effort intérieur de mutuelle contraction dans telle partie du fil que l'on voudra imaginer, se trouvera équilibré par un effort égal d'allongement ou de mutuelle extension du dehors sur cette partie.

52. Les propriétés naturellement inhérentes à un fil tendu, ne pouvant être conçues que de cette manière-là dans chacune des longueurs partielles, et même aux simples points de division de deux longueurs consécutives d'un fil, on ne pourra évidemment faire autrement que de concevoir toute chose qui servira à tenir l'extrémité d'un fil, soit masse et vitesse, ou cause quelconque de mouvement, soit pure liaison, comme une simple force égale et contraire à celle du fil sur la chose.

Telle est l'idée la plus simple possible que nous devrons nous faire de la qualité liaison des corps dans un fil, au seul point de vue des forces de traction.

53. Pour avoir une pareille idée de la qualité liaison des corps au seul point de vue des forces de pression, c'est-à-dire dans un ordre exactement renversé, il nous suffira de concevoir une ligne droite élastique non flexible, et actuellement raccourcie par des causes quelconques de mouvement à ses deux extrémités.

54. Nous pourrons nous représenter encore une ligne droite élastique, non flexible et susceptible de résister à l'allongement comme au raccourcissement, afin de pouvoir y considérer, tantôt des forces de traction, tantôt des forces de pression, et de voir ainsi par une seule image tout ce qui concernera :

1° La définition rigoureuse et complète du mot force en mécanique ;

2° La signification du mot équilibre au sujet des forces mutuellement égales et opposées qu'il y aura à considérer dans une ligne droite élastique actuellement allongée ou raccourcie ;

3° Le principe ou axiome de la transposition facultative d'une force en un point quelconque de la ligne droite élastique, dont l'allongement ou le raccourcissement aura fait naître cette force;

4° L'axiome de l'égalité mutuelle entre l'action et la réaction;

5° Le principe ou axiome de la parfaite équivalence de toute chose tenant à l'extrémité d'une ligne droite élastique, soit masse et vitesse, ou cause quelconque de mouvement, soit pure liaison, avec une simple force égale et contraire à celle de la droite élastique sur la chose.

55. Quant à la manière de nous représenter la qualité liaison d'un corps à volume fini, nous n'aurons qu'à relier entre elles, dans tous les sens et dans un ordre quelconque, autant de lignes droites élastiques élémentaires de longueurs finies ou infiniment petites que nous voudrons, pour que nous acquérions aussitôt une idée excessivement générale de ce qui pourra faire la qualité liaison ou la tendance propre d'un corps à trois dimensions vers une certaine forme déterminée.

56. Quand ensuite nous concevrons encore un nombre infiniment grand de parcelles de matières en autant de points que nous voudrons de pareils systèmes ou réseaux de lignes droites élastiques, nous aurons une idée non moins générale de ce qui pourra faire la double qualité masse et liaison des corps.

57. Ce dernier point de vue fera l'objet de la dynamique, et le précédent nous conduira à la pure statique; mais la dynamique rentrera immanquablement dans la statique, quand on y concevra l'effet complexe de la masse et du changement de mouvement d'un point matériel supposé attaché à l'extrémité d'une ligne droite élastique, comme une simple force égale et contraire à celle de la droite élastique sur le point.

58. La force que, de cette manière, nous aurons à mettre en lieu et place de la double qualité masse et changement de mouvement d'un point sur la droite élastique à laquelle le point se trouvera attaché, est ce qu'on nomme habituellement une *force d'inertie*, et par conséquent, au moyen de cette définition, la loi fondamentale de la dynamique se réduira toujours à un état d'équilibre entre les forces d'inertie et les autres forces d'un système.

59. Mais pour que cette loi puisse être développée sous forme explicite,

il faudra que nous sachions trouver la direction et l'intensité de la force d'inertie d'un point matériel dans chaque cas donné, et comme une telle force sera toujours égale et contraire à celle de la droite élastique qui servira à produire ou à modifier le mouvement d'un point, on voit qu'il nous faudra résoudre le problème qui consistera à trouver la relation de la force d'une ligne droite élastique avec l'effet géométriquement évident de cette force dans le mouvement d'un point matériel, ainsi qu'avec la masse du point, et que ce problème sera la seule et unique difficulté de la science de la dynamique.

40. Car, une fois que ce problème-là se trouvera résolu, il ne pourra y avoir de difficulté à comprendre que les causes de mouvement dites électriques ou magnétiques, et celles notamment de la pesanteur ou de la gravitation céleste, c'est-à-dire, en un mot, toutes les causes mystérieusement agissantes, dont il a été parlé dans la dernière section de la première partie, se prêteront toujours à une parfaite assimilation, dans notre esprit, avec les forces des lignes droites élastiques, qui produiraient les mêmes effets sur d'autres points matériels, non soumis à ces causes.

41. Nous entrevoyons donc très-clairement que, par une telle voie d'assimilation nous parviendrons tôt ou tard à étendre la signification du mot force à toutes les causes imaginables de mouvement, qui n'émaneront pas directement de la qualité liaison de certains corps adjacents.

Mais alors, il y aura une convention à faire. Il s'agira de savoir quelle sorte de mouvement, rectiligne ou curviligne, uniforme ou varié, nous devrons admettre, comme étant celui d'un point matériel entièrement libre en apparence, et parce que nous aurons une entière latitude à cet égard, ainsi que nous l'avons déjà fait pressentir dans la dernière section de la première partie, avec le seul avantage ou inconvénient d'en voir résulter de plus ou moins grandes simplifications dans les relations mécaniques des systèmes, nous serons conduits naturellement à faire servir à un tel usage l'état de mouvement rectiligne uniforme, et à rencontrer cette fameuse *loi d'inertie* de la matière, qui ne sera plus un principe ni un fait d'expérience, mais une pure convention, la plus simple de toutes celles parmi lesquelles nous nous trouverons obligés de choisir.

42. S'il arrivait, enfin, qu'au moyen d'une telle convention, et d'après les résultats de l'expérience, nous fussions conduits à regarder les forces mystérieusement agissantes de l'électricité, du magnétisme, de la pesanteur terrestre et de la gravitation céleste, etc., comme ne dérogeant pas au principe de l'égalité mutuelle entre l'action et la réaction, dans les directions des lignes droites menées par leurs points d'application, et aussi comme ne dépendant pas des vitesses de ces points, mais de leurs distances seulement, nous arriverions, à coup sûr, à l'idée la plus étonnante que nous puissions nous faire de l'univers, car il nous faudrait admettre que cette chose que nous avons nommée la qualité liaison, et dont l'existence nous est révélée matériellement à l'aide de nos organes dans les corps à volumes finis à la surface de la terre, s'étend encore invisiblement et mystérieusement entre les corps terrestres comme entre les corps célestes les plus distants les uns des autres.

Telle est, en effet, l'immortelle découverte de Newton qui servira de couronnement à la science de la mécanique, et qui nous permettra, au moyen des règles de cette science, de prédire les phases les plus variées des mouvements planétaires.

Mais avant de nous élever à ces hauteurs sublimes, et afin que nous parvenions plus sûrement à y atteindre avec une entière clarté, nous devrons, au début, ne reconnaître d'autre force que celle qui résidera dans la tension d'un fil ou d'une ligne droite élastique.

43. La force, alors, ne sera plus une cause quelconque de mouvement, mais bien une cause de changement de mouvement toute particulière et très-clairement définie, que nous concevrons en lieu et place d'une autre cause quelconque sur un point matériel, à l'aide d'un fil interposé entre cette cause et le point matériel.

44. Ou bien, en envisageant le sujet d'une manière exactement renversée, nous pourrons dire qu'il y aura des causes quelconques dans l'espace qui feront actuellement ou du mouvement ou de la force, ou l'un et l'autre; à savoir :

1° Du mouvement seulement, avec un point matériel entièrement libre en apparence, et qui de lui-même ne persistera pas à l'état de repos.

2° De la force seulement, sur un fil qui servira à empêcher le mouvement d'un point matériel, dans le cas où celui-ci ne persisterait pas de lui-même à l'état de repos.

3° Du mouvement et de la force, enfin, quand un fil ne servira qu'à gêner ou à modifier le mouvement d'un point matériel auquel il tiendra sans maintenir ce point matériel à l'état de repos.

45. Au premier point de vue (43), à celui d'un fil interposé entre une cause quelconque et un point matériel, la force ne viendra que de l'allongement du fil, et cet allongement sera un effet complexe des causes quelconques, qu'il pourra y avoir à chacune des extrémités du fil; ce sera là notre seule manière de voir en statique.

46. Pour passer à la dynamique, il faudra que l'une des causes devienne le point matériel dont nous avons parlé; mais l'autre cause, à l'autre extrémité du fil, pourra continuer à être tout ce qu'on voudra. Alors la force ne cessera pas de dépendre du seul allongement du fil, et cet allongement ne cessera pas d'être un effet complexe de la cause quelconque à l'un des bouts du fil, et de la cause spéciale d'un simple point matériel à l'autre bout du fil; mais comme cette cause spéciale sera une chose bien déterminée dans sa manière d'être, il est clair qu'avec la condition restrictive d'une pareille manière d'être bien déterminée, en place de la chose quelconque que nous avions à considérer tout à l'heure en statique, il nous sera permis, à présent, de dire que ce sera l'autre cause, la cause quelconque à l'autre extrémité du fil, qui fera naître à la fois de la force dans le fil et un changement correspondant dans le mouvement du point matériel.

47. De cette manière, donc, la force du fil et le changement de mouvement correspondant du point matériel ne seront que *deux effets simultanés* d'une cause quelconque, et, par suite, il devra y avoir une relation directe entre ces deux effets simultanés, comme si le premier était la cause du second, ou, réciproquement, comme si le second était la cause du premier.

La relation directe qu'il y aura entre ces deux effets simultanés d'une cause quelconque, sera justement celle dont nous avons déjà parlé (39), et dont la recherche fera la seule et unique difficulté de la science de la dynamique.

48. Au point de vue purement abstrait des choses, il serait, à la vérité, bien indifférent de regarder la force d'un fil comme étant la cause du changement de mouvement du point matériel auquel tiendra le fil, ou, réciproquement, de regarder le changement du mouvement du point matériel, comme étant la cause de la force correspondante du fil.

49. Mais il y aura une distinction capitale à faire au point de vue physique et expérimental des choses, d'après lequel la force F d'un fil sera une quantité élémentaire et directement mesurable par l'allongement du fil dans lequel elle résidera, tandis que l'idée du changement de mouvement ne saurait nous conduire qu'au produit de la masse $m$ d'un point matériel par une certaine longueur ou vitesse $f$ et qu'ainsi le produit $m\,f$ sera une quantité complexe totalement inconnue, tant qu'on ne saura pas mesurer directement la masse $m$ d'un point matériel.

Or il n'existe véritablement pas d'autre moyen de connaître une masse $m$ en mécanique que celui qu'on déduira de l'équation de principe

$$F = mf,$$

ou de la formule équivalente

$$m = \frac{F}{f}.$$

qui signifie que la masse $m$ d'un point matériel sera égale au nombre qu'on trouvera en divisant l'intensité statique ou dynamométrique F de la force d'un fil, par la longueur ou vitesse correspondante $f$, qui servira à mesurer le changement de mouvement du point matériel, sous l'action de la force F du fil.

50. Il est donc bien clair qu'une science mécanique, non spéculative, mais réelle, ne saurait être fondée qu'avec l'idée vulgaire du mot force, qui est celle d'une pression ou d'une traction, et non celle d'une quantité de mouvement.

51. Nous pourrons nous placer aussi à ce point de vue inverse du sujet dont nous parlions tout à l'heure (44), en disant qu'une cause quelconque

servira à faire actuellement ou du mouvement ou de la force, ou l'un et
l'autre, ainsi que nous l'avons expliqué.

Nous aurons à dire, alors, que la cause du mouvement d'un point matériel
ne fera de la force sur un fil supposé attaché à ce pont matériel, qu'autant
que le fil servira à modifier le mouvement qui aurait lieu en l'absence du
fil; que, par suite, nous aurons à considérer toujours les mêmes effets
simultanés d'une cause quelconque, que ceux dont nous venons de nous
occuper, et que le résultat logique de la discussion ne saurait manquer
d'être exactement le même.

52. Donc, finalement, nous devrons fonder la mécanique, en ne recon-
naissant d'autre force que celle qui résidera dans la tension d'un fil ou d'une
ligne droite élastique.

53. Les propriétés élastiques des corps n'ont d'ailleurs été invoquées et
admises jusqu'ici qu'au seul point de vue de la définition exacte du mot
force, ainsi que de la qualité liaison, et, actuellement que ces deux choses
ont été bien élucidées, on doit voir que nous serons toujours libres de concevoir de pareilles forces dans des réunions de lignes droites imparfaitement
élastiques, ou même sur des volumes rigides.

54. L'hypothèse de la rigidité aura l'avantage de simplifier immensément
les conceptions d'équilibre et de mouvement d'un grand nombre de corps
solides, dont les figures éprouveront des changements trop minimes pour
qu'il y ait à en tenir compte dans les applications les plus usuelles de la
mécanique à ces corps; mais, dans d'autres applications, dans celles de la
théorie des mouvements vibratoires, par exemple, et du choc des corps à
volumes finis, il ne sera jamais permis de substituer la prétendue rigidité à
la nature vraiment flexible, et souvent élastique des corps dont on aura à
s'occuper. Il arrivera même que les corps solides les plus rigides, en apparence, jouiront au fond des propriétés élastiques les plus parfaites; mais
entre des limites de déformation extrêmement resserrées, quand leurs
dimensions seront un peu considérables en tous sens.

55. Tel sera notre point de vue fondamental, dans la science de la mécanique, aux sections ci-après, dont la première aura pour objet l'établissement de la statique, et les autres celle de la dynamique.

*La force, à nos yeux, sera toujours une quantité réelle et absolue dans le monde, parfaitement distincte de l'état de repos ou de mouvement des corps entre lesquels elle agira.*

*La force aura son existence propre dans la qualité liaison des corps; mais elle s'y trouvera à l'état latent dans les corps entièrement libres, et elle ne se manifestera à l'encontre de nos organes, ou dans le choc des corps entre eux, que par le changement de figure des corps dans lesquels elle naîtra.*

56. Ce n'est évidemment que par le changement de figure de nos propres organes à l'encontre des corps que nous voulons pousser ou tirer, que nous éprouvons les sensations qui éveillent en nous les idées de pression ou de traction, et, par conséquent, les forces que nous venons de définir, soit que nous ne les concevions qu'un peu vaguement avec nos seuls organes, soit que nous parvenions à les mesurer, avec un peu de précision au moyen des propriétés élastiques de certains corps, soit enfin que nous parvenions à les mesurer avec une très-grande précision, au moyen des seuls faits d'expérience du *fil à plomb* et de la *balance*, ces forces-là, disons-nous, seront véritablement celles dont tous les hommes ont l'idée et le sentiment intime; car les plus ignorants d'entre eux savent les mesurer et les apprécier dès que leur intérêt les y porte, et sans qu'il leur faille connaître cette science difficile des forces et du mouvement qu'on a appelé la mécanique.

57. Pourquoi donc la science mécanique a-t-elle été fondée généralement avec une autre idée de la force que celle qu'on trouve naturellement chez tout le monde?

Il a deux raisons majeures pour cela; l'une, c'est que, de prime-abord, on a voulu faire de la mécanique céleste; l'autre, c'est que, de prime-abord aussi, on n'a voulu raisonner que sur des corps rigides, ce qui simplifiait, il est vrai, les conceptions de mouvement et de repos des corps à volumes finis, mais ce qui empêchait, en même temps, de concevoir bien nettement les forces de pression ou de traction dans la qualité liaison des corps.

La force, alors, n'avait plus son existence propre dans l'intérieur des corps, mais elle venait du dehors, et la qualité liaison, considérée comme une chose rigide, ne servait plus qu'à la transmission de la force; par suite

la force avait une origine incompréhensible, ou bien il fallait l'admettre
comme une pure abstraction de notre entendement dans le phénomène du
choc des corps rigides, par lequel on se trouvait amené à considérer des
changements brusques de vitesse.

La force n'était plus, véritablement, qu'une cause quelconque de mouvement dont *l'effet vitesse pouvait seul être apprécié*, et, quand on essayait
de fonder une science mathématique sur cette définition trop vague ou trop
peu explicite du mot force, avec la seule idéede la transmissibilité de la
force par la rigidité des corps, on se trouvait dans une impasse ou devant
une barrière que l'on ne parvenait à franchir qu'à grand renfort d'abstrac-
tions et d'artifices, au détriment de la clarté et même de l'exactitude de la
science.

Le théorème du parallélogramme des forces se confondait avec la règle
évidente du parallélogramme des vitesses en géométrie, et, par suite, la
science de la statique devenait ou superflue ou inintelligible sans que la
dynamique en fût plus claire.

58. Le grand et formidable obstacle de la rigidité des corps ayant, au
contraire, été démoli par nos efforts dans la présente dissertation, nous
avons justement rencontré dans ses décombres ce qui manquait à la science
de la mécanique à l'ancien point de vue des choses.

59. Quant à l'objection qu'on pourrait vouloir nous faire d'avoir trop
particularisé la signification du mot force, nous y répondrons à l'avance, en
rappelant ce que nous avons déjà dit, savoir que, lorsque nous aurons
trouvé la relation de la 'force d'un fil tendu avec l'effet géométriquement
évident de cette force dans le mouvement d'un point matériel, ainsi qu'avec
la masse du point, il ne pourra y avoir la moindre difficulté à assimiler
tout autre cause de mouvement ou de changement de mouvement à celle-là,
et que ce sera justement par une telle voie d'assimilation qu'on parviendra
à se rendre un compte bien net de cette fameuse loi d'inertie, au sujet de
l'état de mouvement rectiligne uniforme d'un point matériel entièrement
libre, qui, au lieu d'être un principe fondamental ou un fait d'expérience,
ne sera plus qu'une pure convention, la plus simple de toutes celles parmi
lesquelles on se trouvera obligé de choisir, et qui persistera avec la même
signification dans la théorie des mouvements relatifs, que nous établirons
par la suite, en supposant que le système des axes rectangulaires des $x$, $y$,

$z$, vienne à être emporté par un mouvement quelconque de translation et de rotation dans l'espace.

Cela dit, nous allons procéder à l'établissement complet de la science mécanique dont nous venons de faire entrevoir les bases, et d'abord nous ne nous occuperons que des relations de la statique, ainsi qu'on le verra à la première section ci-après.

# SECTION I<sup>RE</sup>.

DE LA STATIQUE DES CORPS RIGIDES, ET PLUS PARTICULIÈREMENT
DE CELLE DES CORPS FLEXIBLES.

———

1. La *statique* est la science pure des forces avec des corps ou systèmes de corps supposés dépourvus de leur qualité matière ou masse.

2. Par le mot *force*, on ne doit entendre que les *pressions* ou *tractions* que nous pouvons faire à l'aide de nos organes, sur les corps qui nous environnent.

3. Ces forces-là sont des quantités réelles et absolues, parfaitement distinctes de l'état de repos ou de mouvement des corps, entre lesquels elles agissent.

4. Nous concevons encore les forces comme des quantités durables ou persistantes aux parties des corps qu'elles sollicitent.

5. Les forces nous servent à modifier l'état de repos ou de mouvement des corps, mais il nous faut employer des forces très-inégales pour produire les mêmes effets sur des corps libres de différents volumes ou de différentes espèces, et par là nous acquérons l'idée de la qualité matière ou masse des corps.

6. Les *masses* seront des nombres proportionnels aux intensités des

8

forces qu'il nous faudra appliquer à des corps entièrement libres pour obtenir les mêmes effets de mouvement.

7. Quand nous faisons changer l'état de repos ou de mouvement d'une partie d'un corps, il arrive que les autres parties éprouvent des changements correspondants, et par là , nous acquérons l'idée de la qualité *liaison* des corps.

8. *Les corps sont faits de matière et de liaison.*

*La qualité matière ou masse comprendra toute chose qui, dans un corps entièrement libre, exigera de la force pour être dérangée de son état actuel de repos ou de mouvement.*

*La qualité liaison comprendra toute chose qui ne servira qu'à la transmission ou à la production même de la force entre les points auxquels elle aboutira.*

9. La qualité liaison n'ayant plus aucune des propriétés de la matière, la chose qui servira à faire cette qualité dans le volume d'un corps sera par elle-même complétement indifférente à se mouvoir d'une manière plutôt que d'une autre, et la force qu'elle servira à faire ou à transmettre, ne dépendra pas de son état de repos ou de mouvement. La force y résidera d'une manière absolue, avec une intensité plus ou moins grande, et pour qu'il n'y ait pas, en cela, un effet sans cause, on devra regarder la force comme étant produite par le changement de figure des corps dans lesquels elle résidera.

10. Tous les faits d'expérience nous apprennent, en effet, qu'avec des forces de pression ou de traction, nous pouvons faire changer la figure des corps, et réciproquement, que le changement de figure des corps par des causes quelconques fait naître des forces de pression ou de traction, dans les volumes des corps à l'encontre de ces causes.

Donc, en principe, *la force naîtra dans la chose qui fera la qualité liaison d'un corps , quand des causes quelconques du dehors produiront un changement de figure dans cette chose.*

11. La force naîtra encore dans la chose qui fera la qualité liaison d'un corps, quand des causes quelconques du dehors serviront à empêcher le changement de figure qui, en l'absence de ces causes, serait produit par

certaines causes intérieures, comme, par exemple, une augmentation ou une diminution de calorique, etc.

12. La manière la plus élémentaire de concevoir la force au moyen de la qualité liaison des corps, est celle que nous apprécions à l'aide de nos organes dans un fil tendu.

Par une abstraction de notre entendement, nous pouvons nous représenter un fil tendu, comme étant complétement dépourvu de sa qualité matière ou masse, et alors un pareil fil sera parfaitement indifférent à se mouvoir d'une manière plutôt que d'une autre, c'est-à-dire qu'un pareil fil suivra spontanément les corps ou obstacles, auxquels il se trouvera attaché, en faisant de la force aux points d'attache sur ces obstacles, et en n'exigeant aucune force pour participer à leur mouvement.

13. La tension d'un fil, ou sa tendance au raccourcissement, fera nécessairement deux forces égales ou opposées dans la direction du fil, sur les obstacles ou choses quelconques adjacentes, et la commune intensité des forces dépendra de l'allongement actuellement existant, ainsi que de la nature du fil, mais il ne dépendra point du mouvement de translation ou de rotation du fil dans l'espace.

14. Un fil tendu pouvant être subdivisé par la pensée en deux parties, nous devons concevoir encore les mêmes forces de contraction dans chacune des deux parties, puis, en subdivisant l'une des parties, nous arrivons à concevoir des forces toujours opposées et d'une commune intensité, qui représenteront la tendance au raccourcissement, ou l'effet mutuel de contraction de chacune des longueurs partielles, qu'il nous plaira d'imaginer dans la longueur du fil entier.

15. Chacune des longueurs partielles du fil entier pourra être considérée ensuite comme étant sollicitée à l'allongement par les deux forces égales et opposées qui proviendront des tendances au raccourcissement des longueurs adjacentes, et, par conséquent, l'effort intérieur de mutuelle contraction dans telle partie du fil entier que l'on voudra imaginer, se trouvera équilibré par un effort égal d'allongement ou de mutuelle extension du dehors sur cette partie.

16. Les propriétés naturellement inhérentes à un fil tendu ne pouvant être conçues que de cette manière-là, dans chacune des longueurs partielles

du fil entier, et même aux simples points de division de deux longueurs consécutives, on ne pourra évidemment faire autrement que de concevoir toute chose qui servira à tenir l'extrémité d'un fil, comme une simple force égale et contraire à celle du fil sur cette chose.

17. Or, trois fils pourront être dirigés d'un point $m$ sur trois autres points A, A', A'', et, dès qu'on réfléchira à cette question, on comprendra que la figure du système d'abord flottante et arbitraire, avec des fils suffisamment longs, ne pourra avoir une forme nécessaire et exactement déterminée, que lorsque, avec des fils de plus en plus courts, les longueurs $l$, $l'$, $l''$ deviendront les distances des points A, A', A'' à un point $m$ situé quelque part dans l'intérieur du triangle AA'A''.

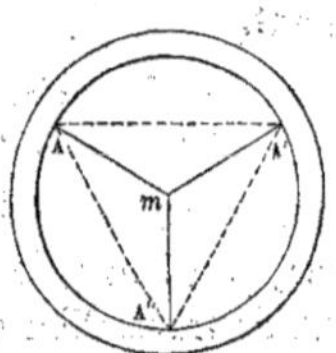

A l'instant où cette condition se trouvera remplie, il n'y aura point encore de forces, mais après, quand les fils seront élastiques, et que l'un d'eux se trouvera allongé un peu au delà de son point d'attache, il est manifeste que les deux autres devront s'allonger de certaines quantités correspondantes, et que de ces trois allongements naîtront trois forces P, P', P'' dans une certaine relation entre elles, à l'entour du point $m$, dans le plan du triangle AA'A''.

Quand cet état aura lieu, il est clair que deux des trois forces P, P', P'' équivaudront à une seule force égale et contraire à la troisième, et que, si l'on emploie le mot *résultante*, pour désigner une seule force qui équivaudra à deux autres, l'on pourra dire que chacune des forces P, P', P'' sera égale et contraire à la résultante des deux autres.

18. Ainsi nous ne mettrons pas en doute que deux forces appliquées à un même point $m$ auront une résultante, et que cette résultante tombera dans le plan des forces composantes.

Le point $m$ ne pouvant être situé que dans l'intérieur du triangle AA'A'', pour que les fils ne se trouvent pas à l'état flottant, nous ne mettrons pas en doute non plus que la direction de la résultante tombera dans l'intervalle angulaire des forces composantes.

Mais il restera à savoir trouver la direction précise et l'intensité de la force résultante, quand les forces composantes seront données, et ce sera dans cette relation que consistera le fameux théorème du *parallélogramme des forces,* qui suffira à lui seul à l'entier établissement de la statique, ainsi qu'on le verra bientôt.

19. Pour que les intensités des forces P, P', P'' ne changent pas pendant le cours du raisonnement, il sera nécessaire que le triangle A A'A'' ne change pas de figure, et par conséquent, le plus simple sera de concevoir les points d'attache A, A', A'' sur un corps rigide évidé.

20. Le système rigide des points A, A', A'' pourra, d'ailleurs, être animé d'un mouvement quelconque de translation ou de rotation, et la figure des trois fils tendus n'aura d'autre vertu que de participer spontanément et avec une complète indifférence à un tel mouvement, dès l'instant qu'il n'y aura plus de qualité matière ou masse dans ces fils.

Donc, en principe, *les intensités des forces P, P', P'' et les angles de ces forces entre elles ne dépendront pas de l'état de repos ou de mouvement du système auquel tiendra la figure exactement invariable m A A'A''.*

Par conséquent aussi, le raisonnement qui nous conduira à la commune relation des forces P, P', P'', devra être indépendant de l'état de repos ou de mouvement du système, et par ce motif, *nous rejetterons absolument toutes les prétendues démonstrations du théorème du parallélogramme des forces au moyen de la règle évidente du parallélogramme des vitesses en géométrie* (*).

21. Mais à cette exception près, nous serons des plus accommodants; car avec des forces de traction comme celles de nos fils supposés dépourvus de

---

(*) Ces prétendues démonstrations ne reposent en effet que sur les hypothèses ou faits d'expérience que voici :

1° Il faudrait que le point de réunion *m* de nos trois fils fût continuellement juxtaposé à un point matériel entièrement libre, de telle sorte que l'on pût y relier le point matériel sans rien changer aux forces P, P', P''.

2° Il faudrait qu'en coupant simultanément deux fils, le point matériel attaché en *m* ne pût se déranger de son état de mouvement préexistant que dans la direction du troisième fil, avec une vitesse additionnelle qui fût proportionnelle à l'intensité de la force de ce fil.

3° Il faudrait qu'en coupant un seul des trois fils, le point matériel ne pût se déranger de son état de mouvement préexistant, qu'en se déplaçant à la fois dans les directions des deux forces résistantes, comme si chacune de ces forces agissait isolément; il faudrait, en un mot, que l'on pût invoquer encore le principe de l'indépendance des effets partiels de plusieurs forces simultanées.

leur qualité matière ou masse, et avec la faculté de concevoir des liaisons rigides quand nous le voudrons, il sera facile de faire en sorte que la signification abstraite de la plupart des autres démonstrations connues, soit synthétiques, soit même analytiques, ne porte plus que sur des images parfaitement claires et matériellement exécutables, ce qui entraînera une parfaite évidence dans les raisonnements que l'on aura à faire sur ces images.

22. Ainsi, par exemple, la démonstration des *Éléments de statique de M. Poinsot* pourra être exposée de manière à nous convenir parfaitement, quand on ne voudra s'occuper d'abord que de la composition des forces parallèles; et nous voyons d'autant moins d'inconvénients à cela, que *nous tenons absolument à la théorie des couples*, sans laquelle les moindres applications de la statique, et plus particulièrement encore celles de la dynamique, dont il sera question par la suite, perdraient toute espèce de signification élémentaire et simple.

Chacune des questions que l'on voudrait traiter en particulier ferait surgir un dédale de calculs algébriques, de transformations de coordonnées et de changements d'origines, là où par la théorie des couples, on verrait les choses au premier aperçu et dans leur plus grande simplicité possible.

23. Que l'on essaye par exemple de traiter à fond le problème de la stabilité des corps flottants aux deux points de vue, et qu'on nous dise après, si ce que nous venons de déclarer est empreint d'exagération ou non !

Nous pourrions citer encore le problème de la rotation des corps libres et la théorie des aires, la recherche des pressions des corps en repos ou en mouvement, dans les machines, sur les points fixes ou sur les axes fixes de ces corps; la décomposition d'une force donnée dans un assemblage un peu compliqué de pièces reliées entre elles par des charnières, etc.

24. En tous cas, puisqu'il faudra toujours employer les quantités ou moments

$$L = \Sigma (yZ - zY),$$
$$M = \Sigma (zX - xZ),$$
$$N = \Sigma (xY - yX),$$

pourquoi s'obstinerait-on, en mécanique, à ne pas vouloir attribuer à de telles quantités un sens interprétatif, aussi élémentaire et aussi fécond que celui de la théorie des couples, alors que partout ailleurs, dans les sciences mathématiques, on est, avec juste raison, si empressé de vouloir éclaircir, par des figures de géométric ou par d'autres images d'une grande simplicité, les calculs trop abstraits de l'algèbre.

25. Quoi qu'il en soit, dès l'instant qu'on saura démontrer le théorème du parallélogramme des forces, on réussira toujours à fonder la statique élémentaire et à trouver les six équations connues

$$X = \Sigma P \cos \alpha = 0$$
$$Y = \Sigma P \cos \beta = 0$$
$$Z = \Sigma P \cos \gamma = 0$$

$$L = \Sigma P \, (y \cos \gamma - z \cos \beta) = 0$$
$$M = \Sigma P \, (z \cos \alpha - x \cos \gamma) = 0$$
$$N = \Sigma P \, (x \cos \beta - x \cos \alpha) = 0,$$

comme conditions nécessaires et suffisantes de l'équilibre d'un système rigide, sollicité par un nombre quelconque de forces $P$, $P'$, $P''$..... aux points $(x, y, z)$, $(x', y', z')$,... et dans les directions des angles $(\alpha, \beta, \gamma)$, $(\alpha', \beta', \gamma')$,....

26. On ne saurait douter non plus que ces équations ne soient applicables à l'état d'équilibre d'un système variable de figure, dès l'instant que la déformation du système sous l'action des forces extérieures $P$, $P'$, $P''$.... sera parfaitement accomplie, et que les coordonnées $x$, $y$, $z$ des points d'application des forces seront celles de la figure déformée.

27. Mais quand on voudra appliquer ces équations à des systèmes pourvus de la qualité matière ou masse, il faudra, avant tout, que chacune des parcelles de matière d'un corps soit conçue comme une force égale et contraire à celle du fil, qu'il y aurait à faire agir sur cette parcelle, supposée libre dans l'espace, pour lui imprimer le mouvement qu'elle aura en effet dans l'intérieur du corps ou système dont elle fera partie.

28. Il faudra, en un mot, que les *forces d'inertie* de toutes les parcelles

de matière d'un corps soient comptées parmi les forces P, P', P''.... de nos formules, et comme on ne saura apprécier généralement la force d'inertie d'une parcelle de matière que par la science de la dynamique, il y aura là un empêchement qui restreindra les applications de la statique proprement dite, aux seuls corps en repos à la surface de la terre ; non pas qu'alors les forces d'inertie dont il est question ici soient nulles ou négligeables ; mais parce que ces forces d'inertie deviendront identiquement, ce qu'on appelle les *forces de pesanteur ou les poids des corps*, et que, par le moyen d'un *fil à plomb à suspension élastique*, comme aussi à l'aide d'une *balance*, nous parviendrons à reconnaître expérimentalement tout ce qui concernera les directions et les intensités des forces de la pesanteur, sur des corps maintenus dans un état de parfaite immobilité à la surface de la terre.

29. Ainsi la direction d'un fil à plomb à l'état de repos nous fera reconnaître cette direction invariable des forces de la pesanteur, en chaque lieu, qu'on nomme *la verticale* du lieu.

30. La nature élastique du mode de suspension d'un fil à plomb nous fera reconnaître que le poids d'un corps est une force d'intensité constante en chaque lieu du globe.

31. La nature élastique du mode de suspension d'un fil à plomb pourrait servir encore à nous faire reconnaître que le poids d'un corps diminue un peu des pôles à l'équateur, comme aussi du niveau de la mer au sommet des montagnes et au fond des mines ; mais ce procédé ne serait pas d'une grande précision, et les règles ultérieures de la dynamique, dans la théorie du mouvement oscillatoire du pendule, nous fourniront le meilleur moyen de constater expérimentalement les changements d'intensité les plus minimes des forces de la pesanteur en différents lieux du globe.

32. L'expérience d'un fil à plomb, à l'état de repos, pouvant être faite avec plusieurs corps attachés à un même fil, nous acquerrons bien clairement de cette manière l'idée d'une force résultante égale à la somme des poids des différents corps, et, en effet, la balance, qui est un instrument de grande précision pour nous faire trouver les rapports des poids des corps en un même lieu, nous fera reconnaître que le poids résultant de plusieurs

corps tenus ensemble par des fils ou par simple juxta-position, sera toujours égale à la somme des poids de ces corps.

53. La balance nous fera trouver encore la même égalité, quand nous subdiviserons un corps en différentes parties plus ou moins grandes, par quelque procédé mécanique, ou physique et même chimique, que ce puisse être.

Toujours le poids total sera égal à la somme des poids partiels ou réciproquement, pourvu que l'on opère dans un espace vide d'air.

54. Ni la forme des corps, ni la diversité de leurs espèces, ni la température, ni l'état lumineux, électrique ou magnétique des corps, ni leur état de solidité, de liquidité ou de fluidité, ne feront changer le résultat fondamental des expériences de la balance, et l'on se trouvera amené par ces expériences à concevoir les forces de la pesanteur sur des corps en repos à la surface du globe terrestre, comme des forces verticales, qui dépendront de la nature intime de chacune des parcelles de matière d'un corps, et qui agiront sur ces parcelles dans l'intérieur comme à l'extérieur des corps, en diminuant un peu dans leurs intensités, des pôles à l'équateur, comme aussi du niveau de la mer au sommet des montagnes et au fond des mines.

55. Les règles ultérieures de la dynamique nous serviront, il est vrai, à bien éclaircir cette manière de voir au sujet des forces de la pesanteur, mais elles ne sauraient ni la démontrer, ni la confirmer, tant qu'on n'admettra pas les hypothèses ou les nouveaux faits d'expérience qui nous feront trouver le principe fondamental de la dynamique ou la formule usitée

$$P = mg$$

entre l'intensité statique ou dynamométrique du poids P d'un corps, et l'accélération $g$ des forces de la pesanteur, ainsi que la masse $m$ du corps.

Donc, en pure statique, nous ne devrons pas connaître la formule

$$P = mg.$$

Il nous sera permis seulement de désigner par

V le volume d'un corps

9

$\varpi$ le poids du corps par unité de volume ,
de manière à avoir la relation

$$P = \varpi V,$$

puis l'expérience nous apprendra que le poids $\varpi$ par unité de volume variera considérablement pour différentes espèces de corps, tandis que pour les mêmes espèces de corps, sous de grands et de petits volumes, la quantité $\varpi$ pourra ordinairement être regardée comme une constante.

36. Un corps à volume fini pouvant être subdivisé en un nombre infiniment grand de petits volumes $dV$ et de parcelles de matières correspondantes, nous devrons y concevoir autant de poids partiels $dP$, qui dépendront de la relation

$$dP = \varpi dV,$$

la lettre $\varpi$ de cette relation servant à désigner le *poids spécifique*, ou la densité pondérable d'une parcelle de matière dans l'intérieur d'un corps.

37. Toutes les verticales d'une région peu étendue à la surface du globe pourront d'ailleurs être considérées comme des droites sensiblement parallèles, et alors, en nous servant des règles ordinaires de la composition des forces parallèles en statique, nous aurons les formules

$$P = \Sigma \varpi dV$$
$$P\xi = \Sigma x dP = \Sigma \varpi x dV$$
$$P\eta = \Sigma y dP = \Sigma \varpi y dV$$
$$P\zeta = \Sigma z dP = \Sigma \varpi z dV$$

pour trouver le poids total P ou la résultante des poids partiels $dP$, ainsi que les coordonnées $\xi$, $\eta$, $\zeta$ du point central d'application de cette résultante, ou du *centre de gravité* d'un corps.

38. Quand ensuite nous ferons

$$dV = dx\, dy\, dz,$$

et que de plus, on nous donnera une certaine relation

$$\varpi = f(x, y, z)$$

pour la loi des quantités $\varpi$, comme si le volume de matière d'un corps était une chose entièrement pleine et continue, nous n'aurons qu'à remplacer le signe $\Sigma$ par le signe $\int$ d'une triple intégration, par rapport aux variables $x$, $y$, $z$ dans toute l'étendue d'un volume occupé, puis à effectuer les différentes intégrations dans chaque cas donné, pour avoir la théorie complète de la composition des poids, et de la recherche des centres de gravité des corps dans la science de la statique.

39. Les applications les plus usuelles de la théorie des centres de gravité seront celles où l'on pourra supposer

$$\varpi = const.$$

et alors la seule figure d'un corps entraînera la position du point $\xi$, $\eta$, $\zeta$ dans cette figure.

40. On pourra concevoir encore des surfaces pesantes ou des lignes pesantes, afin de n'avoir que deux ou une seule intégration à faire, et souvent, enfin, l'on réussira à substituer aux méthodes générales d'intégration des considérations synthétiques d'une grande simplicité.

41. De toute manière, nous n'aurons qu'à nous emparer des lois expérimentales de la pesanteur au sujet des corps maintenus obligatoirement en repos à la surface de la terre, et à compter les poids ou les forces de pesanteur de ces corps parmi les forces $P$, $P'$, $P''$ de nos six équations, pour que le champ des applications de la statique, proprement dite, devienne à l'instant fort étendu.

42. Il est d'ailleurs admis en principe que tout obstacle ou toute gêne au mouvement d'un corps équivaudra à de certaines forces dirigées par les points où résidera soit l'obstacle, soit la gêne, et que ces forces-là ne devront jamais être omises dans les six équations de l'équilibre d'un corps, de telle sorte que lorsqu'elles y figureront comme des inconnues, soit par leurs directions, soit par leurs intensités, il suffira que le nombre des inconnues soit inférieur à six pour que les équations en question puissent

servir à nous faire trouver les valeurs de ces inconnues, en fonction des autres forces du système, et pour que le nombre des conditions d'équilibre entre les autres forces éprouve une diminution égale au nombre des inconnues qu'on pourra en dégager.

43. La même méthode pourra être appliquée successivement à tels corps qu'on voudra, soit libres, soit gênés dans leurs mouvements, et quand ces corps se tiendront mutuellement entre eux, ou par des charnières capables de résister à des tractions, ou par le contact seulement de leurs surfaces, alors qu'il y aura de la pression aux points de contact, il nous suffira d'invoquer le principe ou l'axiome de l'égalité mutuelle entre l'action et la réaction, pour comprendre qu'à chaque point de réunion de deux corps, il ne pourra y avoir que deux forces F mutuellement égales et contraires, dont l'une agira sur l'un des corps dans un sens, et l'autre, sur le corps contigu dans l'autre sens, de telle sorte qu'après avoir formé toutes les équations d'équilibre des deux corps, il n'y aura qu'à en éliminer la commune intensité des forces F, et à opérer de la même manière en tous les autres points de jonction d'autant de corps successifs que l'on voudra, pour que, en fin de compte, on ne puisse manquer de trouver les relations de l'équilibre du système entier en fonction des seules forces extérieures.

44. Mais il faut avouer qu'une méthode d'élimination aussi générale que celle-là entraînerait bien des longueurs et bien des mécomptes, si on ne savait la manier avec une grande adresse dans des réunions de corps un peu nombreuses ou compliquées, et que, bien certainement, il n'y a pas d'adresse en ce genre qui puisse conduire à un aussi haut degré de simplicité et de clarté que celui qu'on trouvera à procéder par voie de synthèse seulement sur tous les corps successifs d'un système, en n'invoquant que les règles les plus élémentaires et les différents cas particuliers de la statique, de manière à trouver les relations géométriques des forces les plus directes possibles sur chacun des corps en particulier, et à n'avoir d'élimination à faire qu'entre un petit nombre d'équations fort réduites, plutôt qu'entre les six équations générales de chacun des mêmes corps en fonction des coordonnées des points d'application des forces et des angles qui serviront à en fixer les directions.

45. Ce sera dans cette voie synthétique et élémentaire que l'on appré-

ciera tout particulièrement les avantages de la théorie des couples, sans compter les propriétés des *vitesses virtuelles* qui s'y feront remarquer naturellement à chaque pas.

### De la théorie des vitesses virtuelles dans la statique des corps rigides.

46. Le principe des vitesses virtuelles auquel nous venons de faire allusion, et dont nous devons nous occuper encore dans la statique des corps rigides, est d'une bien grande célébrité en mécanique, et il est fort à regretter que les démonstrations qu'on en a données jusqu'à ce jour pèchent autant par leur complication et par leur minutie, que le principe en lui-même est simple et fécond.

Lagrange, l'illustre promoteur de ce principe bien connu mais peu employé auparavant, est le seul qui en ait donné une démonstration vraiment concise et élégante, mais il paraît qu'on n'y a pas trouvé généralement une parfaite évidence.

47. Quoi qu'il en soit, nous allons, en partant de la définition même que nous avons donnée du mot force, faire une modification au raisonnement de Lagrange avec l'espoir de réussir par là à démontrer le principe des vitesses virtuelles d'une manière aussi solide et aussi satisfaisante que ce que l'on a fait de mieux jusqu'à ce jour au sujet du théorème du parallélogramme des forces.

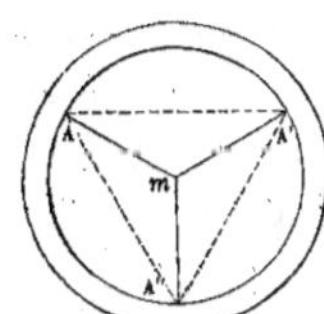

A cet effet, nous reviendrons à l'image de nos trois fils tendus d'un point $m$ sur trois autres points A, A', A''.

Nous imaginerons de petits anneaux aux points $m$, A, A', A'', et dans l'épaisseur de ces anneaux, nous concevrons encore de petites poulies, comme dans le raisonnement de Lagrange.

Mais avec de simples anneaux supposés incapables de résister au glissement des fils que l'on voudra y faire passer, l'emploi des poulies deviendra superflu, ou bien l'existence de ces poulies pourra être sous-entendue afin que la marche du raisonnement en devienne plus rapide.

Cela convenu, nous dirigerons un fil à travers les différents anneaux, en allant de $m$ en A et en revenant de A en $m$ successivement un nombre de fois P, puis de $m$ en A′ et retour successivement un nombre de fois P′, puis de $m$ en A″ et retour successivement un nombre de fois P″.

Dans l'anneau $m$, enfin, nous attacherons les deux bouts du fil ensemble, de manière à ne plus avoir à considérer qu'*un fil sans fin, ou revenant sur lui-même, dans lequel nous imaginerons une tendance propre et indéfinie au raccourcissement.*

En vertu de cette tendance au raccourcissement et à cause de toute absence de résistance au glissement dans les différents anneaux, on ne saurait mettre en doute que les différentes parties du fil sans fin ne doivent se tendre spontanément en lignes droites d'un anneau à l'autre, et avec une égale intensité dans toute la longueur du fil, ce qui donnera pour chaque faisceau de cordons parallèles, une force totale proportionnelle au nombre des cordons de ce faisceau sur les deux anneaux adjacents.

Il suit de là qu'avec des anneaux, supposés infiniment petits à l'égard des longueurs finies $l$, $l'$, $l''$, on aura un état d'équilibre entre des forces proportionnelles aux nombres entiers P, P′, P″, tirant ensemble sur le point $m$, vers les points A, A′, A″, et aussi en sens contraire sur les points A, A′, A″ vers le point $m$.

La question sera de savoir trouver la relation des intensités de pareilles forces avec les angles compris entre leurs directions, et pour y réussir, nous érigerons en principe *qu'un fil sans fin, dépourvu de sa qualité matière ou masse, parfaitement flexible et élastique, comme* celui dont il est question dans notre raisonnement, *ne saurait être en équilibre à l'état tendu qu'à la condition de se trouver dans une situation de longueur minimum.*

Mais, auparavant, nous allons bien élucider le principe en lui-même.

48. Si nous désignons par 2L la longueur du fil entier, nous aurons

$$2L = 2Pl + 2P'l' + 2P''l'',$$

où

$$L = Pl + P'l' + P''l'';$$

puis en désignant par

$x, y, z$    les coordonnées du point $m$,

$\left.\begin{array}{l} a, \ b, \ c \\ a', \ b', \ c' \\ a'', b'', c'' \end{array}\right\}$ celles des points A, A', A'',

nous aurons encore

$$l^2 = (x - a)^2 + (y - b)^2 + (z - c)^2.$$
$$l'^2 = (x - a')^2 + (y - b')^2 + (z - c')^2.$$
$$l''^2 = (x - a'')^2 + (y - b'')^2 + (z - c'')^2.$$

Les axes rectangulaires des $x, y, z$ pouvant être supposés fixement attachés au système rigide des points A, A', A'', il n'y aura de variables que les ordonnées $x, y, z$.

Cela convenu, et sans rien préjuger de la position du point $m$ en dedans ou en dehors du plan du triangle A A'A'', nous concevrons d'abord un fil *inextensible*, d'une longueur plus grande que la somme

$$Pl + P'l' + P''l''.$$

Alors, il est clair que les faisceaux de cordons, allant du point $m$ aux points A, A', A'', pourront flotter à l'aventure de bien des manières, et qu'il n'y aura pas de forces en jeu.

49. Avec un fil *inextensible* d'une longueur précisément égale à la somme

$$Pl + P'l' + P''l'',$$

les trois faisceaux de cordons seront rectilignes et le point $m$ fera le sommet d'une pyramide, dont les longueurs $l, l', l''$ seront les trois arêtes contiguës aux points A, A', A''.

Mais l'équation

$$L = Pl + P'l' + P''l'' = \text{const } C$$

se changera en

$$P\sqrt{(x-a)^2 + (y-b)^2 + (z-c)^2} + P'\sqrt{(x-a')^2 + (y-b')^2 + (z-c')^2} +$$
$$+ P''\sqrt{(x-a'')^2 + (y-b)'')^2 + (z-c'')^2} = C.$$

et représentera une surface dont chaque point, pris comme sommet de la pyramide, sera également propre à nous faire avoir des faisceaux rectilignes.

Il est évident encore que le sommet de la pyramide ne saurait tomber en dehors de cette surface, tant que la longueur L du fil ne viendra pas à augmenter, tandis qu'avec un sommet de pyramide pris en dedans de la surface, nous obtiendrions de nouveau des faisceaux de cordons qui flotteraient à l'aventure, et qui ne feraient pas de forces dans le système.

Il suit de là qu'en diminuant progressivement la constante C ou la longueur L du fil sans fin supposé *inextensible*, nous aurons à considérer une série de surfaces fermées, contenues les unes dans les autres, et qui circonscriront les excursions facultatives du sommet de notre pyramide, dans une région de plus en plus resserrée, jusqu'à la dernière limite de ces surfaces, que l'on trouvera en calculant le minimum absolu de la somme

$$L = Pl + P'l' + P''l'',$$

et qui ne pourra manquer d'être un simple point, situé quelque part dans l'intérieur du triangle $AA'A''$.

Avec ce point-là la figure du système sera exactement déterminée, et pour qu'il y naisse des forces, nous n'aurons qu'à remplacer le fil inextensible par un fil élastique préalablement allongé.

50. Or, le principe ou l'axiome que nous voulons nous faire accorder, c'est que, avec un pareil fil sans fin, les forces totales des faisceaux de cordons sur le point $m$ ne sauraient être en équilibre que dans la situation exactement déterminée, que nous venons de faire entrevoir, et que l'on trouvera par le moyen de la condition

$$d\mathrm{L} = Pdl + P'dl' + P''dl'' = 0.$$

51. Si l'on nous accorde cela, nous n'aurons qu'à convenir des notations auxiliaires

$$\left.\begin{aligned}
X &= P\,\frac{dl}{dx} + P'\,\frac{dl'}{dx} + P''\,\frac{dl''}{dx}\\[4pt]
Y &= P\,\frac{dl}{dy} + P'\,\frac{dl'}{dy} + P''\,\frac{dl''}{dy}\\[4pt]
Z &= P\,\frac{dl}{dz} + P'\,\frac{dl'}{dz} + P''\,\frac{dl''}{dz}
\end{aligned}\right\}$$

pour avoir

$$dL = Xdx + Ydy + Zdz = 0,$$

et comme les variables $x$, $y$, $z$ seront complétement indépendantes, il est clair que notre condition de principe

$$dL = 0$$

ne pourra être satisfaite qu'autant qu'on aura les trois relations distinctes

$$X = 0$$
$$Y = 0$$
$$Z = 0.$$

Mais en différentiant l'équation

$$l^2 = (x-a)^2 + (y-b)^2 + (z-c)^2,$$

il viendra

$$l\frac{dl}{dx} = x - a$$

$$l\frac{dl}{dy} = y - b$$

$$l\frac{dl}{dz} = z - c,$$

et par conséquent, en désignant par $\alpha$, $\beta$, $\gamma$ les angles de la force P avec les axes rectangulaires des $x$, $y$, $z$, on aura

$$\frac{dl}{dx} = \frac{x-a}{l} = -\cos \alpha$$

$$\frac{dl}{dy} = \frac{y-b}{l} = -\cos \beta$$

$$\frac{dl}{dz} = \frac{z-c}{l} = -\cos \gamma.$$

On aura des relations analogues à l'égard des angles $(\alpha', \beta', \gamma')$, $(\alpha'', \beta'', \gamma'')$ des forces P', P'', dans les directions des longueurs $l'$, $l''$, et de plus on voit que ce système de calculs pourra être appliqué à un nombre quelconque de faisceaux, dirigés d'un point $m$ vers autant de points distincts A, A', A'', A''',.... que l'on voudra.

Donc en posant généralement

$$X = \Sigma P \, \frac{dl}{dx} = - \Sigma P \cos \alpha,$$

$$Y = \Sigma P \, \frac{dl}{dy} = - \Sigma P \cos \beta,$$

$$Z = \Sigma P \, \frac{dl}{dz} = - \Sigma P \cos \gamma,$$

nous aurons

$$dL = X dx + Y dy + Z dz,$$

et quand on nous accordera l'évidence *à priori* de notre principe funiculaire, nous tirerons à l'instant de ce principe les trois relations connues de l'équilibre d'un nombre quelconque de forces P, P', P'',.... sur un point $m$, *ce qui entraînera manifestement le théorème du parallélogramme des forces.*

52. Réciproquement, si l'on voulait nous contester l'évidence *à priori* de notre principe funiculaire, et qu'on nous permit seulement d'invoquer le théorème du parallélogramme des forces, nous en conclurions, par une marche inverse du calcul, que dans la formule

$$L = Pl + P'l' + P''l'' + \ldots = \Sigma Pl$$

de notre fil élastique sans fin, on aura

$$dL = X dx + Y dy + Z dz = 0,$$

et que, par suite, la longueur L du fil devra être dans une situation de longueur minimum, de longueur maximum ou de longueur constante.

Il est d'ailleurs évident qu'avec un point $m$, tiré seulement par des fils et entièrement libre du reste, le cas du minimum pourra seul avoir lieu.

53. Il résulte encore des mêmes calculs que lorsque le point $m$ du système funiculaire élastique se trouvera maintenu obligatoirement dans une position quelconque où la différentielle

$$dL = Xdx + Ydy + Zdz$$

ne sera pas nulle, et où, par conséquent, il n'y aura pas équilibre, il suffira qu'aux forces données P, P′, P″,....., on joigne une nouvelle force F, dont les projections sur les axes rectangulaires seront les quantités

$$X, Y, Z,$$

pour que, au moyen de cette nouvelle force, l'équilibre ne puisse manquer d'avoir lieu, sans l'intervention de la cause obligatoire dont il était question d'abord.

Donc, une telle cause obligatoire, quelle qu'elle puisse être, équivaudra précisément à la force F, dont nous venons de parler, ou, en d'autres termes, ce sera une force égale et contraire à celle-là qui représentera en direction comme en grandeur la résultante des forces données P, P′, P″,.... au point $m$ sur l'obstacle, ou sur la chose quelconque qui pourra s'y trouver.

54. Mais on aura

$$X = \frac{dL}{dx}$$

$$Y = \frac{dL}{dy}$$

$$Z = \frac{dL}{dz},$$

et par conséquent la résultante en question agira avec une intensité

$$F = \sqrt{\left(\frac{dL}{dx}\right)^2 + \left(\frac{dL}{dy}\right)^2 + \left(\frac{dL}{dz}\right)^2},$$

normalement à celle des surfaces successives de l'équation générale

$$L = \text{const.}$$

que l'on pourra faire passer par le point $m$.

55. Le sens de l'action sera nécessairement du dehors en dedans de la surface, c'est-à-dire dans celui des deux sens qui fera diminuer la quantité

$$L = Pl + Pl' + Pl'' + \ldots$$

et qui par suite rendra négative la différentielle $dL$.

56. Ceci étant bien compris, nous pourrons imaginer que le point $m$ se trouve placé sur une surface quelconque

$$\varphi(x, y, z) = 0,$$

supposée invariablement liée au système rigide des points $A$, $A'$, $A''$, et destinée à faire obstacle à la pénétration du point $m$.

Alors, en supposant que la surface $\varphi$ et la surface $L$ se coupent au point $m$, sous un angle aigu $i$ entre les plans tangents ou entre les normales de ces surfaces, il est clair que la résultante $F$ des forces $P$, $P'$, $P''$,..... dirigée normalement à la surface $L$, pourra être remplacée par deux composantes, dont l'une,

$$N = F \cos i,$$

agira normalement à la surface $\varphi$, tandis que l'autre,

$$T = F \sin i = \sqrt{F^2 - N^2},$$

agira tangentiellement à la surface $\varphi$ dans une direction perpendiculaire à la ligne d'intersection des deux surfaces, du dehors vers l'intérieur de la surface $L$, c'est-à-dire dans le sens qui fera diminuer la quantité $L$, ou qui rendra négative la différentielle $dL$.

Il suit de là qu'avec une surface impénétrable

$$\varphi(x, y, z) = 0,$$

supposée incapable de faire de la résistance au mouvement de glissement du point $m$, les forces $P$, $P'$, $P''$,..... ne sauraient être en équilibre qu'autant que la force tangentielle $T$ y sera nulle, c'est-à-dire qu'autant que les deux surfaces $\varphi$ et $L$ seront tangentes l'une à l'autre au point $m$, et que par suite, en considérant la quantité

$$L = Pl + P'l' + P''l'' + \ldots,$$

comme une fonction variable avec $x$, $y$, $z$, le long de la surface

$$\varphi(x, y, z) = 0,$$

on trouvera quelque part sur cette surface un point, où l'on aura

$$dL = 0.$$

57. Donc, en premier lieu, il ne sera plus nécessaire que, dans la condition d'équilibre

$$dL = Xdx + Ydy + Zdz = 0,$$

les variables $x$, $y$, $z$ soient toutes indépendantes. Il pourra y avoir une ou deux équations de condition entre les coordonnées $x$, $y$, $z$ du point $m$, et le principe de l'équilibre sera toujours le même, pourvu que dans le calcul on n'omette pas d'avoir égard à ces équations de condition.

58. En second lieu, la condition nécessaire et suffisante de l'équilibre

$$dL = 0$$

comprendra aussi bien les valeurs maxima que les valeurs minima, et enfin les valeurs constantes de la quantité

$$L = Pl + P'l' + P''l'' + \ldots.$$

59. En troisième lieu, nous voyons que l'équilibre ne saurait manquer d'être *stable*, *instable* ou mixte, selon que la quantité L de la formule que nous venons d'écrire deviendra un *minimum*, un *maximum*, ou l'un et l'autre, c'est-à-dire, selon qu'on aura

$$d^2L > 0, \quad d^2L < 0 \text{ ou } d^2L = 0$$

dans le développement en série de la longueur subséquente L′ du fil au moyen de la formule de Taylor

$$L' = L + dL + \frac{1}{1.2}\,d^2L + \frac{1}{1.2.3}\,d^3L + \frac{1}{1.2.3.4}\,d^4L + \ldots$$

D'après cette formule, la relation

$$d^2L = 0$$

ne fera généralement qu'un état d'équilibre mixte, parce qu'alors la série commencera par la quantité

$$d^3L,$$

dont plusieurs parties changeront de signe avec le sens du déplacement du point *m*, le long d'une droite quelconque menée à travers une position d'équilibre du point *m*.

Quand on aura à la fois

$$d^2L = 0, \quad d^3L = 0,$$

la série commencera par le terme

$$d^4L$$

et ainsi de suite indéfiniment, de telle sorte qu'un état d'équilibre ne pourra cesser en toute rigueur d'être stable, instable ou mixte, qu'autant que toutes les dérivées successives de la quantité L seront égales à zéro, c'est-à-dire qu'autant qu'on aura

$$L = \text{const.}$$

dans une région finie à l'entour du point $m$.

60. De toute manière, on doit comprendre que le principe funiculaire que nous avons mis en avant ne s'appliquera pas plutôt à un seul anneau mobile $m$ qu'à un nombre quelconque de pareils anneaux $m$, $m'$, $m''$, $m'''$,....., tous placés sur une pièce rigide qui aura la liberté de se mouvoir d'un certain nombre de manières, à l'égard d'une autre pièce rigide, considérée comme fixe, et sur laquelle seront placés des anneaux correspondants $A$, $A'$, $A''$,.....

Un même fil élastique pourra être dirigé un nombre de fois $P$, à travers les anneaux $A$, $m$, puis de l'anneau $A$ à l'anneau $A'$ sur la pièce fixe, ou bien de l'anneau $m$ à l'anneau $m'$ sur la pièce mobile, et ensuite un nombre de fois $P'$ à travers les anneaux $A'$, $m'$; puis encore de l'anneau $A'$ à l'anneau $A''$ sur la pièce fixe, ou bien de l'anneau $m'$ à l'anneau $m''$ sur la pièce mobile, et ensuite un nombre de fois $P''$ à travers les anneaux $A''$. $m''$, puis ainsi de suite jusqu'à revenir finalement au point de départ, où les deux bouts du fil devront être noués ensemble, afin qu'il n'y ait plus à considérer qu'un fil sans fin, qui, en vertu de sa tendance propre au raccourcissement, gagnera une situation de longueur minimum, à moins qu'il ne se trouve actuellement dans une situation de longueur maximum ou de longueur constante.

La demi-longueur L du fil entier se trouvera exprimée par la formule

$$L = Pl + P'l' + P''l'' + P'''l''',..... + c + c' + c''.....$$

dans laquelle les lettres $c$, $c'$, $c''$ serviront à désigner les demi-longueurs constantes des différents cordons de renvoi, soit entre les anneaux $A$, $A'$, $A''$,.... de la pièce fixe, soit entre les anneaux $m$, $m'$, $m''$;.... de la pièce mobile, et par conséquent, dès qu'on admettra notre principe funiculaire, on aura comme condition nécessaire et suffisante de l'équilibre la relation

$$dL = Pdl + P'dl' + P''dl'' + ..... = 0$$

avec la faculté de pouvoir distinguer encore la stabilité ou l'instabilité d'un état d'équilibre par le signe de la différentielle seconde $d^2L$.

61. La relation de principe

$$dL = 0$$

pourra être développée ensuite à la manière de Lagrange, et quand la pièce mobile se trouvera absolument libre, tant par translation que par rotation, on en déduira les six équations connues dans la statique des corps rigides.

62. Réciproquement, si l'on voulait contester l'évidence *à priori* de notre principe funiculaire, et qu'on nous permît d'invoquer les six équations dont il est question, nous en conclurions par une marche inverse du calcul la relation

$$dL = 0$$

à l'égard de la quantité L de notre principe funiculaire.

63. Si la pièce mobile n'était libre que par translation, nous ne pourrions dégager de la relation

$$dL = 0$$

que les trois premières conditions d'équilibre

$$X = 0, \quad Y = 0, \quad Z = 0.$$

64. Si la pièce mobile n'était libre que par rotation autour d'un point, nous ne trouverions que les trois conditions

$$L = 0, \quad M = 0, \quad N = 0$$

à l'égard de ce point comme origine.

65. Si la pièce n'avait que la liberté de tourner autour d'un axe fixe, nous trouverions la seule condition

$$N = 0$$

autour de cet axe.

**66.** Si enfin la pièce mobile était gênée par des surfaces adjacentes quelconques, supposées inébranlables, et fixement attachées au système rigide des points A, A′, A″,..... de nos raisonnements, il suffirait qu'il n'y eût pas de résistances au glissement le long des surfaces en contact pour que la relation de principe

$$d\mathrm{L} = 0,$$

au moyen des seuls déplacements qui seraient compatibles avec les formes ou avec les équations de ces surfaces, nous fît toujours rencontrer les conditions spéciales de l'équilibre dans chaque cas, et pour qu'en outre nous pussions reconnaître la stabilité ou l'instabilité d'un état d'équilibre par le signe de la différentielle seconde $d^2\,\mathrm{L}$.

**67.** Il n'y aura pas plus de difficultés à appliquer notre principe funiculaire à une réunion quelconque de pièces mobiles, qui se tiendront mutuellement entre elles, ou par des charnières d'une parfaite mobilité rotatoire, ou par le contact de leurs surfaces seulement, quand il y aura de la pression aux parties en contact, et point de résistance au glissement.

**68.** Mais nous n'avons parlé jusqu'ici que des forces de traction entre deux points A, $m$, l'un fixe, l'autre mobile, et il y aura souvent à considérer des forces contraires ou des forces de pression entre de pareils points; nous allons donc faire voir qu'alors on devra changer le signe des termes correspondants $\mathrm{P}l$, $\mathrm{P}'l'$, $\mathrm{P}''l''$,.....

A cet effet, nous concevrons une droite rigide $\mathrm{A}\mathrm{A}_{,}$ menée du point fixe A à travers un anneau mobile correspondant $m$. Nous ferons passer notre fil sans fin du point fixe A au point mobile $\mathrm{A}_{,}$, et de là un nombre de fois P à travers les anneaux $\mathrm{A}_{,}$, $m$, jusqu'à revenir au point mobile $\mathrm{A}_{,}$ et de là au point fixe A.

De cette manière, il est clair que nous produirons une traction P entre les points $\mathrm{A}_{,}$, $m$, et qu'une telle traction équivaudra précisément à une force répulsive, ou à une pression P entre les points $\mathrm{A}, m$.

D'autre part nous voyons qu'en désignant par

$c$     la longueur constante $\mathrm{A}\mathrm{A}_{,}$

$l, l_{,}$ les deux longueurs variables $\mathrm{A}m$, $\mathrm{A}_{,}m$,

cela reviendra à faire entrer dans l'expression de la quantité L de notre
principe funiculaire le terme

$$c + Pl_{,} = c + P(c - l) = c + Pc - Pl = \text{const.} - Pl_{,}$$

et par suite le terme

$$- Pdl$$

dans la condition d'équilibre

$$dL = 0$$

le signe de la différentielle seconde $d^2L$ ne devant pas cesser de cette manière d'être le caractère évident auquel nous pourrions reconnaître la stabilité ou l'instabilité de l'équilibre.

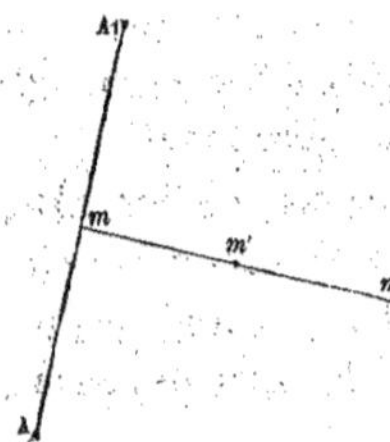


69. Dans le cas d'une force de traction R entre
deux points mobiles $m, m'$ tout à fait isolés, nous
pourrons imager aussi une droite rigide AA, menée
d'un point fixe A à travers d'un des anneaux mobiles
$m$ jusqu'en A,.

Nous pourrons faire passer ensuite notre fil sans
fin du point fixe A à travers l'anneau $m$, et de là
un nombre de fois R de $m$ en $m'$ et retour, puis
de $m$ en A, et de là en A, ce qui reviendra à faire entrer dans l'expression
de la quantité L de notre principe le terme

$$c + Rr$$

la lettre $r$ servant à désigner la longueur mobile $mm'$.

70. Quand, enfin, il devra y avoir des forces répulsives R dans la longueur $mm'$, nous pourrons concevoir une nouvelle droite rigide dirigée du
point $m$ à travers l'anneau $m'$ jusqu'en $m_{,}$, et faire passer notre fil, d'abord
de A en $m$, de là en $m_{,}$, puis de $m_{,}$ en $m'$ et retour, un nombre de fois R,
puis de $m_{,}$ en $m$, de là en A, et finalement de A, en A au point de départ.

De cette manière il est clair que nous produirons des forces mutuelles de traction R dans la longueur $m'm_{\prime}$, et que ce sera comme s'il y avait des forces répulsives dans la longueur complémentaire $mm'$.

D'autre part en désignant par

    $c_{\prime}$   la longueur constante $mm_{\prime}$,

    $r, r_{\prime}$ les longueurs variables $mm'$, $m'm_{\prime}$,

Cela reviendra à faire entrer dans l'expression de la quantité L de notre principe funiculaire le terme

$$c + c_{\prime} + Rr_{\prime} = c + c_{\prime} + R(c_{\prime} - r) = c + c_{\prime} + Rc_{\prime} - Rr = \text{const} - Rr,$$

et par suite le seul terme

$$- Rdr$$

dans la condition d'équilibre

$$dL = 0$$

sans rien changer aux conditions de la mobilité du système, ni par conséquent à la signification de la différentielle seconde $d^2L$, dont le signe pourrait nous servir à distinguer les états d'équilibres stables des états d'équilibre instables.

74. Les remarques que nous avons faites jusqu'ici sur la stabilité ou l'instabilité d'un état d'équilibre dans l'application générale de notre principe funiculaire, ne se rapporteront évidemment qu'aux seuls cas où les choses se passeront, en effet, comme à l'aide d'un fil élastique, c'est-à-dire aux seuls cas où les forces P, P', P'',..... conserveront toujours les mêmes rapports entre leurs intensités respectives pendant le dérangement du système, à partir d'un état d'équilibre donné. Les autres cas, ceux où les rapports des intensités des forces P, P', P'',..... pourront varier pendant le dérangement du système, échapperont à ces remarques, et par conséquent nous ne pourrons avoir la prétention d'avoir fondé une théorie complète de la stabilité. Notre seul but a été de bien éclaircir et de compléter en quelque sorte la théorie des vitesses virtuelles de Lagrange, dans la statique des corps rigides, et ce but-là, nous croyons l'avoir atteint sans avoir

ajouté à nos raisonnements des calculs effectifs de stabilité que nous aurions pu aisément développer de manière à intéresser quelques-uns de nos lecteurs.

72. Les moments virtuels que nous avons eu à considérer dans notre formule de principe

$$0 = dL = \Sigma Pdl = \Sigma \left( P\,\frac{dl}{dx}\,dx + P\,\frac{dl}{dy}\,dy + P\,\frac{dl}{dz} \right) =$$
$$= \Sigma \left( - P\cos\alpha\,dx - P\cos\beta\,dy - P\cos\gamma\,dz \right)$$

sont de signes contraires à ceux que l'on emploie habituellement, par la raison que nous avons regardé comme positif ce qui concerne les forces de traction, et par suite comme négatif ce qui concerne les forces de pression ou les forces répulsives entre deux points.

Pour nous conformer au point de vue ordinaire de la théorie des vitesses virtuelles, nous n'aurons qu'à changer les signes des deux membres de l'équation primitive

$$L = Pl + P'l' + P''l'' + \ldots\ldots = \Sigma Pl$$

ce qui rendra positifs, dans le deuxième membre, les termes $Pl$ des forces répulsives des droites $l$, et négatifs les termes $Pl$ des forces attractives des droites $l$; mais le premier membre se réduira à la quantité $-L$ de nos précédents raisonnements, et par conséquent, à ce nouveau point de vue de la règle des signes, ce seront les valeurs maxima de la quantité finie

$$\Sigma Pl,$$

qui détermineront les positions d'équilibre stables, tandis que les valeurs minima de la même quantité détermineront les positions d'équilibre instables.

73. Il ne nous reste plus, enfin, qu'à parler de l'utilité pratique de la théorie des vitesses virtuelles.

L'utilité pratique de cette fameuse théorie sera du premier ordre, et passera certainement avant toutes les autres règles de la statique, quand on voudra se rendre compte des relations de l'équilibre de deux forces seulement dans une machine en mouvement, alors que dans cette machine on pourra observer le rapport des vitesses des points d'application des forces, ou déduire ce rapport de quelque relation de géométrie directement évidente.

74. Il en sera de même encore, à l'égard de deux forces seulement, dans l'étude d'un projet de machine, en ce que l'on verra de prime abord quelle relation on devra établir entre les vitesses des points d'application des forces, pour obtenir une répartition donnée entre les intensités de ces forces, ou réciproquement quelle relation on obtiendra entre les intensités des forces pour une répartition donnée entre les vitesses, sauf ensuite à choisir tels systèmes de transmissions de mouvements que l'on voudra, de manière à réaliser en effet le rapport des vitesses auquel on se sera arrêté.

75. Mais hormis ces applications très-générales et très-simples, quand on voudra pénétrer dans les relations précises des forces sur toutes les pièces successives du mécanisme, déterminer les efforts de rupture sur ces pièces, et calculer notamment les pressions sur des points ou sur des axes fixes, ou sur des surfaces fixes, alors la théorie des vitesses virtuelles deviendra ou inapplicable ou très-gênante, et l'on fera mieux de s'en passer.

76. Que l'on essaye, par exemple, d'étudier à fond les relations de l'équilibre du système articulé d'une machine à vapeur à balancier, avec son parallélogramme, dans toutes les positions de la manivelle ou du piston, et l'on verra quels avantages on retirera du seul emploi des vitesses virtuelles, par opposition avec ceux que l'on trouvera à n'invoquer que les règles les plus élémentaires de la statique dans chaque cas donné.

77. Les difficultés de la théorie des vitesses virtuelles que nous voulons faire entrevoir ici, viendront ou de ce que les points d'application des forces seront des points fixes, et dont par conséquent les vitesses seront nulles, ou bien de ce qu'on n'appréciera pas toujours les relations les plus directes des vitesses des points d'applications mobiles des forces, et que les relations de ces vitesses, telles qu'on pourrait les calculer au moyen des équations de condition dont il est parlé continuellement dans la théorie de la formule

$$dL = 0$$

ne pourraient souvent être obtenues que par des équations excessivement compliquées. La théorie du parallélogramme de Watt en offre des exemples bien frappants.

78. Il faudra renoncer alors à la théorie des vitesses virtuelles, ou plutôt, il faudra employer cette théorie d'une manière exactement renversée, en se proposant de tirer de la formule

$$dL = 0$$

les relations les plus simples possibles des vitesses des points d'application des forces, quand les règles les plus élémentaires de la statique auront déjà servi à faire trouver les relations des intensités des forces; on ne trouvera alors que des relations de pure géométrie, mais des relations tellement simplifiées, que l'on pourra s'en servir pour résoudre en toute rigueur et avec une élégance souvent inespérée, des problèmes qu'on n'eût osé aborder par aucune autre voie.

L'installation d'une drosse de gouvernail sans mou à bord d'un vaisseau, et d'autres problèmes que l'on rencontre dans la théorie des systèmes articulés des machines à vapeur en sont des exemples bien remarquables.

Mais il est temps que nous quittions la statique des corps rigides, et nous terminerons là ce que nous avons cru devoir en dire dans cet ouvrage.

### De la statique des corps flexibles.

79. Ce qui précède avait pour objet de faire voir comment la statique ordinaire des corps rigides pouvait se greffer immédiatement, et avec de notables éclaircissements encore, sur notre système d'idées préliminaires, au sujet des qualités masse et liaison des corps, et au sujet des significations respectives des mots force, équilibre, force d'inertie et force de pesanteur; mais il y aurait vraiment de l'inconséquence à ne faire reposer la science de la statique que sur l'idée de la rigidité de certains systèmes, alors que notre point de vue essentiel et fondamental est précisément la non-rigidité des corps. Nous allons donc refaire la statique entière, en ne considérant que des systèmes de liaison éminemment flexibles ou variables de figure.

80. Nous avons dit plus haut, dans l'introduction, que l'idée mère du changement de figure des corps, par le moyen des forces qu'on peut leur appliquer, est une idée trop complexe, non pas seulement parce qu'on peut y concevoir à la fois différents groupes de forces et autant de changements de figure correspondants, mais encore parce que l'idée du changement de figure d'un corps, à volume fini, se réduit dans notre esprit, aux changements des distances de tous les points du volume pris deux à deux.

81. D'après cela, et suivant le procédé général des sciences mathématiques, nous avons dû envisager d'abord la qualité liaison des corps dans sa nature la plus élémentaire possible, qui est celle d'un fil d'une épaisseur nulle ou négligeable, supposé dépourvu de sa qualité matière ou masse, et ayant une tendance propre vers une certaine longueur naturelle, dont il se trouve présentement écarté par des causes quelconque de mouvement à ses extrémités, ce qui aura fait naître un effort de mutuelle contraction ou de raccourcissement dans le fil, c'est-à-dire, en d'autres termes, deux forces égales et opposées dans la direction du fil de chacune des extrémités vers l'autre sur les choses quelconques adjacentes; lesquelles forces mutuellement égales et opposées devront être conçues encore dans toutes les parties imaginables du fil entier, même aux simples points de division de ces parties, de telle sorte qu'ensuite les choses quelconques aux deux extrémités du fil, soit masse et vitesse ou cause quelconque de mouvement, soit pure liaison, ne pourront chacune faire l'office que d'une simple force égale et contraire à celle du fil sur cette chose, et par conséquent ne devront être envisagées en statique qu'à ce seul et unique point de vue.

82. Ce que nous venons de rappeler aussi succinctement ici forme la théorie complète de l'équilibre d'un fil tendu, quel que puisse être le mouvement de translation ou de rotation du fil dans l'espace, et de quelque manière qu'on veuille modifier obligatoirement le mouvement du fil dès l'instant qu'il ne s'y trouvera plus aucune qualité de matière ou masse, et que ni la longueur ni la nature du fil ne seront changées.

Le changement de la longueur ou de la nature du fil ne ferait d'ailleurs qu'un changement dans la commune intensité des forces, et rien de plus.

83. Après l'image aussi simple que celle d'un fil tendu sur deux points, se présentera l'image un peu plus compliquée d'un fil tendu sur deux points

et dérangé latéralement par un autre fil, c'est-à-dire l'image de trois fils tendus d'un point $m$ sur trois points A, A', A'', et pour que ni les directions ni les intensités des forces ne puissent changer pendant le cours du raisonnement, il faudra que nous concevions le triangle AA'A'' comme ne changeant pas de figure. Il y aura alors trois forces en équilibre au point $m$, quel que puisse être le mouvement du triangle AA'A'' avec les trois fils sans masse qui tiendront aux sommets de ce triangle, et la question sera de savoir trouver la relation des intensités des forces avec les angles compris entre leurs directions.

84. Il faudra, en un mot, que nous démontrions ici le théorème du parallélogramme des forces par des considérations tirées uniquement de la nature d'un fil tendu, supposé dépourvu de sa qualité matière ou masse.

Nous reprendrons, à cet effet, l'une des démonstrations dont il a été question dans la statique des corps rigides; par exemple l'une de celles dites analytiques, et qui maintenant s'appliqueront à des images matériellement exécutables, ou bien nous nous arrêterons à celle de notre principe funiculaire.

85. Nous ne voulons manifester aucune préférence à cet égard; la seule chose que nous demandions, c'est que l'on réussisse à démontrer solidement, par des considérations étrangères à la dynamique, les trois relations de l'équilibre

$$\left.\begin{array}{l} 0 = F\cos\alpha + F'\cos\alpha' + F''\cos\alpha'' + \ldots\ldots = \Sigma F\cos\alpha \\ 0 = F\cos\beta + F'\cos\beta' + F'\cos\beta'' + \ldots\ldots = \Sigma F\cos\beta \\ 0 = F\cos\gamma + F'\cos\gamma' + F''\cos\gamma'' + \ldots\ldots = \Sigma F\cos\gamma \end{array}\right\} \qquad (1)$$

d'un nombre quelconque de force F, F', F'', ..... au commun point d'application de ces forces.

86. Car, une fois que ces trois relations se trouveront établies, nous pourrons, à l'instant, attacher par leurs extrémités respectives, et de toutes les manières imaginables, autant de fils tendus que nous voudrons, de manière à former un réseau de forme quelconque, dans lequel il y aura à distinguer N nœuds ou points de jonction, et une multitude de fils dont les uns serviront à relier les N points deux à deux, et dont les autres serviront à

relier les mêmes points, soit tous soit quelques-uns seulement, à d'autres points supposés en dehors du volume occupé par ceux-là.

Nous pourrons joindre ainsi solidairement par leurs extrémités respectives, non-seulement des fils flexibles et capables d'agir par mutuelle contraction, mais aussi des vergettes rectilignes, capables d'agir par mutuelle extension ou répulsion, et rien ne s'opposera à ce que nous concevions, ou deux choses élémentaires distinctes, dont l'une fera les forces mutuelles de contraction, et l'autre les forces mutuelles de répulsion dans le volume d'un corps, ou bien une seule chose élémentaire qui servira à faire tantôt l'un, tantôt l'autre effet.

L'expérience nous apprend seulement que nous devrons supposer à la fois des forces mutuelles des deux sortes dans les corps solides, et que ce qu'on nomme *calorique* semble être la cause des actions répulsives de tous les corps indistinctement, ou solides ou liquides ou gazeux.

87. Quoi qu'il en soit, dès l'instant que nous concevrons le volume d'un corps comme un réseau de lignes droites $r$, à N nœuds ou points de jonction, avec deux forces mutuellement égales et apposées dans chacune des droites $r$, soit attractives, soit répulsives, il suffira qu'en chacun des N points du réseau nous considérions indistinctement toutes les forces qui solliciteront ce point, pour que nous devions y avoir les équations (1).

Donc pour les N points nous aurons N groupes d'équations pareilles, et par conséquent 5N équations en tout, qui seront à la fois nécessaires et suffisantes pour assurer l'état d'équilibre du système, soit que la figure de ce système et les intensités des forces ne changent pas pendant le cours du raisonnement, soit au contraire que la figure du système et les intensités des forces changent d'un instant à l'autre.

88. La théorie de l'équilibre sera ainsi fort simple en principe et fort compliquée dans son expression algébrique; mais la complication n'est qu'apparente, car, en y réfléchissant, on comprend aussitôt que toutes les forces indistinctement qui se trouveront dans les 5N équations pourront être rangées en deux classes.

Ou bien ces forces agiront avec une commune intensité en deux sens opposés entre les N points du réseau pris deux à deux, et alors nous les nommerons des *forces intérieures*;

Ou bien ces forces n'agiront que sur l'un des N points du réseau, vers d'autres points quelconques, situés en dehors de ceux-là, et alors nous les nommerons des *forces extérieures* (*).

Cette distinction étant bien comprise, si nous désignons spécialement par R la commune intensité de chaque groupe de forces intérieures ou de forces mutuelles, et par P la résultante de toutes les forces extérieures sur l'un des N points, puis par X, Y, Z les projections de la résultante P sur les axes rectangulaires des $x, y, z$, il est clair qu'à l'un des N points, dont les coordonnées seront $x, y, z$, nous aurons les trois équations

$$\left.\begin{array}{l} 0 = X + R_1 \cos \alpha_1 + R_2 \cos \alpha_2 + R_3 \cos \alpha_3 + \ldots \\ 0 = Y + R_1 \cos \beta_1 + R_2 \cos \beta_2 + R_3 \cos \beta_3 + \ldots \\ 0 = Z + R_1 \cos \gamma_1 + R_2 \cos \gamma_2 + R_3 \cos \gamma_2 + \ldots \end{array}\right\} \quad (2)$$

A un autre des N points, dont les coordonnées seront $x', y', z'$, nous aurons pareillement

$$0 = X' + R'_1 \cos \alpha'_1 + R'_2 \cos \alpha'_2 + R'_3 \cos \alpha'_3 \ldots$$
$$0 = Y' + R'_1 \cos \beta'_1 + R'_2 \cos \beta'_2 + R'_3 \cos \beta'_3 \ldots$$
$$0 = Z' + R'_1 \cos \gamma'_2 + R'_2 \cos \gamma'_2 + R'_3 \cos \gamma'_3 \ldots$$

et ainsi de suite pour tous les N points successivement.

89. Cela convenu, si nous ajoutons respectivement les premières, les secondes et les troisièmes de ces N groupes d'équations, il est bien clair que les termes

$$+ R \cos \alpha, \ + R \cos \beta, \ + R \cos \gamma,$$

que nous pourrons avoir à mettre en ligne de compte quelque part en l'un des N points ou nœuds du réseau, se trouveront exactement annulés pour les termes

$$- R \cos \alpha, \ - R \cos \beta, \ - R \cos \gamma,$$

---

(*) Cette manière de classer toutes les forces possibles ainsi que les deux modes d'élimination des forces R dont il va être question ont été empruntés à l'un des mémoires de M. Coriolis.

que tôt ou tard nous rencontrerons en un autre point du réseau, et qu'ainsi nous trouverons les relations générales

$$0 = \Sigma X$$
$$0 = \Sigma Y$$
$$0 = \Sigma Z$$

entre les seules forces extérieures.

**90.** Si nous convenons aussi de combiner nos équations entre elles de manière à trouver au point $x, y, z$ :

$$0 = (yZ - zY) + R_1(y_1 \cos\gamma_1 - z_1 \cos\beta_1) + R_2(y_2 \cos\gamma_2 - z_2 \cos\beta_2) + \ldots$$
$$0 = (zX - xZ) + R_1(z_1 \cos\alpha_1 - x_1 \cos\gamma_1) + R_2(z_2 \cos\alpha_2 - x_2 \cos\gamma_2) + \ldots$$
$$0 = (xY - yX) + R_1(x_1 \cos\beta_1 - y_1 \cos\alpha_1) + R_2(x_2 \cos\beta_2 - y_2 \cos\alpha_2) + \ldots$$

puis au point $x', y', z'$ :

$$0 = (y'Z' - z'Y') + R'_1(y' \cos\gamma'_1 - z'_1 \cos\beta'_1) + \ldots$$
$$0 = (z'X' - x'Z') + R'_1(z' \cos\alpha'_1 - x'_1 \cos\gamma'_1) + \ldots$$
$$0 = (x'Y' - y'X') + R'_1(x' \cos\beta'_1 - y'_1 \cos\alpha'_1) + \ldots$$

et pareillement à tous les N points successivement, nous aurons à faire remarquer encore que pour une action répulsive R entre deux points $(x, y, z)$, $(x', y', z')$, nous aurons au point $x, y, z$,

$$\cos\alpha = \frac{x - x'}{r}, \quad \cos\beta = \frac{y - y'}{r}, \quad \cos\gamma = \frac{z - z'}{r},$$

et par conséquent,

$$R(y \cos\gamma - z \cos\beta) = \frac{R}{r}[y(z - z') - z(y - y')] = \frac{R}{r}[-yz' + zy'],$$

puis au point $x', y', z'$, avec la même force R en sens opposé,

$$R(-y' \cos\gamma + z' \cos\beta) = \frac{R}{r}[-y'(z - z') + z'(y - y')] = \frac{R}{r}[-y'z + z'y].$$

Donc ces deux termes seront égaux et de signes contraires, et comme il en sera de même pour des forces attractives, ainsi que pour chacune des autres équations, il s'en suit qu'en ajoutant successivement les premières, les deuxièmes et les troisièmes de ces équations transformées, nous trouverons les relations générales

$$0 = \Sigma\,(yZ - zY)$$
$$0 = \Sigma\,(zX - xZ)$$
$$0 = \Sigma\,(xY - yX)$$

entre les seuls forces extérieures P, P', P'',..... ou du moins entre les composantes de ces forces (X, Y, Z), (X', Y', Z'), (X'', Y'', Z'');.....

94. Il sera donc facile, à ce nouveau point de vue de la théorie générale de l'équilibre des corps, de reproduire les six équations de la statique entre les seules forces extérieures d'un système, sans invoquer une seule fois l'hypothèse de la rigidité des corps.

On peut démontrer encore qu'avec une *liaison complète* entre les N points d'un système, il ne saurait y avoir généralement plus de six équations entre les seules forces extérieures.

Nous dirons qu'un système est à liaison *incomplète*, quand il sera possible de partager les N nœuds, ou points de jonction du réseau, en deux ou en un plus grand nombre de groupes, qui ne tiendront ensemble que par un ou par deux nœuds seulement, avec une entière liberté de tourner autour du nœud commun, ou autour de la ligne droite qui passera par les deux nœuds communs.

Ainsi, dès qu'il y aura trois nœuds communs entre deux groupes adjacents, la liaison sera complète, et les deux groupes n'en feront plus qu'un.

Cela convenu, le nombre des distances de N points pris deux à deux est de

$$\frac{N(N-1)}{2}$$

et il pourra y avoir au plus un nombre égal d'actions mutuelles; mais il y aura des relations nécessaires entre ces distances, car en plaçant trois points du système à volonté, il est clair que chacun des N—5 points sera entièrement déterminé par les distances de ce point aux trois premiers, ce qui fera

$$3(\mathrm{N} - 3) = 3\mathrm{N} - 9$$

distances, et si l'on y ajoute les côtés du triangle des trois premiers points, il n'y aura que

$$3\mathrm{N} - 9 + 3 = 3\mathrm{N} - 6$$

inconnues pour déterminer entièrement la figure du système, abstraction faite de sa position dans l'espace. Donc les forces intérieures qui ne dépendront que de cette figure ou des distances mutuelles $r, r', r'', \ldots\ldots$ ne pourront dépendre que de 3N—6 variables indépendantes, et comme il y aura

$$3\mathrm{N}$$

équations, le procédé de l'élimination des forces intérieures ne pourra conduire généralement qu'à six équations résultantes entre les seules forces extérieures (*).

92. Nous disons généralement, car, si la liaison d'un système était incomplète de manière que les forces intérieures ne dépendissent plus d'une ou de plusieurs des 3N—6 variables indépendantes, il y aurait autant d'inconnues de moins à éliminer entre les 5N équations, et le nombre des équations résultantes entre les seules forces extérieures augmenterait d'autant.

Ainsi, par exemple, quand deux groupes d'un système ne tiendront ensemble que par un point comme par une charnière, en désignant par

   $n$    le nombre des nœuds du réseau de l'un des groupes, y compris le point d'attache des deux groupes,

   $n'$    le nombre des nœuds du réseau de l'autre groupe, y compris aussi le point d'attache des deux groupes.

---

(*) Ce raisonnement qui a pour objet de faire voir qu'il ne pourra y avoir généralement plus de six équations de condition entre les seules forces extérieures d'un système à liaison complète, a été emprunté à l'un des mémoires de M. Poinsot, le surplus a été ajouté par l'auteur.

N le nombre des nœuds du réseau entier, en ne comptant qu'une fois le commun point d'attache,

on aura :

$$\mathrm{N} = n + n' - 1$$

et le nombre des équations d'équilibre sera de

$$3\mathrm{N} = 3n + 3n' - 3.$$

Mais les forces intérieures ne dépendront que de $3n - 6$ variables indépendantes dans l'un des groupes, et de $3n' - 6$ dans l'autre. Le nombre des variables indépendantes dans le système entier ne sera donc pas de $3\mathrm{N} - 6$, mais de

$$(3n - 6) + (3n' - 6) = 3n + 3n' - 12,$$

et si l'on retranche ce nombre de celui des équations, ou de $3\mathrm{N}$, on trouvera une différence de neuf pour le nombre des équations résultantes entre les seules forces extérieures.

92. Et, en effet, si l'on écrit séparément pour chacun des deux groupes les six équations de la statique, en comptant parmi les forces extérieures celles de l'action mutuelle au point de jonction des deux groupes, on aura douze équations qui renfermeront comme inconnues les trois composantes de l'action mutuelle au point commun des deux groupes, de telle sorte qu'en éliminant ces trois inconnues, il restera précisément neuf équations entre les seules forces extérieures.

94. De ces neuf équations, on pourra éliminer encore les trois coordonnées du point de jonction des deux groupes, de manière à trouver six équations résultantes entre les seules forces extérieures; mais l'élimination se trouvera toute faite quand on écrira directement les six équations de la statique pour les deux groupes considérés comme un seul.

95. Si les deux groupes n'étaient pas tenus ensemble par une charnière, mais par le contact de leurs surfaces seulement, il faudrait encore que les

deux forces mutuellement égales et contraires au point de contact des deux surfaces fussent des pressions et non des tractions.

96. Si, enfin, les deux surfaces étaient incapables de faire de la résistance au glissement, il faudrait encore, comme nouvelle et dernière condition, que les pressions au point de contact fussent dirigées suivant la commune normale aux deux surfaces, ce qui ferait deux conditions de plus.

97. Nous ne nous arrêterons pas à raisonner de la même manière sur deux groupes tenus ensemble par deux nœuds ou par un axe de rotation, ni sur deux groupes tenus ensemble par trois nœuds, ce qui nous ramènerait au cas d'une liaison complète où le nombre des équations résultantes entre les seules forces extérieures ne pourrait être que de six.

98. Nous nous bornerons à ajouter qu'avec un nombre quelconque de pièces tenues ensemble ou juxtaposées entre elles, on sera toujours libre de considérer comme des forces inconnues toutes les actions mutuelles aux points de jonction des différentes pièces, soit entre elles, soit avec d'autres pièces considérées comme étrangères au système, de telle sorte qu'en appliquant ensuite les six équations de la statique à chaque pièce isolément, il ne restera plus qu'à faire disparaître les inconnues par voie d'élimination, et cela d'après les conditions particulières ou de traction ou de pression seulement qu'il pourra y avoir à considérer à chacun des points de contact, dans le sens normal comme dans le sens tangentiel ou dans le premier seulement, pour que, en fin de compte, on ne puisse manquer de trouver toutes les conditions nécessaires et suffisantes de l'équilibre entre les seules forces extérieures pour tel système que l'on voudra.

99. Cette manière de résoudre les problèmes de l'équilibre des corps flexibles n'induira jamais en erreur, et perdra même son apparente complication quand on voudra procéder par voie de synthèse, de manière à n'invoquer que les règles les plus élémentaires de la statique qui pourront tenir lieu des six équations générales, dans chaque cas donné, ainsi que nous nous en sommes expliqués dans la théorie de l'équilibre des corps rigides.

100. Au moyen de ce que nous venons de dire, la statique des corps flexibles est véritablement complète, et l'on ne voit pas au premier abord

de quelle utilité pourrait y être la théorie des vitesses virtuelles; car, avec des corps flexibles, les équations de condition, dont il est question incessamment dans les applications de cette théorie, n'auront plus une signification précise, ou bien elles cesseront d'être d'accord avec les faits.

101. Il y a néanmoins des corps dont les changements de figure seront comme inappréciables sous l'action des forces qui viendront à les solliciter, et de toute manière, quand on n'aura pour objet que de trouver les relations de l'équilibre sur la figure actuellement donnée d'un système, après que le changement de figure de ce système sous l'action des forces qui le solliciteront sera déjà accompli, on sera évidemment libre de raisonner comme si une telle figure supposée donnée était vraiment inaltérable.

A ce point de vue donc, il sera toujours permis de ne parler, en statique élémentaire, que de corps actuellement rigides, et d'employer la théorie connue des vitesses virtuelles conformément à une telle manière de voir; mais nous laisserons au lecteur le soin d'apprécier quels avantages de simplicité on y trouvera après ce que nous venons de dire, et après ce que nous allons dire encore de la statique des corps flexibles, qui nous mènera tout droit à la théorie de la résistance des matériaux, ce complément indispensable de la statique élémentaire des corps rigides.

102. Nous avons à faire remarquer d'abord qu'entre deux points $(x, y, z)$, $(x', y', z')$ on aura toujours :

$$r^2 = (x - x')^2 + (y - y')^2 + (z - z')^2 = (x' - x)^2 + (y' - y)^2 + (z' - z)^2,$$

d'où,

$$r \frac{dr}{dx} = x - x', \quad r \frac{dr}{dx'} = x' - x$$

$$r \frac{dr}{dy} = y - y', \quad r \frac{dr}{dy'} = y' - y$$

$$r \frac{dr}{dz} = z - z', \quad r \frac{dr}{dz'} = z' - z.$$

Il suit de là qu'en affectant le signe — aux forces attractives, et le signe $+$ aux forces répulsives $R$ qu'il pourra y avoir dans une droite $r$, nous aurons, au point $x, y, z$ :

$$R \cos.\alpha = R \frac{x - x'}{r} = R \frac{dr}{dx}$$

$$R \cos.\beta = R \frac{y - y'}{r} = R \frac{dr}{dy}$$

$$R \cos.\gamma = R \frac{z - z'}{r} = R \frac{dr}{dz}$$

et au point $x', y', z'$ :

$$R \cos.\alpha' = R \frac{x' - x}{r} = R \frac{dr}{dx'}$$

$$R \cos.\beta' = R \frac{y' - y}{r} = R \frac{dr}{dy'}$$

$$R \cos.\gamma' = R \frac{z' - z}{r} = R \frac{dr}{dz'}.$$

Donc les équations générales de l'équilibre en un point $x, y, z$ deviendront :

$$\left. \begin{aligned} 0 &= X + \Sigma R \, \frac{dr}{dx} \\ 0 &= Y + \Sigma R \, \frac{dr}{dy} \\ 0 &= Z + \Sigma R \, \frac{dr}{dz} \end{aligned} \right\} \qquad (3)$$

et ce sera une propriété des dérivées partielles de la fonction $r$ en $x, y, z$ et $x', y', z'$, qui fera que dans les sommes respectives des premières, des deuxièmes et des troisièmes de ces équations, écrites séparément pour les N points ou nœuds du système, on aura pour chacune des longueurs $r$ en particulier :

$$\left. \begin{aligned} 0 &= \frac{dr}{dx} + \frac{dr}{dx'} \\ 0 &= \frac{dr}{dy} + \frac{dr}{dy'} \\ 0 &= \frac{dr}{dz} + \frac{dr}{dz'} \end{aligned} \right\} \text{ et par suite } \left\{ \begin{aligned} 0 &= \Sigma X \\ 0 &= \Sigma Y \\ 0 &= \Sigma Z \end{aligned} \right.$$

dans le système entier, entre les seules forces extérieures.

13

Ce sera pareillement une propriété des dérivées partielles de la même fonction $r$ en $x$, $y$, $z$ et $x'$, $y'$, $z'$, qui fera que pour chacune des longueurs $r$ en particulier, on aura :

$$0 = \left( y \frac{dr}{dz} - z \frac{dr}{dy} \right) + \left( y' \frac{dr}{dz'} - z' \frac{dr}{dy'} \right)$$

$$0 = \left( z \frac{dr}{dx} - x \frac{dr}{dz} \right) + \left( z' \frac{dr}{dx'} - x' \frac{dr}{dz'} \right)$$

$$0 = \left( x \frac{dr}{dy} - y \frac{dr}{dx} \right) + \left( x' \frac{dr}{dy'} - y' \frac{dr}{dx'} \right)$$

et par suite

$$0 = \Sigma (yZ - zY)$$
$$0 = \Sigma (zX - xZ)$$
$$0 = \Sigma (xY - yX)$$

dans le système entier, aussi entre les seules forces extérieures.

103. Mais on ne cessera pas d'avoir les équations (3) en chaque point $x, y, z$, et si nous connaissions la loi des forces R, ainsi que la distribution des droites $r$, nous trouverions à l'instant, par ces équations, les forces X, Y, Z qu'il nous faudrait faire agir du dehors sur tous les points $x, y, z$, pour maintenir le système dans telle figure qu'on voudrait nous donner.

104. Chacune des forces R devra naturellement être regardée comme une certaine fonction de la longueur $r$ dans laquelle elle agira,

$$R = \varphi(r) = \frac{df(r)}{dr}$$

Les corps parfaitement élastiques seront ceux dont les fonctions $\varphi$ seront toujours les mêmes pendant les changements de figure qu'on pourra leur faire subir.

Les corps imparfaitement élastiques seront ceux dont les fonctions $\varphi$ changeront de nature, soit graduellement, soit brusquement, pendant les déformations qu'on leur fera subir.

105. Dans le premier cas, un système ne pourra passer graduellement

par une série de formes ou de positions successives qu'avec une loi de parfaite continuité dans les intensités progressives des forces R, et par suite
dans les intensités progressives des forces X, Y, Z.

Dans le deuxième cas, il pourra y avoir des changements graduels ou
brusques dans les fonctions φ ou dans la loi des forces R pendant la déformation progressive d'un système; mais d'après les équations (3), les forces
X, Y, Z devront participer à toutes les mêmes variations, et par conséquent, dans l'un comme dans l'autre cas, rien n'empêchera de faire la
somme des équations (3) multipliées respectivement par $dx, dy, dz$, ce qui
nous donnera au point $x, y, z$ :

$$0 = (\mathrm{X}dx + \mathrm{Y}dy + \mathrm{Z}dz) + \Sigma\mathrm{R}\left(\frac{dr}{dx}\,dx + \frac{dr}{dy}\,dy + \frac{dr}{dz}\,dz\right),$$

puis au point $x', y', z'$ :

$$0 = (\mathrm{X}'dx' + \mathrm{Y}'dy' + \mathrm{Z}'dz') + \Sigma\mathrm{R}'\left(\frac{dr'}{dx'}\,dx' + \frac{dr'}{dy'}\,dy' + \frac{dr'}{dz'}\,dz'\right),$$

et ainsi de suite en tous les autres points.

Faisant ensuite la somme de ces équations dans le système entier, il est
clair qu'entre deux points $(x, y, z)$, $(x', y', z')$, on aura à considérer, d'une
part au point $x, y, z$, la quantité

$$\mathrm{R}\left(\frac{dr}{dx}\,dx + \frac{dr}{dy}\,dy + \frac{dr}{dz}\,dz\right)$$

et d'autre part au point $x', y', z'$, la quantité complémentaire

$$\mathrm{R}\left(\frac{dr}{dx'}\,dx' + \frac{dr}{dy'}\,dy' + \frac{dr}{dz'}\,dz'\right)$$

dont la réunion à la précédente formera le terme complet

$$\mathrm{R}dr$$

de telle sorte que dans le système entier on aura la formule résultante

$$0 = \Sigma(X\,dx + Y\,dy + Z\,dz) + \Sigma R\,dr \qquad (4)$$

**106.** Avec des corps parfaitement élastiques, cette formule serait intégrable, et entre deux limites quelconques $a, b$, nous aurions la relation finie

$$0 = \Sigma \int_a^b (X\,dx + Y\,dy + Z\,dz) + \Sigma \int_a^b R\,dr \qquad (5)$$

dans laquelle il nous faudrait faire

$$\int_a^b R\,dr = \int_a^b \frac{df(r)}{dr}\,dr = f(r_b) - f(r_a)$$

Avec des corps imparfaitement élastiques, la quantité $R\,dr$ ne serait plus une différentielle exacte, mais cela n'empêcherait pas d'avoir encore la formule (5), avec cette différence seulement que le signe $\int_a^b$ se rapporterait à des opérations de quadrature entre les limites $a, b$ que l'on voudrait se donner.

**107.** La formule (5) exprimera donc un théorème général qui pourra nous être d'une certaine utilité dans la science de la dynamique.

Pour que le même théorème puisse nous servir avec une entière évidence dans la science de la statique, nous n'avons qu'à supposer que la variabilité des forces X, Y, Z doive être telle que le système puisse se déplacer d'une seule pièce, soit par translation, soit par rotation, avec toutes les longueurs $r$ et toutes les forces R, P qui en dépendront; car, alors, ni l'élasticité, ni les changements de figure n'y joueront plus aucun rôle, et nous aurons nécessairement

$$\Sigma \int_a^b R\,dr = 0$$

parce que nous aurons pour chacune des forces R séparément :

$$\int_a^b R\,dr = 0,$$

à cause de l'hypothèse commune à toutes les droites $r$ :

$$r = \text{const.}$$

Donc, à ce point de vue d'une parfaite invariabilité de figure pendant le déplacement progressif d'un système éminemment flexible, nous aurons, entre deux limites aussi éloignées que nous voudrons,

$$0 = \Sigma \int_a^b (X\,dx + Y\,dy + Z\,dz), \qquad (6)$$

et entre deux limites infiniment proches,

$$0 = \Sigma(X\,dx + Y\,dy + Z\,dz), \qquad (7)$$

c'est-à-dire que nous retrouverons la formule des vitesses virtuelles dans son entière pureté entre les seules forces extérieures, supposées constamment en équilibre sur la figure actuellement donnée d'un système, quelque flexible et quelque élastique ou quelque peu élastique que ce système puisse être.

108. Le raisonnement s'appliquera, d'ailleurs, à une seule pièce comme à une réunion quelconque de pièces tenues ensemble par des charnières, ou par des forces de pression à leurs points de contact, pourvu que chaque pièce isolément ne change pas de figure pendant son déplacement, et pourvu aussi que les termes individuels

$$R\,dr,$$

qu'il y aura à considérer aux différents points de contact, puissent être séparément nuls chacun, ce qui exigera qu'il n'y ait aucune résistance au glissement de celles des surfaces contiguës qui glisseront en effet l'une sur l'autre.

De la théorie des vitesses virtuelles que l'on trouve dans la statique des corps flexibles
par le moyen de l'axiome funiculaire.

**109.** Ce que nous venons de dire de la formule des vitesses virtuelles
au point de vue de la solidification fictive des corps d'un système, tenait
de si près aux équations (3), qui sont au fond toute la statique des corps
flexibles, et qui devraient faire encore le point de départ de la théorie de
la résistance des matériaux (ainsi que MM. *Navier*, *Lamé* et *Clapeyron*,
*Poisson*, *Cauchy*, l'ont enseigné et développé depuis longtemps), que nous
n'aurions pas su en faire l'objet d'une partie convenablement séparée
du texte.

Il faut que nous ayons à parler de l'application de notre principe ou
axiome funiculaire à la statique des corps flexibles, pour que nous trou-
vions l'occasion de faire le nouveau titre qu'on vient de lire.

**110.** Ce principe ou cet axiome, comme on voudra le nommer, s'appliquera de prime abord à un réseau quelconque de lignes droites élastiques,
quand il nous plaira d'imaginer de petits anneaux aux N points du réseau,
et d'autres anneaux pris en dehors dans quelque système rigide; car il
nous suffira ensuite de ne considérer que des forces proportionnelles à des
nombres entiers pour qu'un même fil sans fin, dirigé successivement à
travers tous les anneaux tant intérieurs qu'extérieurs, et à l'aide des artifices que nous avons expliqués dans la statique des corps rigides pour le
cas des forces répulsives dans les droites $r$, puisse nous servir à faire
naitre à lui seul toutes les forces R et P du système, tant intérieures
qu'extérieures.

Nous trouverons alors, pour la longueur du fil entier, la formule

$$L = \text{const} + Pl + P'l' + P''l'' + \ldots\ldots + Rr + R'r' + R''r'' + \ldots\ldots$$

dans laquelle les forces P, R devront être prises avec le signe $+$ ou avec le
signe $-$, selon qu'il y aura mutuelle contraction ou mutuelle répulsion
dans les droites $l$, $r$.

**111.** L'usage le plus suivi, et celui de nos précédents calculs étant au contraire d'affecter du signe + les forces répulsives, et du signe — les forces attractives dans les droites $l, r$, nous prendrons le parti, pour ne pas être en désaccord dans ce qui va suivre, de changer les signes des deux membres de notre formule, de manière à avoir, à ce nouveau point de vue de la règle des signes des forces P, R,

$$- L = - \text{const} + \Sigma Pl + \Sigma Rr$$

et par suite comme condition générale de l'équilibre

$$0 = \Sigma Pdl + \Sigma Rdr$$

112. Mais dans cette question, tous les anneaux du dehors étant supposés invariablement liés au système rigide des axes rectangulaires des $x, y, z$, les anneaux du dedans donneront 3 N coordonnées qui seront toutes complétement indépendantes les unes des autres, de telle sorte qu'on sera parfaitement libre de ne déplacer qu'un anneau à la fois, par exemple celui du point $x, y, z$, ce qui nous ramènera immédiatement aux formules (1) ou (2) ou (3) pour ce point-là, et de même successivement pour tous les autres (*).

113. Si, au contraire, on ne voulait nous accorder que les 3 N équations des N points du système et point l'évidence *à priori* de notre prin-

___

(*) M. Poinsot ayant été conduit dans l'un de ses mémoires à se servir d'un fil inextensible, et à se placer du reste au même point de vue que celui que nous venons d'indiquer aux numéros 110, a cru devoir égaler à une *constante* la quantité finie L, qui, dans notre manière de voir, doit être un *minimum*, et cela nous suggère naturellement les remarques ci-après :

*Premièrement.* La formule de M. Poinsot ne saurait conduire aux relations de l'équilibre d'un seul point $m$ tiré par trois ou par un plus grand nombre de forces vers des points fixes; car, alors, en partant de la position d'équilibre du point $m$, et en se servant d'un fil inextensible, c'est-à-dire en posant

$$Pl + P'l' + P''l'' + \ldots = \text{const.},$$

il n'y aurait plus de mouvement possible, et l'on exprimerait véritablement l'entière fixité du point $m$.

*Secondement.* Dans le cas d'un nombre quelconque d'anneaux réunis entre eux par un fil inexten-

cipe funiculaire, nous conclurions des mêmes calculs, en sens inverse, l'exactitude de la formule

$$0 = \Sigma P dl + \Sigma R dr$$

avec une complète indépendance des 5 N coordonnées des N points du réseau.

114. Or, une fois ce point-là bien établi, nous serons parfaitement libres de faire varier individuellement ou collectivement les coordonnées $x, y, z$ de tels points que nous voudrons.

---

sible, on ne serait pas libre de déplacer arbitrairement un des N points seulement, et par conséquent, de la formule

$$P l + P'l' + P''l'' + \dots + R r + R'r' + R''r'' + \dots = \text{const.},$$

on ne saurait faire sortir les équations (1) pour chacun des N points du système.

*Troisièmement.* Avec plusieurs anneaux, comme avec un seul, il y aura généralement une position où la quantité

$$P l + P'l' + P''l'' + \dots + R r + R'r' + R''r'' + \dots$$

deviendra un minimum absolu. Dans cette position spéciale du système il y aura équilibre, et par conséquent, si, en partant d'un tel état d'équilibre, on écrivait

$$P l + P'l' + P''l'' + \dots + R r + R'r' + R''r'' + \dots = \text{const.},$$

on exprimerait véritablement aussi l'entière fixité du système, pour un nombre quelconque N d'anneaux comme pour un seul.

De ces remarques il résulte que la formule en question de M. Poinsot ne saurait être exacte et utile à la fois que dans les seuls cas où la nature de l'équilibre sera ni stable ni instable, mais exactement indifférente. Hormis ces cas-là, l'usage qu'on voudrait faire de l'unique formule

$$P l + P'l' + P''l'' + \dots + R r + R'r' + R''r'' + \dots = \text{const.}$$

tomberait en dehors de la réalité des choses et ne saurait plus être admis dans un traité de mécanique positive.

Le calcul, à la vérité, n'induirait pas en erreur, parce que la différentielle d'une quantité constante sera égale à zéro comme celle d'une quantité minimum ou maximum; mais dans une science réelle il ne suffira pas que le calcul purement algébrique d'un problème fasse trouver des résultats exacts, il faudra encore que le calcul soit possible, ou, en d'autres termes, il faudra que le principe même du calcul soit exact et réel.

Nous devons donc conclure que l'on a commis une véritable faute jusqu'ici à ne vouloir considérer en statique que des corps rigides et des fils inextensibles; car la prétendue simplification que par là on croyait atteindre devenait au fond une complication, et même une inexactitude, dans le cas vraiment fondamental que nous venons de discuter.

115. Nous pourrons notamment déplacer toutes les pièces du système de manière qu'aucune d'elles ne change de figure, afin que les quantités

$$\Sigma R dr$$

soient toutes nulles dans l'intérieur de ces pièces, et qu'il ne reste plus à considérer que les termes individuels

$$R dr$$

aux différents points de contact des pièces entre elles.

Il nous suffira enfin de ne plus avoir à considérer des résistances au glissement, le long des surfaces qui glisseront en effet les unes contre les autres, pour que nous soyons amenés à la condition d'équilibre

$$0 = \Sigma P dl$$

entre les seules forces extérieures; et comme on aura pour chacune des forces P en particulier :

$$P dl = P \frac{dl}{dx} dx + P \frac{dl}{dy} dy + P \frac{dl}{dz} dz$$

$$l^2 = (x - a)^2 + (y - b)^2 + (z - c)^2$$

$$l \frac{dl}{dx} = x - a, \quad l \frac{dl}{dy} = y - b, \quad l \frac{dl}{dz} = z - c,$$

puis, en désignant par $\alpha, \beta, \gamma$ les angles d'une force répulsive P dans la droite $l$ sur le point $x, y, z,$

$$\cos.\alpha = \frac{x - a}{l} = \frac{dl}{dx}$$

$$\cos.\beta = \frac{y - b}{l} = \frac{dl}{dy}$$

$$\cos.\gamma = \frac{z - c}{l} = \frac{dl}{dz},$$

on voit qu'il s'ensuivra,

$$Pdl = P \cos.\alpha \, dx + P \cos.\beta \, dy + P \cos.\gamma \, dz = Xdx + Ydy + Zdz$$

et qu'enfin, dans le système entier, on devra avoir, comme tout à l'heure :

$$0 = \Sigma(Xdx + Ydy + Zdz).$$

**116.** Mais le principe funiculaire s'appliquera tout aussi bien à des déplacements qui changeront la figure du système, et nous donnera généralement

$$0 = \Sigma Pdl + \Sigma Rdr$$

ou

$$0 = \Sigma(Xdx + Ydy + Zdz) + \Sigma Rdr$$

entre toutes les forces P et R indistinctement.

**117.** Il est vrai que nous avons trouvé la même formule par l'autre méthode en ajoutant les équations

$$0 = X + \Sigma R \frac{dr}{dx}$$

$$0 = Y + \Sigma R \frac{dr}{dy}$$

$$0 = Z + \Sigma R \frac{dr}{dz}$$

multipliées respectivement par $dx$, $dy$, $dz$; mais le point de vue était tout autre, car alors nous devions concevoir un état perpétuel d'équilibre pendant la déformation progressive d'un système, de manière à avoir entre deux limites quelconques $a$, $b$, pour des corps élastiques comme pour des corps non élastiques;

$$0 = \Sigma \int_a^b (Xdx + Ydy + Zdz) + \Sigma \int_a^b Rdr,$$

avec des forces P et R toutes variables, et dont la variabilité avait un caractère implicitement déterminé.

Avec l'axiome funiculaire, au contraire, les forces P et R devront être regardées comme ne variant pas dans leurs intensités pendant une déformation arbitraire et *vraiment virtuelle* du système, de telle sorte qu'en intégrant à ce point de vue la formule

$$0 = \Sigma(X dx + Y dy + Z dz) + \Sigma R dr$$

ou son équivalente

$$0 = \Sigma P dl + \Sigma R dr,$$

on ne trouvera pas un résultat égal à zéro, mais la quantité finie

$$- L$$

de notre principe funiculaire qui devra atteindre une valeur maximum ou minimum dans la position d'équilibre du système, et dont la différentielle seconde nous ferait connaître la stabilité ou l'instabilité de l'équilibre dans le cas où les choses se passeraient, en effet, comme avec l'emploi de notre fil élastique, c'est-à-dire dans le cas où toutes les forces P et R conserveraient les mêmes rapports entre elles pendant le dérangement du système; car si cette condition n'était pas remplie, la nature stable ou instable de l'équilibre en un point $x, y, z$ dépendrait de ce qui va suivre.

Du point de départ de la théorie de la résistance des matériaux, et des conditions de la stabilité de l'équilibre en un point $x, y, z$ d'un réseau de lignes droites élastiques.

**118.** Les forces R étant considérées comme de certaines fonctions des longueurs $r$ dans lesquelles elles résident, on aura

$$R = \varphi(r) = \frac{df(r)}{dr}$$

et les équations de l'équilibre en un point $x, y, z$ pourront être mises sous
la forme

$$0 = X + \Sigma \frac{df}{dx}$$

$$0 = Y + \Sigma \frac{df}{dy}$$

$$0 = Z + \Sigma \frac{df}{dz}$$

d'où l'on voit que dans chacune des positions d'équilibre du système, les
forces $X, Y, Z$ pourront être considérées comme étant les dérivées partielles
en $x, y, z$ de la fonction

$$-\Sigma f(r) = -\Sigma f\left(\sqrt{(x-x')^2 + (y-y')^2 + (z-z')^2}\right)$$

qui pourra varier arbitrairement d'un point $x, y, z$ à un autre point $x', y', z',$
selon la forme géométrique du réseau qu'on voudra se donner.

**119.** Dans un réseau indéfiniment étendu et de même nature partout,
il y aura une certaine régularité dans le changement de la quantité $\Sigma f(r)$
d'un point à un autre.

Mais dans un pareil système, on pourra tracer une surface fermée quelconque S destinée à renfermer dans son intérieur les N nœuds ou points
de jonction d'une partie seulement du système, et alors toutes les forces
mutuelles qui iront des N nœuds situés en dedans de la surface S à d'autres
nœuds situés au dehors, deviendront des forces extérieures à l'égard du
système des N nœuds que l'on voudra considérer à part.

Il suit de là qu'aux approches de la surface S, les quantités ou fonctions

$$\Sigma f(r)$$

seront d'une toute autre espèce que ce qu'elles étaient primitivement dans
le réseau indéfini; car dans le réseau indéfini, le signe $\Sigma$ s'étendait à toutes
les directions de l'espace à l'entour d'un point $x, y, z,$ tandis que dans le

réseau limité, pour un point situé tout à côté de la surface S, le signe $\Sigma$ ne s'étendra plus qu'aux N nœuds renfermés dans cette surface; l'autre partie du signe $\Sigma$, pour tous les nœuds situés en dehors de la surface S, devant être comptée parmi les forces extérieures.

120. Pour lever cette grave difficulté, nous allons reporter notre attention sur le réseau primitif supposé indéfiniment étendu, et d'une forme telle qu'il puisse y avoir quelque régularité dans le changement de la quantité $\Sigma f(r)$ d'un point $x, y, z$ à un autre point voisin $x', y', z'$.

Par le point $x, y, z$, nous concevrons un plan P, dont la normale dirigée comme on voudra fera les angles $\alpha, \beta, \gamma$ avec les axes rectangulaires des $x, y, z$, puis nous décomposerons la quantité totale $\Sigma f(r)$ en deux autres, de manière à avoir

$$\Sigma f(r) = \Sigma_1 f(r) + \Sigma_2 f(r)$$

le signe $\Sigma_1$ ne devant s'étendre qu'à tous les nœuds du réseau indéfini, situés d'un côté du plan P, du côté de la direction des angles $\alpha, \beta, \gamma$, par exemple, et le signe $\Sigma_2$ devant s'étendre à tous les nœuds du réseau indéfini, situés du côté opposé du plan P, c'est-à-dire du côté de la direction des angles supplémentaires $\pi - \alpha, \pi - \beta, \pi - \gamma$.

Il ne pourra y avoir de l'indécision, à ce point de vue des choses, que pour les nœuds du réseau qui tomberont dans le plan P, et cette indécision, nous pourrons encore la faire cesser en menant quelque ligne droite par le point $x, y, z$ dans le plan P, de manière à étendre le signe $\Sigma_1$ à tous les nœuds du plan P situés d'un côté de la droite, et le signe $\Sigma_2$ à tous les nœuds du plan P situés du côté opposé.

Par le moyen de ces conventions, les équations de l'équilibre en un point $x, y, z$ deviendront :

$$0 = X + \Sigma_1 \frac{df}{dx} + \Sigma_2 \frac{df}{dx}$$

$$0 = Y + \Sigma_1 \frac{df}{dy} + \Sigma_2 \frac{df}{dy}$$

$$0 = Z + \Sigma_1 \frac{df}{dz} + \Sigma_2 \frac{df}{dz}$$

et les sommes des dérivées partielles du signe $\Sigma_1$ représenteront les résultantes des forces répulsives de tous les nœuds du réseau situés d'un côté du plan P, tandis que les sommes des dérivées partielles du signe $\Sigma_2$ représenteront les résultantes des forces répulsives de tous les nœuds du réseau situés du côté opposé du plan P.

121. Ces deux groupes de pressions résultantes des signes $\Sigma_1$, $\Sigma_2$, devront être en équilibre avec les forces extérieures X, Y, Z; mais dans un réseau vraiment indéfini, les forces X, Y, Z seront elles-mêmes déjà comprises parmi les forces R, ou bien ce seront des quantités négligeables par rapport aux pressions résultantes des deux parties du système de chaque côté du plan P, et dans ces deux cas, les équations de l'équilibre se réduiront à

$$0 = \Sigma_1 \frac{df}{dx} + \Sigma_2 \frac{df}{dx}$$

$$0 = \Sigma_1 \frac{df}{dy} + \Sigma_2 \frac{df}{dy}$$

$$0 = \Sigma_1 \frac{df}{dz} + \Sigma_2 \frac{df}{dz}$$

Or sous cette forme, comme sous la précédente, il n'y aura pas de difficulté à les concevoir exactement de la même manière dans le système primitif, véritablement indéfini, que dans la partie du système primitif qui sera délimité par la surface S; la seule observation qu'il y aura à faire, c'est que pour un point $x, y, z$ qui tombera tout à côté de la surface S, le plan P devra être mené tangentiellement à cette surface, et qu'alors, en supposant que la somme $\Sigma_1$ se rapporte au même côté du plan P que la surface S, le signe $\Sigma_2$ représentera les pressions du dehors sur la surface S.

A l'aide de ces remarques générales, on doit entrevoir comment il sera possible de fonder une théorie de la résistance des matériaux, quand la forme géométrique du système des lignes droites élastiques d'un corps permettra d'admettre une loi régulière dans les changements des quantités

$$\Sigma_1 f(r), \ \Sigma_2 f(r)$$

d'un point $x, y, z$ du système à un autre point très-voisin $x', y', z'$.

Toute cette matière a reçu, en effet, d'immenses développements par les travaux successifs et simultanés de MM. *Navier, Lamé et Clapeyron, Poisson, Cauchy;* mais il n'est pas à notre connaissance que l'on se soit jamais occupé des conditions de la stabilité de l'équilibre dans un réseau de lignes droites élastiques, et à ce sujet nous exposerons ce qui suit.

122. Les conditions d'équilibre étant supposées remplies en tous les points d'un système, nous pourrons imaginer une forme un peu différente, et alors les forces totales au lieu d'être nulles au point $x, y, z$, se réduiront à

$$dX + \Sigma d\left(\frac{df}{dx}\right)$$

$$dY + \Sigma d\left(\frac{df}{dy}\right)$$

$$dZ + \Sigma d\left(\frac{df}{dz}\right)$$

au point $x + dx,\ y + dy,\ z + dz$.

123. Si nous désignons par

$dF$ la résultante de ces trois forces différentielles,

$ds$ la diagonale du parallélipipède des trois longueurs infiniment petites $dx, dy, dz$, nous aurons

$$dFds \cos (\widehat{dF, ds}) = (dxdX + dydY + dzdZ) +$$
$$+ \Sigma\left[ dxd\left(\frac{df}{dx}\right) + dyd\left(\frac{df}{dy}\right) + dzd\left(\frac{df}{dz}\right)\right]$$

et le point $x, y, z$, actuellement déplacé, reviendra de lui-même à sa position initiale, ou s'en écartera davantage, selon que l'angle des longueurs $dF, ds$ sera obtus ou aigu, c'est-à-dire selon que le deuxième membre de l'équation que nous venons d'écrire sera négatif ou positif.

124. Cette équation pourra toujours être mise sous la forme

$$dFds \cos (\widehat{dF, ds}) = (dxdX + dydY + dzdZ) +$$
$$+ \Sigma d\left(\frac{df}{dx} dx + \frac{df}{dy} dy + \frac{df}{dz} dz\right)$$

mais la quantité entre parenthèses sous les signes $\Sigma$ et $d$ dans le deuxième membre, ne sera que la différentielle de l'une des fonctions $f(r)$ par rapport aux variables $x, y, z$, tandis que la lettre $d$ qui affectera cette quantité se rapportera à la fois aux six variables $(x, y, z)$, $(x', y', z')$, desquelles dépendra la longueur correspondante $r$.

Il suit de là que si nous avions à faire la somme de pareilles équations en tous les points du système, nous aurions

$$\Sigma dF ds \cos(\widehat{dF, ds}) = \Sigma(dx dX + dy dY + dz dZ) + \Sigma d^2 f$$

la quantité $d^2 f$ étant la différentielle seconde *complète* de l'une des fonctions $f(r)$ par rapport aux six variables $(x, y, z)$, $(x', y', z')$ de cette fonction.

125. Quand nous ne voudrons déplacer qu'un point à la fois, en regardant les autres points du système comme fixes, nous aurons

$$dF ds \cos(\widehat{F, ds}) = (dx dX + dy dY + dz dZ) + \Sigma d^2 f$$

la quantité $d^2 f$ n'étant plus que la différentielle seconde *partielle* de l'une des fonctions $f(r)$ par rapport aux seules variables $x, y, z$ de cette fonction.

126. Quand, en outre, les forces $X, Y, Z$ ne devront pas varier avec le dérangement du système, nous aurons

$$dX = 0, \; dY = 0, \; dZ = 0$$

et par conséquent alors la stabilité ne pourra être complétement assurée au point $x, y, z$ qu'autant que la quantité résultante

$$\Sigma d^2 f$$

en ce point, sera essentiellement négative.

On aura d'ailleurs

$$df = \frac{df}{dr}\, dr$$

$$d^2f = \frac{d^2f}{dr^2}\, dr^2 + \frac{df}{dr}\, d^2r ,$$

et par conséquent la condition de la stabilité au point $x, y, z$ pourra encore être énoncée en disant que la quantité

$$\Sigma\, \frac{d^2f}{dr^2}\, dr^2 + \Sigma\, \frac{df}{dr}\, d^2r$$

ou

$$\Sigma\, \frac{dR}{dr}\, dr^2 + \Sigma R d^2r$$

devra être essentiellement négative.

127. Quand on supposera exceptionnellement

$$R = \text{const.}$$

il restera

$$\Sigma R d^2r ,$$

comme par l'axiome funiculaire.

128. Mais, en général, on aura

$$df = \frac{df}{dr}\, dr = \frac{1}{r}\, \frac{df}{dr}\, (r dr) ,$$

et par le moyen des notations auxiliaires

$$f' = \frac{1}{r}\, \frac{df}{dr}$$

$$f'' = \frac{1}{r}\, \frac{df'}{dr}$$

$$f''' = \frac{1}{r}\, \frac{df''}{dr}$$

$$\cdots \cdots$$

on trouvera :

$$df = f'rdr$$
$$d^2f = f'd(rdr) + f''(rdr)^2$$
$$d^3f = f'd^2(rdr) + 3f''rdrd(rdr) + f'''(rdr)^3$$
$$d^4f = f'd^3(rdr) + f''\{4rdrd^2(rdr) + 3[d(rdr)]^2\} + 6f'''(rdr)^2 d(rdr) + f''''(rdr)^4$$
$$d^5f = \ldots\ldots$$
$$\ldots\ldots\ldots$$

On aura en même temps ,

$$r^2 = (x - x')^2 + (y - y')^2 + (z - z')^2$$
$$rdr = (x - x')dx + (y - y')dy + (z - z')dz$$
$$d(rdr) = dx^2 + dy^2 + dz^2$$
$$d^2(rdr) = 0$$
$$d^3(rdr) = 0$$
$$\ldots\ldots\ldots$$
$$\ldots\ldots\ldots$$

et par conséquent ,

$$df = f'[(x - x')dx + (y - y')dy + (z - z')dz$$
$$d^2f = f'[dx^2 + dy^2 + dz^2] + f''[(x - x')dx + (y - y')dy + (z - z')dz]^2$$
$$d^3f = \ldots\ldots$$
$$\ldots\ldots\ldots$$

129. Ainsi, en posant

$$A = \Sigma f' + \Sigma f''(x - x')^2$$
$$B = \Sigma f' + \Sigma f''(y - y')^2$$
$$C = \Sigma f' + \Sigma f''(z - z')^2$$
$$a = \Sigma f''(y - y')(z - z')$$
$$b = \Sigma f''(z - z')(x - x')$$
$$c = \Sigma f''(x - x')(y - y'),$$

il viendra

$$\Sigma d^2f = Adx^2 + Bdy^2 + Cdz^2 + 2a\,dy\,dz + 2b\,dz\,dx + 2c\,dx\,dy,$$

et ce sera ce polynôme du deuxième degré en $dx, dy, dz$ qui devra être essentiellement négatif, pour que l'équilibre soit absolument stable au point $x, y, z$.

150. On aura d'ailleurs

$$\frac{df}{dr} = \mathrm{R},$$

par conséquent,

$$f' = \frac{1}{r} \frac{df}{dr} = \frac{\mathrm{R}}{r}$$

$$f'' = \frac{1}{r} \frac{df'}{dr} = \frac{1}{r} \frac{d\dfrac{\mathrm{R}}{r}}{dr} = \frac{1}{r^2} \frac{d\mathrm{R}}{dr} - \frac{\mathrm{R}}{r^3};$$

puis identiquement,

$$f = \frac{\mathrm{R}}{r} = \frac{\mathrm{R}}{r^3} [(x - x')^2 + (y - y') + (z - z')^2]$$

et par suite :

$$A = \ \Sigma \frac{\mathrm{R}}{r^3} [(y - y')^2 + (z - z')^2] + \Sigma \frac{1}{r^2} \frac{d\mathrm{R}}{dr} (x - x')^2$$

$$B = \ \Sigma \frac{\mathrm{R}}{r^3} [(z - z')^2 + (x - x')^2] + \Sigma \frac{1}{r^2} \frac{d\mathrm{R}}{dr} (y - y')^2$$

$$C = \ \Sigma \frac{\mathrm{R}}{r^3} [(x - x')^2 + (y - y')^2] + \Sigma \frac{1}{r^2} \frac{d\mathrm{R}}{dr} (z - z')^2$$

$$a = -\Sigma \frac{\mathrm{R}}{r^3} (y - y')(z - z') + \Sigma \frac{1}{r^2} \frac{d\mathrm{R}}{dr} (y - y')(z - z')$$

$$b = -\Sigma \frac{\mathrm{R}}{r^3} (z - z')(x - x') + \Sigma \frac{1}{r^2} \frac{d\mathrm{R}}{dr} (z - z')(x - x')$$

$$c = -\Sigma \frac{\mathrm{R}}{r^3} (x - x')(y - y') + \Sigma \frac{1}{r^2} \frac{d\mathrm{R}}{dr} (x - x')(y - y').$$

Ce qui nous permettra encore de poser,

$$\Sigma d^2 f = \Sigma \frac{\mathrm{R}}{r^3} \left\{ [(y - y')dz - (z - z')dy]^2 + [(z - z')dx - (x - x')dz]^2 + \right.$$
$$\left. + [(x - x')dy - (y - y')dx]^2 \right\} + \Sigma \frac{1}{r^2} \frac{d\mathrm{R}}{dr} [(x - x')dx + (y - y')dy + (z - z')dz]^2,$$

c'est-à-dire de transformer la quantité $\Sigma\, d^2 f$ en une somme de carrés multipliés respectivement par les fonctions

$$\frac{R}{r^3}, \quad \frac{1}{r^2}\, \frac{dR}{dr}.$$

131. Nous nous bornerons à faire remarquer qu'avec des forces de traction seulement, dont les intensités iront en augmentant avec les longueurs $r$, les quantités

$$R \text{ et } \frac{dR}{dr}$$

seront toutes essentiellement négatives, et qu'alors la stabilité de l'équilibre au point $x, y, z$ sera parfaitement assurée.

Il faudrait qu'il n'y eût que deux forces égales et contraires en un point $x, y, z$ pour que la quantité $\Sigma\, d^2 f$, dont nous venons de trouver le développement exact, pût se réduire exceptionnellement à zéro dans un plan mené perpendiculairement à la commune direction des deux forces.

# NOTE

AYANT POUR OBJET LA THÉORIE COMPLÈTE DES VITESSES VIRTUELLES
DANS LA STATIQUE DES CORPS FLEXIBLES.

## I.

Les équations nécessaires et suffisantes de l'équilibre en un point $x, y, z$ étant

$$0 = \mathrm{X} + \Sigma \mathrm{R} \frac{dr}{dx} \\ 0 = \mathrm{Y} + \Sigma \mathrm{R} \frac{dr}{dy} \\ 0 = \mathrm{Z} + \Sigma \mathrm{R} \frac{dr}{dz}, \qquad (1)$$

nous pourrons multiplier ces équations par trois constantes arbitraires $\Delta x, \Delta y, \Delta z$, ce qui nous donnera,

$$0 = \mathrm{X}\Delta x + \Sigma \mathrm{R} \frac{dr}{dx} \Delta x$$

$$0 = \mathrm{Y}\Delta y + \Sigma \mathrm{R} \frac{dr}{dy} \Delta y$$

$$0 = \mathrm{Z}\Delta z + \Sigma \mathrm{R} \frac{dr}{dz} \Delta z.$$

Nous pourrons écrire de pareilles équations pour tous les points d'un système et en faire la somme, afin de ne plus avoir à considérer que la formule unique

$$0 = \Sigma \left( \mathrm{X}\Delta x + \mathrm{Y}\Delta y + \mathrm{Z}\Delta z \right) + \Sigma \mathrm{R} \left( \frac{dr}{dx}\Delta x + \frac{dr}{dy}\Delta y + \frac{dr}{dz}\Delta z + \frac{dr}{dx'}\Delta x' + \frac{dr}{dy'}\Delta y' + \frac{dr}{dz'}\Delta z' \right)$$

qui équivaudra parfaitement aux 3N équations distinctes, dont elle proviendra, puisque les 3N constantes qui s'y trouvent seront absolument arbitraires. Ce sera par conséquent la formule de l'équilibre la plus générale qu'il soit possible d'imaginer, et la plus simple en même temps, ainsi que nous allons le faire voir dans le cours de cette note.

Mais d'abord nous donnerons un sens interprétatif à l'équation, en imaginant que de chaque point $x, y, z$ il s'agisse de passer *virtuellement*, c'est-à-dire fictivement, au point correspondant

$$x + \Delta x, \quad y + \Delta y, \quad z + \Delta z,$$

et nous dirons que les produits

$$X\Delta x, \quad Y\Delta y, \quad Z\Delta z$$

sont les moments virtuels des forces $X$, $Y$, $Z$.

Nous conviendrons aussi, *par définition expresse*, de désigner par $\Delta r$ la quantité qui dans notre formule servira à multiplier la commune intensité R de deux forces répulsives dans une droite $r$, de telle sorte que par analogie avec l'expression différentielle

$$dr = \left(\frac{dr}{dx}\,dx + \frac{dr}{dy}\,dy + \frac{dr}{dz}\,dz\right) + \left(\frac{dr}{dx'}\,dx' + \frac{dr}{dy'}\,dy' + \frac{dr}{dz'}\,dz'\right)$$

nous aurons, dans l'entière rigueur des choses,

$$\Delta r = \left(\frac{dr}{dx}\,\Delta x + \frac{dr}{dy}\,\Delta y + \frac{dr}{dz}\,\Delta z\right) + \left(\frac{dr}{dx'}\,\Delta x' + \frac{dr}{dy'}\,\Delta y' + \frac{dr}{dz'}\,\Delta z'\right),$$

et que notre formule d'équilibre se réduira à

$$0 = \Sigma\,(X\Delta x + Y\Delta y + Z\Delta z) + \Sigma R\Delta r, \qquad (2)$$

les termes

$$R\Delta r$$

étant ce que nous nommerons les moments virtuels des forces R.

De cette manière nous aurons toujours,

$$r^2 = (x - x')^2 + (y - y')^2 + (z - z')^2 = (x' - x)^2 + (y' - y)^2 + (z' - z)^2$$

$$r\,\frac{dr}{dx} = x - x', \quad r\,\frac{dr}{dx'} = x' - x$$

$$r\,\frac{dr}{dy} = y - y', \quad r\,\frac{dr}{dy'} = y' - y$$

$$r\,\frac{dr}{dz} = z - z', \quad r\,\frac{dr}{dz'} = z' -$$

et par conséquent sous forme explicite,

$$r\Delta r = (x - x')(\Delta x - \Delta x') + (y - y')(\Delta y - \Delta y') + (z - z')(\Delta z - \Delta z'), \qquad (3)$$

les longueurs $r$ devant être regardées comme essentiellement positives, et les forces $R$ de la formule (2) devant être affectées du signe $+$ ou du signe $-$, selon qu'il y aura mutuelle répulsion ou mutuelle attraction dans les droites $r$.

Mais pour compléter le sens interprétatif que nous voulons attacher à nos formules, il sera nécessaire encore que nous portions notre attention sur la distance $r_{\prime}$, qui joindra le point

$$x + \Delta x, \quad y + \Delta y, \quad z + \Delta z$$

au point

$$x' + \Delta x', \quad y' + \Delta y', \quad z' + \Delta z'.$$

Nous aurons donc,

$$r^2 = (x - x')^2 + (y - y')^2 + (z - z')^2$$
$$r_{\prime}^2 = (x + \Delta x - x' - \Delta x')^2 + (y + \Delta y - y' - \Delta y')^2 + (z + \Delta z - z' - \Delta z')^2$$

et pour les angles des droites $r, r_{\prime}$, avec les axes rectangulaires des $x, y, z$,

$$\cos. \alpha = \frac{x - x'}{r}, \quad \cos. \alpha_{\prime} = \frac{x + \Delta x - x' - \Delta x'}{r_{\prime}}$$

$$\cos. \beta = \frac{y - y'}{r}, \quad \cos. \beta_{\prime} = \frac{y + \Delta y - y - \Delta y'}{r_{\prime}}$$

$$\cos. \gamma = \frac{z - z'}{r}, \quad \cos. \gamma_{\prime} = \frac{z + \Delta z - z' - \Delta z'}{r_{\prime}}$$

par suite, l'angle compris entre les deux droites se trouvera au moyen de la formule

$$\cos. \widehat{(r_{\prime}, r)} = \cos. \alpha \cos. \alpha_{\prime} + \cos. \beta \cos. \beta_{\prime} + \cos. \gamma \cos. \gamma_{\prime}$$
$$= \frac{(x-x')^2+(x-x')(\Delta x-\Delta x')+(y-y')^2+(y-y')(\Delta y-\Delta y')+(z-z')^2+(z-z')(\Delta z-\Delta z')}{r r_{\prime}},$$

qui nous donnera

$$\left.\begin{aligned}
\cos. \widehat{(r_{\prime}, r)} &= \frac{r + \Delta r}{r_{\prime}}, \\
\Delta r &= r_{\prime} \cos. \widehat{(r_{\prime}, r)} - r.
\end{aligned}\right\} \qquad (4)$$

ou bien

Ce sera là une conséquence de la définition que nous avons adoptée pour la quantité $\Delta r$, où inversement si l'on préférait ériger en définition la relation

$$\Delta r = r, \cos. \widehat{(r, , r)} - r$$

on trouverait, par la marche inverse du calcul, la formule ci-dessus :

$$r\Delta r = (x - x')(\Delta x - \Delta x') + (y - y')(\Delta y - \Delta y') + (z - z')(\Delta z - \Delta z')$$

Pareillement quand $X, Y, Z$ seront les composantes d'une force $P$ dirigée d'un point fixe $a, b, c$ vers un point mobile $x, y, z$, nous aurons

$$l^2 = (x - a)^2 + (y - b)^2 + (z - c)^2,$$

d'où,

$$l\frac{dl}{dx} = x - a$$

$$l\frac{dl}{dy} = y - b$$

$$l\frac{dl}{dz} = z - c;$$

par suite ,

$$X = P \cos. \alpha = P\frac{x - a}{l} = P\frac{dl}{dx}$$

$$Y = P \cos. \beta = P\frac{y - b}{l} = P\frac{dl}{dy}$$

$$Z = P \cos. \gamma = P\frac{z - c}{l} = P\frac{dl}{dz}$$

$$X\Delta x + Y\Delta y + Z\Delta z = P\left[\frac{dl}{dx}\Delta x + \frac{dl}{dy}\Delta y + \frac{dl}{dz}\Delta z\right]$$

et d'après la définition admise pour la quantité $\Delta r$, nous devrons écrire ici

$$\Delta l = \frac{dl}{dx}\Delta x + \frac{dl}{dy}\Delta y + \frac{dl}{dz}\Delta z,$$

ce qui nous donnera

puis ,

ou bien ,

$$\left.\begin{array}{l} l\Delta l = (x - a)\Delta x + (y - b)\Delta y + (z - c)\Delta z, \\[2mm] \cos.\widehat{(l, , l)} = \frac{l + \Delta l}{l,}, \\[2mm] \Delta l = l, \cos.\widehat{(l, , l)} - l \end{array}\right\} \qquad (5)$$

et par ce moyen nous aurons, dans l'entière rigueur des choses,

$$X \Delta x + Y \Delta y + Z \Delta z = P \Delta l; \qquad (6)$$

par suite, la formule générale de l'équilibre pourra être mise sous la forme très-simple

$$0 = \Sigma P \Delta l + \Sigma R \Delta r, \qquad (7)$$

mais il restera à savoir de quelle utilité pourra être un pareil système de notations, et cela ne sera pas difficile.


## II.


D'abord, en imaginant que les points $(x, y, z)$, $(x', y', z')$,.... soient déplacés arbitrairement le long de telles courbes qu'on voudra, nous serons toujours libres de faire

$$\Delta x = dx, \ \Delta x' = dx', \ \Delta x'' = dx'' \ldots \ldots$$
$$\Delta y = dy, \ \Delta y' = dy', \ \Delta y'' = dy'', \ldots \ldots$$
$$\Delta z = dz, \ \Delta z' = dz', \ \Delta z'' = dz'', \ldots \ldots$$

puisqu'on a vu que les chemins virtuels de nos formules sont complétement arbitraires, et comme en faisant cela nous trouverons

$$\Delta l = dl, \ \Delta r = dr;$$

il s'ensuit qu'alors notre formule (7) se changera en

$$0 = \Sigma P dl + \Sigma R dr,$$

c'est-à-dire que la quantité finie

$$-L = \Sigma P l + \Sigma R r \qquad (8)$$

devra se réduire à une valeur maximum ou minimum, quand on n'y fera pas varier les intensités des forces $P, R$, ce qui démontrera justement notre principe funiculaire dans son entière pureté.

Cette quantité sera d'ailleurs un maximum ou un minimum et non une constante, parce que sa différentielle seconde

$$\Sigma P d^2 l + \Sigma R d^2 r$$

ne pourra généralement pas être égale à zéro, ainsi que nous allons le faire voir.

On aura en effet

$$\Sigma P dl = \Sigma P\left[\frac{dl}{dx}dx + \frac{dl}{dy}dy + \frac{dl}{dz}dz\right],$$

$$\Sigma R dr = \Sigma R\left[\frac{dr}{dx}dx + \frac{dr}{dy}dy + \frac{dr}{dz}dz + \frac{dr}{dx'}dx' + \frac{dr}{dy'}dy' + \frac{dr}{dz'}dz'\right],$$

d'où

$$\Sigma P d^2 l = \Sigma P\left[\frac{dl}{dx}d^2x + \frac{dl}{dy}d^2y + \frac{dl}{dz}d^2z\right]$$
$$+ \Sigma P\left[dxd\left(\frac{dl}{dx}\right) + dyd\left(\frac{dl}{dy}\right) + dzd\left(\frac{dl}{dz}\right)\right],$$

$$\Sigma R d^2 r = \Sigma R\left[\frac{dr}{dx}d^2x + \frac{dr}{dy}d^2y + \frac{dr}{dz}d^2z + \frac{dr}{dx'}d^2x' + \frac{dr}{dy'}d^2y' + \frac{dr}{dz'}d^2z'\right]$$
$$+ \Sigma R\left[dxd\left(\frac{dr}{dx}\right) + dyd\left(\frac{dr}{dy}\right) + dzd\left(\frac{dr}{dz}\right) + dx'd\left(\frac{dr}{dx'}\right) + dy'd\left(\frac{dr}{dy'}\right) + dz'd\left(\frac{dr}{dz'}\right)\right].$$

Nous serons libres ensuite de faire

$$\Delta x = d^2x, \quad \Delta x' = d^2x', \quad \Delta x'' = d^2x'' \ldots \ldots$$
$$\Delta y = d^2y, \quad \Delta y' = d^2y', \quad \Delta y'' = d^2y'' \ldots \ldots$$
$$\Delta z = d^2z, \quad \Delta z' = d^2z', \quad \Delta z'' = d^2z'' \ldots \ldots$$

dans la formule (6), et comme en faisant cela nous trouverons

$$\Delta l = \frac{dl}{dx}d^2x + \frac{dl}{dy}d^2y + \frac{dl}{dz}d^2z$$
$$\Delta r = \frac{dr}{dx}d^2x + \frac{dr}{dy}d^2y + \frac{dr}{dz}d^2z + \frac{dr}{dx'}d^2x' + \frac{dr}{dy'}d^2y' + \frac{dr}{dz'}d^2z',$$

il s'ensuit que la différentielle seconde de la fonction

$$\Sigma P l + \Sigma R r$$

dans laquelle on ne fera pas varier les quantités P, R, se réduira à deux sommes distinctes, dont l'une

$$\Sigma P \Delta l + \Sigma R \Delta r$$

sera égale à zéro, et dont l'autre restera de la forme

$$\Sigma P\left[dxd\left(\frac{dl}{dx}\right) + dyd\left(\frac{dl}{dy}\right) + dzd\left(\frac{dl}{dz}\right)\right]$$
$$+ \Sigma R\left[dxd\left(\frac{dr}{dx}\right) + dyd\left(\frac{dr}{dy}\right) + dzd\left(\frac{dr}{dz}\right) + dx'd\left(\frac{dr}{dx'}\right) + dy'd\left(\frac{dr}{dy'}\right) + dz'd\left(\frac{dr}{dz'}\right)\right],$$

le signe $d$ qui affectera les six quantités

$$\frac{dr}{dx}, \quad \frac{dr}{dy}, \quad \frac{dr}{dz}$$

$$\frac{dr}{dx'}, \quad \frac{dr}{dy'}, \quad \frac{dr}{dz'}$$

indiquant la différentiation complète de chacune de ces quantités, par rapport aux six variables $(x, y, z)$, $(x', y', z')$ qui s'y trouveront, et toutes les dérivées secondes des longueurs $l, r$ pouvant être déterminées explicitement par les différentiations successives des relations connues

$$l\frac{dl}{dx} = x - a$$

$$l\frac{dl}{dy} = y - b$$

$$l\frac{dl}{dz} = z - c$$

$$r\frac{dr}{dx} = x - x', \quad r\frac{dr}{dx'} = x' - x$$

$$r\frac{dr}{dy} = y - y', \quad r\frac{dr}{dy'} = y' - y$$

$$r\frac{dr}{dz} = z - z', \quad r\frac{d}{dz'} = z' - z$$

## III.

Une autre remarque que nous avons à faire, c'est que l'on aura toujours

$$Pl = P\frac{x-a}{l}(x-a) + P\frac{y-b}{l}(y-b) + P\frac{z-c}{l}(z-c) = X(x-a) + Y(y-b) + Z(z-c)$$

et que par suite, la fonction

$$-L = \Sigma Pl + \Sigma Rr$$

de notre principe funiculaire se réduira explicitement à

$$-L = -\Sigma(aX + bY + cZ) + \Sigma(Xx + Yy + Zz) + \Sigma Rr \qquad (9)$$

Mais cette transformation ne serait d'aucune utilité, si pendant la différentiation nous devions faire varier les forces $X, Y, Z$, conformément aux relations

$$X = P \frac{dl}{dx} = P \frac{(x-a)}{l}$$

$$Y = P \frac{dl}{dy} = P \frac{(y-b)}{l}$$

$$Z = P \frac{dl}{dz} = P \frac{(z-c)}{l}$$

en y regardant comme constante la force $P$.

Elle sera au contraire fort utile quand nous prendrons la formule de l'équilibre sous la forme

$$0 = \Sigma(X\Delta x + Y\Delta y + Z\Delta z) + \Sigma R \Delta r,$$

parce qu'alors, en faisant

$$\Delta x = dx \ , \quad \Delta x' = dx' \ , \quad \Delta x'' = dx'' \ , \ \ldots \ldots$$
$$\Delta y = dy \ , \quad \Delta y' = dy' \ , \quad \Delta y'' = dy'' \ , \ \ldots \ldots$$
$$\Delta z = dz \ , \quad \Delta z' = dz' \ , \quad \Delta z'' = dz'' \ , \ \ldots \ldots$$

ce qui sera toujours permis, nous aurons comme condition d'équilibre

$$0 = \Sigma(X dx + Y dy + Z dz) + \Sigma R dr$$

et que par là nous voyons qu'au lieu de rendre un maximum ou un minimum la fonction complète

$$-L = \Sigma P l + \Sigma R r$$

sans faire varier les forces $P, R$, nous serons tout aussi libres de ne rendre un maximum ou un minimum que la fonction partielle

$$\Sigma(X x + Y y + Z z) + \Sigma R r \qquad\qquad (10)$$

à la condition de ne faire varier ni les forces $R$, ni les forces $X, Y, Z$ pendant la différentiation.

Il est vrai que la fonction complète

$$-L = (aX + bY + cZ) + \Sigma(X x + Y y + Z z) + \Sigma R r$$

nous conduirait à la même conséquence, si nous convenions de ne pas y faire varier les composantes $X, Y, Z$ des forces $P$; mais comme l'hypothèse de l'invariabilité des composantes $X, Y, Z$ exige implicitement que, pendant le déplacement du système, les forces $P$ conservent à la fois les mêmes intensités et les mêmes directions, ce qui suppose des points fixes $(a, b, c)$,

$(a', b', c'), \ldots$ infiniment éloignés, il s'ensuit que, de cette manière, nous ne pourrions reconnaître la propriété des maxima et minima de la fonction partielle

$$\Sigma(\mathrm{X}x + \mathrm{Y}y + \mathrm{Z}z) + \Sigma \mathrm{R}r$$

que pour le cas unique des forces parallèles et constantes pendant le déplacement du système, avec la difficulté encore de ne pas être certains que la propriété des maxima et minima de la fonction complète $-\mathrm{L}$ ne tombera pas en défaut quand le terme

$$\Sigma(a\mathrm{X} + b\mathrm{Y} + c\mathrm{Z})$$

y prendra une valeur infiniment grande; au lieu que de l'autre manière nous avons réussi à démontrer que, dans tous les cas, quelles que puissent être les valeurs finies ou infiniment grandes des coordonnées constantes $(a, b, c)$, $(a', b', c'), \ldots$, il sera permis de ne pas en tenir compte, et de ne pas faire varier les composantes X, Y, Z des forces P pendant la différentiation, pourvu qu'on n'ait en vue que les relations de l'équilibre et non les conditions de la stabilité d'un système.

Pour qu'il n'y ait pas de contradiction en cela, il faudra que dans la différentiation de la fonction complète $-\mathrm{L}$ on ait séparément

$$0 = -\Sigma[ad\mathrm{X} + bd\mathrm{Y} + cd\mathrm{Z}] + \Sigma[xd\mathrm{X} + yd\mathrm{Y} + zd\mathrm{Z}],$$

ou,

$$0 = \Sigma[(x - a)d\mathrm{X} + (y - b)d\mathrm{Y} + (z - c)d\mathrm{Z}]; \tag{11}$$

Si nous remontons, en effet, aux formules connues

$$x - a = l\,\frac{dl}{dx}, \quad \mathrm{X} = \mathrm{P}\,\frac{dl}{dx}$$

$$y - b = l\,\frac{dl}{dy}, \quad \mathrm{Y} = \mathrm{P}\,\frac{dl}{dy}$$

$$z - c = l\,\frac{dl}{dz}, \quad \mathrm{Z} = \mathrm{P}\,\frac{dl}{dz},$$

la relation en question deviendra

$$0 = \Sigma \mathrm{P}l \left[ \frac{dl}{dx}\,d\,\frac{dl}{dx} + \frac{dl}{dy}\,d\,\frac{dl}{dy} + \frac{dl}{dz}\,d\,\frac{dl}{dz} \right],$$

ou,

$$0 = \frac{1}{2}\,\Sigma \mathrm{P}l\,d \left[ \left(\frac{dl}{dx}\right)^2 + \left(\frac{dl}{dy}\right)^2 + \left(\frac{dl}{dz}\right)^2 \right]$$

et comme on aura

$$\left(\frac{dl}{dx}\right)^2 + \left(\frac{dl}{dy}\right)^2 + \left(\frac{dl}{dz}\right)^2 = 1,$$

il s'ensuit que cette relation sera nécessairement vraie.

Pour compléter cette discussion, il nous reste encore à prouver que la fonction partielle

$$\Sigma(\mathrm{X}x + \mathrm{Y}y + \mathrm{Z}z) + \Sigma\mathrm{R}r$$

ne devra être véritablement qu'un maximum ou un minimum et non une constante, quand on y fera varier seulement les coordonnées $(x, y, z)$, $(x', y', z')$,..... et les distances $r$ qui en dépendront.

La différentielle première sera en effet

$$\Sigma(\mathrm{X}dx + \mathrm{Y}dy + \mathrm{Z}dz) + \Sigma\mathrm{R}\left[\frac{dr}{dx}dx + \frac{dr}{dy}dy + \frac{dr}{dz}dz + \frac{dr}{dx'}dx' + \frac{dr}{dy'}dy' + \frac{dr}{dz'}dz'\right]$$

et se réduira à zéro, puisque dans la formule

$$0 = \Sigma(\mathrm{X}\Delta x + \mathrm{Y}\Delta y + \mathrm{Z}\Delta z) + \Sigma\mathrm{R}\Delta r$$

il nous sera toujours loisible de faire

$$\Delta x = dx \;, \quad \Delta x' = dx' \;, \quad \Delta x'' = dx'' \;, \ldots\ldots$$
$$\Delta y = dy \;, \quad \Delta y' = dy' \;, \quad \Delta y'' = dy'' \;, \ldots\ldots$$
$$\Delta z = dz \;, \quad \Delta z' = dz' \;, \quad \Delta z'' = dz'' \;, \ldots\ldots;$$

puis la différentielle seconde sera

$$\Sigma(\mathrm{X}d^2x + \mathrm{Y}d^2y + \mathrm{Z}d^2z) +$$
$$+ \Sigma\mathrm{R}\left[\frac{dr}{dx}d^2x + \frac{dr}{dy}d^2y + \frac{dr}{dz}d^2z + \frac{dr}{dx'}d^2x' + \frac{dr}{dy'}d^2y' + \frac{dr}{dz'}d^2z'\right]$$
$$+ \Sigma\mathrm{R}\left[dxd\left(\frac{dr}{dx}\right) + dyd\left(\frac{dr}{dz}\right) + dzd\left(\frac{dr}{dz}\right) + dx'd\left(\frac{dr}{dx'}\right) + dy'd\left(\frac{dr}{dy'}\right) + dz'd\left(\frac{dr}{dz'}\right)\right]$$

et les termes résultants de la première ligne seulement se réduiront à zéro quand nous ferons

$$\Delta x = d^2x \;, \quad \Delta x' = d^2x' \;, \ldots\ldots$$
$$\Delta y = d^2y \;, \quad \Delta y' = d^2y' \;, \ldots\ldots$$
$$\Delta z = d^2z \;, \quad \Delta z' = d^2z' \;, \ldots\ldots$$

dans la formule (2), tandis que le dernier terme persistera.

# IV.

Si nous convenons de désigner par

$u, v, w$   les projections des droites $r$ | sur les axes rectangulaires des $x, y, z$,
$U, V, W$ les projections des forces $R$ |

chacune de ces projections étant prise avec le même signe que celle des longueurs $r$, $R$ dont elle proviendra, ce qui revient à dire que les longueurs $u, v, w$ seront essentiellement positives, et que les forces $U, V, W$ devront être prises avec le signe $+$ ou avec le signe $-$, selon qu'il y aura des forces répulsives ou des forces attractives dans les droites $r$, nous aurons à la fois

$$u = r \cos.\alpha \;, \quad U = R \cos.\alpha$$
$$v = r \cos.\beta \;, \quad V = R \cos.\beta$$
$$w = r \cos.\gamma \;, \quad W = R \cos.\gamma,$$

d'où,

$$Uu = Rr \cos.^2\alpha = Rr \left( \frac{x - x'}{r} \right)^2$$

$$Vv = Rr \cos.^2\beta = Rr \left( \frac{y - y'}{r} \right)^2$$

$$Ww = Rr \cos.^2\gamma = Rr \left( \frac{z - z'}{r} \right)^2$$

et par conséquent,

$$Uu = Vv + Ww = Rr \,, \tag{12}$$

ce qui nous montre que les forces résultantes $R$ dans les droites obliques $r$ pourront être remplacées par les forces composantes $U, V, W$ dans les projections $u, v, w$ de ces obliques.

Cela étant, si nous prenons la formule de l'équilibre sous la forme

$$0 = \Sigma (X\Delta x + Y\Delta y + Z\Delta z) +$$
$$+ \Sigma \left[ \left( R \frac{dr}{dx} \right) \Delta x + \left( R \frac{dr}{dy} \right) \Delta y + \left( R \frac{dr}{dz} \right) \Delta z + \left( R \frac{dr}{dx'} \right) \Delta x' + \left( R \frac{dr}{dy'} \right) \Delta y' + \left( R \frac{dr}{dz'} \right) dz' \right],$$

et que nous y fassions

$$\Delta x = dx, \quad \Delta x' = dx', \quad \Delta x'' = dx'', \dots$$
$$\Delta y = dy, \quad \Delta y' = dy', \quad \dots$$
$$\Delta z = dz, \quad \Delta z' = dz', \quad \dots$$

nous trouverons

$$0 = \Sigma(X\,dx + Y\,dy + Z\,dz) +$$

$$+ \Sigma\left[\left(R\,\frac{dr}{dx}\right)dx + \left(R\,\frac{dr}{dy}\right)dy + \left(R\,\frac{dr}{dz}\right)dz + \left(R\,\frac{dr}{dx'}\right)dx' + \left(R\,\frac{dr}{dy'}\right)dy' + \left(R\,\frac{dr}{dz'}\right)dz'\right],$$

ce qui nous montre que dans le cas où nous ne voudrons faire varier ni les composantes $X$, $Y$, $Z$ des forces $P$, ni les composantes $R\,\frac{dr}{dx}$, $R\,\frac{dr}{dy}$, $R\,\frac{dr}{dz}$, $R\,\frac{dr}{dx'}$, . . . . des forces $R$, la théorie de l'équilibre se réduira à rendre un maximum ou un minimum la fonction

$$\Sigma(Xx + Yy + Zz) +$$

$$+ \Sigma\left[\left(R\,\frac{dr}{dx}\right)x + \left(R\,\frac{dr}{dy}\right)y + \left(R\,\frac{dr}{dz}\right)z + \left(R\,\frac{dr}{dx'}\right)x' + \left(R\,\frac{dr}{dy'}\right)y' + \left(R\,\frac{dr}{dz'}\right)dz'\right], \quad (13)$$

et comme nous aurons toujours

$$\frac{dr}{dx} = \frac{x - x'}{r}, \quad \frac{dr}{dx'} = \frac{x' - x}{r}$$

$$\frac{dr}{dy} = \frac{y - y'}{r}, \quad \frac{dr}{dy'} = \frac{y' - y}{r}$$

$$\frac{dr}{dz} = \frac{z - z'}{r}, \quad \frac{dr}{dz'} = \frac{z' - z}{r},$$

il s'ensuivra

$$R\left(\frac{dr}{dx}x + \frac{dr}{dx'}x'\right) = R\left(\frac{x - x'}{r}\right)^2 = Uu$$

$$R\left(\frac{dr}{dy}y + \frac{dr}{dy'}y'\right) = R\left(\frac{y - y'}{r}\right)^2 = Vv$$

$$R\left(\frac{dr}{dz}z + \frac{dr}{dz'}z'\right) = R\left(\frac{z - z'}{r}\right)^2 = Ww,$$

de telle sorte que la fonction (13) se réduira à

et par suite à
$$\left.\begin{array}{l}\Sigma(Xx + Yy + Zz) + \Sigma(Uu + Vv + Ww) \\ \Sigma(Xx + Yy + Zz) + \Sigma Rr\end{array}\right\} \quad (14)$$

comme précédemment.

Mais précédemment nous devions rendre cette quantité un maximum ou un minimum, en n'y faisant pas varier les forces $X$, $Y$, $Z$ et $R$, tandis qu'à présent il s'agira de ne faire varier ni les composantes $X$, $Y$, $Z$ des forces $P$, ni les composantes $U$, $V$, $W$ des forces $R$.

Or, à ce nouveau point de vue, la différentielle seconde des formules (14) ou (13) deviendra

$$\Sigma(X d^2 x + Y d^2 y + Z d^2 z) +$$
$$+ \Sigma\left[\left(R\,\frac{dr}{dx}\right)d^2 x + \left(R\,\frac{dr}{dy}\right)d^2 y + \left(R\,\frac{dr}{dz}\right)d^2 z + \left(R\,\frac{dr}{dx'}\right)d^2 x' + \left(R\,\frac{dr}{dy'}\right)d^2 y' + \left(R\,\frac{dr}{dz'}\right)d^2 z'\right]$$

et se réduira exactement à zéro, parce que rien ne nous empêchera de supposer

$$\Delta x = d^2 x\;,\quad \Delta x' = d^2 x'\;,\quad \Delta x'' = d^2 x''\;, \ldots\ldots$$
$$\Delta y = d^2 y\;,\quad \Delta y' = d^2 y'\;, \ldots\ldots\ldots\ldots$$
$$\Delta z = d^2 z\;,\quad \Delta z' = d^2 z'\;, \ldots\ldots\ldots\ldots$$

dans la formule connue

$$0 = \Delta(X\Delta x + Y\Delta y + Z\Delta z) + \Sigma R\Delta r.$$

Toutes les autres différentielles des fonctions (14) ou (13) seront également nulles, parce que rien ne nous empêchera de faire en général

$$\Delta x = d^m x\;,\quad \Delta x' = d^m x'\;,\quad \Delta x'' = d^m x''\;, \ldots\ldots$$
$$\Delta y = d^m z\;,\quad \Delta y' = d^m y'\;,\quad \Delta y'' = d^m y''\;, \ldots\ldots$$
$$\Delta z = d^m z\;,\quad \Delta z' = d^m z'\;,\quad \Delta z'' = d^m z''\;, \ldots\ldots$$

et par conséquent, il ne s'agira plus maintenant d'une valeur maximum ou minimum, mais bien d'une valeur constante pendant le déplacement du système.

De plus, cette constante devra être nulle, et nous aurons toujours dans la situation d'équilibre d'un système

$$\Sigma(X x + Y y + Z z) + \Sigma R r = 0. \qquad (15)$$

Cela résulte d'abord des calculs que nous venons d'effectuer, car de ce que toutes les différentielles successives de la fonction par rapport aux variables $(x, y, z,)$, $(x'\,y'\,z')\ldots$ se réduiront à zéro, il en faut conclure que la fonction dont il est question, sera véritablement indépendante de ces variables, et qu'on pourra les égaler toutes à zéro sans en changer la valeur numérique, ce qui nous donnera manifestement

$$\Sigma(X x + Y y + Z z) + \Sigma R r = 0.$$

Cela résultera aussi de la formule générale de l'équilibre, dans laquelle nous serons toujours libres de faire

$$\Delta x = x\;,\quad \Delta x' = x'\;,\quad \Delta x'' = x''\;, \ldots\ldots$$
$$\Delta y = y\;,\quad \Delta y' = y'\;,\quad \Delta y'' = y''\;, \ldots\ldots$$
$$\Delta z = z\;,\quad \Delta z' = z'\;,\quad \Delta z'' = z''\;, \ldots\ldots$$

17

de manière à trouver

$$\Delta r = r.$$

Cela résultera enfin des équations primitives

$$0 = \mathrm{X} + \Sigma \mathrm{R} \frac{dr}{dx}$$

$$0 = \mathrm{Y} + \Sigma \mathrm{R} \frac{dr}{dy}$$

$$0 = \mathrm{Z} + \Sigma \mathrm{R} \frac{dr}{dz}$$

qui devront avoir lieu en chaque point $x$, $y$, $z$ et qu'on sera toujours libre de multiplier par $x$, $y$, $z$ avant de les ajouter toutes ensemble.

La formule (15) mise sous la forme

$$\Sigma(\mathrm{X}x + \mathrm{Y}y + \mathrm{Z}z) + \Sigma(\mathrm{U}u + \mathrm{V}v + \mathrm{W}w) = 0$$

ne sera donc qu'une pure identité par rapport aux variables $(x, y, z)$, $(x'\,y'\,z')$ qui y figureront, et réciproquement *avec le seul principe d'une telle identité* nous arriverions à décomposer cette formule en autant d'équations distinctes

$$0 = \mathrm{X} + \Sigma \mathrm{R} \frac{dr}{dx}$$

$$0 = \mathrm{Y} + \Sigma \mathrm{R} \frac{dr}{dy}$$

$$0 = \mathrm{Z} + \Sigma \mathrm{R} \frac{dr}{dz}$$

qu'il y aurait de points $x$, $y$, $z$ dans le système, de la même manière que nous le ferions avec les formules

$$0 = \Sigma(\mathrm{X}\Delta x + \mathrm{Y}\Delta y + \mathrm{Z}\Delta z) + \Sigma \mathrm{R}\Delta r$$
$$r\Delta r = (x - x')(\Delta x - \Delta x') + (y - y')(\Delta y - \Delta y') + (z - z')(\Delta z - \Delta z')$$

## V.

Dans la position d'équilibre d'un système, nous n'aurons pas seulement la formule résultante

$$\Sigma(\mathrm{X}x + \mathrm{Y}y + \mathrm{Z}z) + \Sigma \mathrm{R}r = 0$$

mais encore les formules partielles

$$\begin{aligned}
\Sigma X x + \Sigma U u &= 0 \\
\Sigma Y y + \Sigma V v &= 0 \\
\Sigma Z z + \Sigma W w &= 0
\end{aligned} \quad\quad (16)$$

dont la simple addition reproduira la première et que l'on trouvera en faisant séparément

$$\Delta x = x, \quad \Delta x' = x', \quad \Delta x'' = x'', \ldots\ldots$$

puis

$$\Delta y = y, \quad \Delta y' = y', \quad \Delta y'' = y'', \ldots\ldots$$

et enfin

$$\Delta z = z, \quad \Delta z' = z', \quad \Delta z'' = z'', \ldots\ldots$$

Si nous convenons de mener une perpendiculaire ON de l'origine sur la direction d'une force P en désignant par

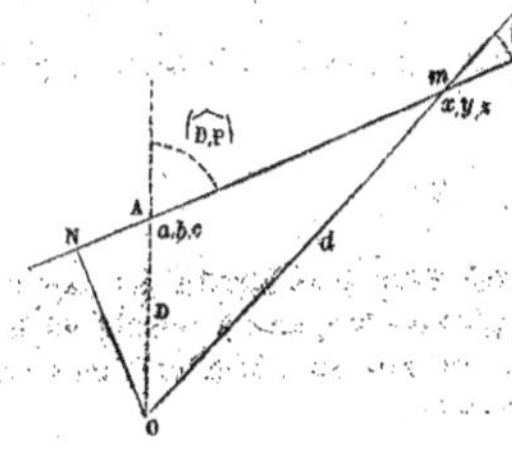


$\lambda$ la longueur comptée du pied N de cette perpendiculaire jusqu'au point d'application de la force P en $x, y, z$.

A la longueur correspondante du point N au point fixe $a, b, c$.

$d$ le rayon vecteur mené de l'origine au point $x, y, z$.

D le rayon vecteur correspondant mené de l'origine au point $a, b, c$, nous aurons généralement

$$\cos. (\widehat{d, P}) = \frac{Xx + Yy + Zz}{Pd}, \quad \cos. (\widehat{D, P}) = \frac{aX + bY + cZ}{PD}$$

$$\lambda = d \cos. (\widehat{d, P}), \quad\quad A = D \cos. (\widehat{D, P})$$

et par suite

$$\begin{aligned}
Xx + Yy + Zz &= P\lambda \\
aX + bY + cZ &= PA.
\end{aligned}$$

Nous aurons en même temps

$$l = \lambda - A$$

et par conséquent la fonction — L de notre principe funiculaire se réduira généralement à

$$- L = - \Sigma PA + \Sigma P\lambda + \Sigma R r,$$

puis la formule (15) nous donnera

$$\Sigma P\lambda + \Sigma Rr = 0 \qquad\qquad (17)$$

et la valeur maximum ou minimum de la fonction — L dans la position d'équilibre d'un système se réduira exactement à la quantité

$$- L = - \Sigma(aX + bY + cZ) = - \Sigma P\Lambda \qquad (18)$$

Mais quand, au lieu de rendre un maximum ou un minimum la fonction complète

$$- L = \Sigma Pl + \Sigma Rr = - \Sigma(aX + bY + cZ) + \Sigma(Xx + Yy + Zz) + \Sigma Rr$$

de notre principe funiculaire, nous ne voudrons rendre un maximum ou un minimum que la fonction partielle

$$\Sigma(Xx + Yy + Zz) + \Sigma Rr$$

nous aurons zéro pour la valeur précise de cette fonction dans la position d'équilibre du système.

Quand enfin nous voudrons particulariser encore davantage en ramenant la fonction partielle dont il est question à la forme

$$\Sigma(Xx + Yy + Zz) + \Sigma(Uu + Vv + Ww)$$

il ne sera plus question ni de maximum ni de minimum, mais d'une pure identité par rapport aux variables $(x, y, z)$, $(x'y'z')$,..... qui y figureront, et qui pourront être à volonté ou les coordonnées effectives de tous les points du système dans sa position d'équilibre, ou telles autres quantités que l'on voudra, ainsi que le montre la formule

$$\Sigma(X\Delta x + Y\Delta y + Z\Delta z) + \Sigma\left[ R\frac{dr}{dx}\Delta x + R\frac{dr}{dy}\Delta y + R\frac{dr}{dz}\Delta z + R\frac{dr}{dx'}\Delta x' + R\frac{dr}{dy'}\Delta y' + R\frac{dr}{dz'}\Delta z' \right].$$

D'après une telle condition d'identité, nous aurons nécessairement

$$\Sigma P\lambda + \Sigma Rr = 0$$

et réciproquement de la formule que nous venons d'écrire, nous pourrions revenir soit à la formule

$$\Sigma(Xx + Yy + Zz) + \Sigma(Uu + Vv + Ww) = 0;$$

soit à l'autre formule

$$\Sigma(Xx + Yy + Zz) + \Sigma Rr = 0$$

de manière que dans le premier cas, avec le principe d'une parfaite identité, et dans le deuxième cas, avec le principe du maximum ou du minimum de la fonction, nous réussirions à en faire sortir la science entière de la statique.

L'équation (17) pourra être envisagée non-seulement comme une formule de principe de la manière que nous venons de le dire, mais encore comme une relation fort significative, ou comme un énoncé de théorème dans une charpente d'assemblage formée par des tirants et par des arcs-boutants.

Si nous admettons, en effet, que dans une pareille charpente il n'entre que des pièces prismatiques destinées à presser où à tirer dans leurs directions respectives les unes sur les autres, et qu'il nous soit permis encore de supposer que la section transversale de chaque pièce doive établie proportionnellement à l'intensité de la force R, que cette pièce aura à faire dans un sens ou dans l'autre, il s'ensuivra que la quantité résultante

$$\Sigma R r$$

représentera l'excès du volume des arcs-boutants sur le volume des tirants, et que par conséquent la différence de ces deux volumes sera égale à la quantité parfaitement déterminée

$$- \Sigma P\lambda$$

que l'on pourra calculer dès que les forces P seront données, par leurs intensités, par leurs directions et par leurs points d'application $x, y, z$, sans que l'on ait à s'occuper de la forme géométrique du réseau ou de la charpente dont il est question.

Tout changement de construction dans une pareille charpente au moyen duquel on parviendra à supprimer un certain volume de tirants, entraînera la suppression d'un volume égal d'arcs-boutants ou réciproquement, de telle sorte, par exemple, que lorsqu'il s'agira de ne faire porter sur une charpente que deux forces égales et opposées dans une certaine direction, le système le plus économique se réduira à une seule pièce dans la commune direction des forces.

Que l'on se place d'ailleurs à ce point interprétatif de la formule

$$\Sigma P\lambda + \Sigma R r = 0$$

ou bien qu'on se tienne au point de vue purement abstrait de la formule équivalente

$$\Sigma (X x + Y y + Z z) + \Sigma R r = 0$$

il ne s'ensuivra pas moins que dans l'état naturel d'un corps solide, qui ne sera sollicité par aucune force extérieure, on devra avoir la relation fort curieuse

$$\Sigma R r = 0$$

qui pourra être satisfaite de deux manières, ou parce que les forces R seront toutes séparément nulles, ou parce qu'il y aura à la fois des forces répulsives et des forces attractives, de manière qu'en désignant par $R_i$ les unes et par $R_i$ les autres, on aura

$$\Sigma R_i r_i - \Sigma R_i r_i = 0 \qquad\qquad (18)$$

## VI.

L'équation

$$\Sigma(\mathbf{X}x + \mathbf{Y}y + \mathbf{Z}z) + \Sigma\mathbf{R}r = 0$$

étant envisagé comme une formule de principe, on en déduira immédiatement les conditions de l'équilibre de translation d'un système entre les seules forces extérieures; car il faudra que la quantité

$$\Sigma(\mathbf{X}x + \mathbf{Y}y + \mathbf{Z}z)$$

ne change pas quand on déplacera l'origine, c'est-à-dire quand on augmentera ou qu'on diminuera toutes les coordonnées $(x, y, z)$, $(x', y', z')$,..... de trois constantes arbitraires $A, B, C$, et par suite, il faudra que dans le système entier l'on ait

$$\Sigma\mathbf{X} = 0, \quad \Sigma\mathbf{Y} = 0, \quad \Sigma\mathbf{Z} = 0 \qquad (19)$$

On ne pourra pas en déduire aussi simplement les conditions de l'équilibre de rotation, parce qu'en faisant tourner le système des axes rectangulaires des $x, y, z$ autour de son origine, les longueurs $\lambda$ ne changeront pas, et que par suite la formule équivalente

$$\Sigma\mathbf{P}\lambda + \Sigma\mathbf{R}r = 0$$

ne se trouvera aucunement modifiée.

Si nous considérons encore un système parfaitement élastique, dont la figure devra changer graduellement par le moyen de certaines forces variables $\mathbf{X}, \mathbf{Y}, \mathbf{Z}$, nous aurons à chaque instant la relation

$$0 = \Sigma(\mathbf{X}x + \mathbf{Y}y + \mathbf{Z}z) + \Sigma\mathbf{R}r.$$

La différentielle complète de cette équation sera

$$0 = \Sigma(\mathbf{X}dx + \mathbf{Y}dy + \mathbf{Z}dz) + \Sigma\mathbf{R}dr$$
$$+ \Sigma(xd\mathbf{X} + yd\mathbf{Y} = zd\mathbf{Z}) + \Sigma rd\mathbf{R}.$$

Mais de ce que la formule en question ne sera qu'une pure identité, quand on la mettra sous la forme

$$0 = \Sigma(\mathbf{X}x + \mathbf{Y}y + \mathbf{Z}z) +$$
$$+ \Sigma\left[\left(\mathbf{R}\frac{dr}{dx}\right)x + \left(\mathbf{R}\frac{dr}{dy}\right)y + \left(\mathbf{R}\frac{dr}{dz}\right)z + \left(\mathbf{R}\frac{dr}{dx'}\right)x' + \left(\mathbf{R}\frac{dr}{dy'}\right)y' + \left(\mathbf{R}\frac{dr}{dz'}\right)z'\right]$$

Il s'ensuit qu'on aura séparément

$$0 = \Sigma(\mathrm{X}dx + \mathrm{Y}dy + \mathrm{Z}dz) +$$
$$+ \Sigma\left[\left(\mathrm{R}\frac{dr}{dx}\right)dx + \left(\mathrm{R}\frac{dr}{dy}\right)dy + \left(\mathrm{R}\frac{dr}{dz}\right)dz + \left(\mathrm{R}\frac{dr}{dx'}\right)dx' + \left(\mathrm{R}\frac{dr}{dy'}\right)dy' + \left(\mathrm{R}\frac{dr}{dz'}\right)dz'\right]$$

ou

ce qui entraînera

$$\left.\begin{aligned}0 &= \Sigma(\mathrm{X}dx + \mathrm{Y}dy + \mathrm{Z}dz) + \Sigma\mathrm{R}dr\\ 0 &= \Sigma(xd\mathrm{X} + yd\mathrm{Y} + zd\mathrm{Z}) + \Sigma rd\mathrm{R}\end{aligned}\right\} \qquad (20)$$

La dernière de ces équations pourra être obtenue encore par la différentiation de la formule identique sans y faire varier les coordonnées $(x, y, z)$, $(x', y', z')$,.....

On trouvera, en effet, de cette manière,

$$0 = \Sigma(xd\mathrm{X} + yd\mathrm{Y} + zd\mathrm{Z}) +$$
$$+ \Sigma\left[xd\left(\mathrm{R}\frac{dr}{dx}\right) + yd\left(\mathrm{R}\frac{dr}{dy}\right) + zd\left(\mathrm{R}\frac{dr}{dz}\right) + x'd\left(\mathrm{R}\frac{dr}{dx'}\right) + y'd\left(\mathrm{R}\frac{dr}{dy'}\right) + z'd\left(\mathrm{R}\frac{dr}{dz'}\right)\right];$$

mais on aura

$$xd\left(\mathrm{R}\frac{dr}{dx}\right) + x'd\left(\mathrm{R}\frac{dr}{dx'}\right) = \left(x\frac{dr}{dx} + x'\frac{dr}{dx'}\right)d\mathrm{R} + \mathrm{R}\left(xd\frac{dr}{dx} + x'd\frac{dr}{dx'}\right)$$

$$yd\left(\mathrm{R}\frac{dr}{dy}\right) + y'd\left(\mathrm{R}\frac{dr}{dy'}\right) = \left(y\frac{dr}{dy} + y'\frac{dr}{dy'}\right)d\mathrm{R} + \mathrm{R}\left(yd\frac{dr}{dy} + y'd\frac{dr}{dy'}\right)$$

$$zd\left(\mathrm{R}\frac{dr}{dz}\right) + z'd\left(\mathrm{R}\frac{dr}{dz'}\right) = \left(z\frac{dr}{dz} + z'\frac{dr}{dz'}\right)d\mathrm{R} + \mathrm{R}\left(dz\frac{dr}{dz} + z'd\frac{dr}{dz'}\right)$$

et par l'addition de ces formules, en tenant compte des relations

$$\frac{dr}{dx} = \frac{x - x'}{r}, \quad \frac{dr}{dx'} = \frac{x' - x}{r}$$

$$\frac{dr}{dy} = \frac{y - y'}{r}, \quad \frac{dr}{dy'} = \frac{y' - y}{r}$$

$$\frac{dr}{dz} = \frac{z - z'}{r}, \quad \frac{dr}{dz'} = \frac{z' - z}{r}$$

qui donneront

$$x\frac{dr}{dx} + x'\frac{dr}{dx'} = \frac{(x - x')^2}{r}$$

$$y\frac{dr}{dy} + y'\frac{dr}{dy'} = \frac{(y - y')^2}{r}$$

$$z\frac{dr}{dz} + z'\frac{dr}{dz'} = \frac{(z - z')^2}{r}$$

on reproduira d'abord le terme

$$rd\mathrm{R}$$

puis on aura les relations

$$xd\frac{dr}{dx} + x'd\frac{dr}{dx'} = (x-x')d\frac{dr}{dx} = r\frac{dr}{dx}d\frac{dr}{dx} = \frac{1}{2}\,rd\left(\frac{dr}{dx}\right)^{2}$$

$$yd\frac{dr}{dy} + y'd\frac{dr}{dy'} = (y-y')d\frac{dr}{dy} = r\frac{dr}{dy}d\frac{dr}{dy} = \frac{1}{2}\,rd\left(\frac{dr}{dy}\right)^{2}$$

$$zd\frac{dr}{dz} + z'd\frac{dr}{dz'} = (z-z')d\frac{dr}{dz} = r\frac{dr}{dz}d\frac{dr}{dz} = \frac{1}{2}\,rd\left(\frac{dr}{dz}\right)^{2}$$

dont la somme sera

$$\frac{1}{2}\,rd\left[\left(\frac{dr}{dx}\right)^{2} + \left(\frac{dr}{dy}\right)^{2} + \left(\frac{dr}{dz}\right)^{2}\right] = 0.$$

On voit que l'autre mode de démonstration était beaucoup plus simple.

Quand ensuite la variabilité des forces $\mathrm{X}, \mathrm{Y}, \mathrm{Z}$ devra être telle que le système ne puisse se déplacer que d'une seule pièce, nous aurons la relation finie

$$\Sigma(\mathrm{X}x + \mathrm{Y}y + \mathrm{Z}z) = -\Sigma \mathrm{R}r = \text{const.}$$

et les deux équations différentielles

$$\Sigma(\mathrm{X}dx + \mathrm{Y}dy + \mathrm{Z}dz) = 0$$

$$\Sigma(xd\mathrm{X} + yd\mathrm{Y} + zd\mathrm{Z}) = 0$$

$$\tag{21}$$

dont l'une se trouvera être la formule ordinaire des vitesses virtuelles entre les seules forces extérieures, et dont l'autre nous fera connaître une relation assez curieuse entre les accroissements des forces $\mathrm{X}, \mathrm{Y}, \mathrm{Z}$ d'une position à l'autre.

## VII.

En reprenant les formules générales

$$0 = \Sigma(\mathrm{X}\Delta x + \mathrm{Y}\Delta y + \mathrm{Z}\Delta z) + \Sigma \mathrm{R}\Delta r$$

$$r\Delta r = (x-x')(\Delta x - \Delta x') + (y-y')(\Delta y - \Delta y') + (z-z')(\Delta z - \Delta z')$$

et en nous proposant uniquement d'avoir

$$\Delta r = 0$$

afin de faire disparaître les forces R de la formule de l'équilibre, nous voyons de prime abord qu'on satisfera à cette condition en faisant

$$\left.\begin{array}{l} \Delta x = \Delta x' = \Delta x'' = \Delta x''' = \ldots\ldots \\ \Delta y = \Delta y' = \Delta y'' = \Delta y''' = \ldots\ldots \\ \Delta z = \Delta z' = \Delta z'' = \Delta z''' = \ldots\ldots, \end{array}\right\} \qquad (22)$$

c'est-à-dire en déplaçant le système parallèlement à lui-même sans changement de figure.

On retrouvera de cette manière les trois conditions d'équilibre de translation

$$\Sigma X = 0$$
$$\Sigma Y = 0$$
$$\Sigma Z = 0.$$

On réussira encore à faire disparaître les forces R de la formule de l'équilibre quand on fera

$$\Delta x - \Delta x' = B(z - z') - C(y - y')$$
$$\Delta y - \Delta y' = C(x - x') - A(z - z')$$
$$\Delta z - \Delta z' = A(y - y') - B(x - x')$$

et par suite, en séparant les variables,

$$\left.\begin{array}{l} \Delta x = Bz - Cy \\ \Delta y = Cx - Az \\ \Delta z = Ay - Bx \end{array}\right\} \qquad (23)$$

car au moyen de pareilles vitesses virtuelles on aura toujours

$$\Delta r = 0,$$

puis la formule de l'équilibre se réduira à

$$\Sigma(X\Delta x + Y\Delta y + Z\Delta z) = A\Sigma(yZ - zY) + B\Sigma(zX - xZ) + C\Sigma(xY - yX);$$

et comme les constantes A, B, C seront complétement arbitraires, il faudra que l'on ait séparément :

$$\Sigma(yZ - zY) = 0$$
$$\Sigma(zX - xZ) = 0$$
$$\Sigma(xY - yX) = 0,$$

c'est-à-dire que de cette manière on trouvera les conditions de l'équilibre de rotation.

## VIII.

Pour savoir à quelle sorte de déplacement ou de changement de figure correspondront les vitesses virtuelles des formules (23), nous commencerons par égaler chacune de ces formules à zéro, ce qui nous donnera

$$\frac{x}{A} = \frac{y}{B} = \frac{z}{C}$$

et nous apprendra que tous les points de la diagonale d'un parallélipipède formé avec les longueurs A, B, C comme côtés, ne se déplaceront pas; donc cette diagonale devra être considérée comme un axe fixe de rotation, et en faisant

$$I = \sqrt{A^2 + B^2 + C^2}$$

on trouvera les angles $\alpha, \beta, \gamma$, de l'axe fixe avec les directions rectangulaires des $x, y, z$ par les formules

$$\cos.\alpha = \frac{A}{I}, \quad \cos.\beta = \frac{B}{I}, \quad \cos.\gamma = \frac{C}{I}.$$

En désignant ensuite par

$d$ le rayon vecteur mené de l'origine à un point $x, y, z$,

$\Delta s$ une longueur menée du point $x, y, z$ au point $x + \Delta x, y + \Delta y, z + \Delta z$,

$p$ la perpendiculaire abaissée du point $x, y, z$ sur l'axe fixe,

$n$ la distance de l'origine au pied de la perpendiculaire sur l'axe fixe,

nous aurons:

$$\cos.(\widehat{d, \Delta s}) = \frac{x\Delta x + y\Delta y + z\Delta z}{d\Delta s}$$

$$\cos.(\widehat{n, \Delta s}) = \frac{A\Delta x + B\Delta y + C\Delta z}{I\Delta s};$$

donc la droite $\Delta s$ sera perpendiculaire à la fois aux deux droites $d, n$, et par suite elle sera perpendiculaire au plan méridien, qui passera par l'axe fixe et par le point $x, y, z$; elle sera donc contenue dans le plan perpendiculaire à l'axe fixe, qui passera par le point $x, y, z$, et dans ce plan elle sera dirigée perpendiculairement à la droite $p$.

Nous aurons en même temps

$$n = x \cos.\alpha + y \cos.\beta + z \cos.\gamma$$

ou
$$I n = A x + B y + C z ,$$

puis
$$p^2 = d^2 - n^2$$

ou
$$I^2 p^2 = I^2 d^2 - I^2 n^2 = I^2(x^2 + y^2 + z^2) - (A x + B y + C z)^2$$
$$= (I^2 - A^2)x^2 + (I^2 - B^2)y^2 + (I^2 - C^2)z^2 - 2BCyz - 2CAzx - 2ABxy,$$

puis
$$\Delta s^2 = (Bz - Cy)^2 + (Cx - Az)^2 + (Ay - Bx)^2$$
$$= (B^2 + C^2)x^2 + (C^2 + A^2)y^2 + (A^2 + B^2)z^2 - 2BCyz - 2CAzx - 2ABxy,$$

et avec la relation
$$I^2 = A^2 + B^2 + C^2$$

nous trouverons
$$\Delta s = I p .$$

Mais en désignant par $i$ l'angle compris entre les deux perpendiculaires à l'axe fixe, dont l'une $p$ passera par le point $x, y, z$, et l'autre $p_i$ par le point $x + \Delta x$, $y + \Delta y$, $z + \Delta z$, nous aurons
$$\Delta s = p \operatorname{tg} i$$

et par suite
$$\operatorname{tg} i = I = \text{const.}$$

Ainsi le déplacement virtuel des formules (23) consistera à faire tourner le système d'un certain angle $i$ autour d'un axe fixe, et à faire croître en même temps chacune des perpendiculaires $p$ proportionnellement à la sécante de l'angle $i$.

L'axe fixe sera le prolongement indéfini de la diagonale $I$ du parallélipipède que l'on pourra former sur les longueurs $A, B, C$ comme côtés, et comme la longueur $I$ se confondra identiquement avec la longueur $A$ quand on fera à la fois
$$B = 0 , \quad C = 0 ,$$

il s'ensuit qu'en désignant par $a$ ce que deviendra alors l'angle $i$, on aura
$$\operatorname{tg} a = A .$$

On aura de même
$$\operatorname{tg} b = B$$

quand on fera :
$$C = 0 , \quad A = 0 ,$$

et
$$\operatorname{tg} c = C$$

quand on fera:

$$A = 0, \quad B = 0,$$

puis

$$\operatorname{tg} i = I = \sqrt{A^2 + B^2 + C^2} = \sqrt{\operatorname{tg}^2 a + \operatorname{tg}^2 b + \operatorname{tg}^2 c}$$

pour telles longueurs simultanées A, B, C qu'on voudra, et à cause de la forme linéaire des formules (23), les chemins résultants de ce dernier cas ne seront que les sommes algébriques des chemins partiels des trois rotations successives des longueurs A, B, C, l'une d'un angle $a$ autour de l'axe des $x$, l'autre d'un angle $b$ autour de l'axe des $y$, et la troisième d'un angle $c$ autour de l'axe des $z$.

Comme, enfin, la longueur I sera la diagonale du parallélipipède que l'on pourra former sur les longueurs A, B, C comme côtés, nous arriverons à ce beau théorème que les déplacements rotatoires, dont il est question ici, pourront être représentés chacun dans la direction de son axe, par une longueur égale à la tangente de l'angle décrit autour de cet axe, et que toutes les longueurs ou tangentes, ainsi portées sur leurs axes respectifs, se composeront ou se décomposeront ensuite d'après la règle ordinaire du parallélogramme en géométrie.

Il est facile de voir encore que dans un système composé de plusieurs pièces distinctes, les constantes A, B, C pourront changer arbitrairement d'une pièce à l'autre.

Nous avons à faire remarquer enfin que si les angles $a, b, c$ devenaient infiniment petits, nous pourrions, au premier degré d'approximation, confondre les tangentes des angles $a, b, c, i$ avec leurs arcs, de manière à retrouver les formules connues des mouvements de rotation infiniment petits des corps rigides.

## IX.

Nous allons chercher maintenant quels devront être les chemins virtuels finis $\Delta x, \Delta y, \Delta z$ de nos formules pour que la figure d'un système ne change pas.

Les formules (23) rempliraient immédiatement notre but si nous parvenions à y ajouter quelques nouveaux termes, qui n'auraient d'autre objet que de ramener les perpendiculaires subséquentes

$$p_{,} = p \sec. i = \frac{p}{\cos. i}$$

à leur longueur initiale $p$.

Or, les projections des perpendiculaires $p$ étaient

$$x - n \cos. \alpha = x - \frac{A}{I^2}(Ax + By + Cz)$$

$$y - n \cos. \beta = y - \frac{B}{I^2}(Ax + By + Cz)$$

$$z - n \cos. \gamma = z - \frac{C}{I^2}(Ax + By + Cz),$$

par conséquent celles des perpendiculaires $p_i$ seront

$$x - n \cos. \alpha + (Bz - Cy) = (Bz - Cy) + x - \frac{A}{I^2} (Ax + By + Cz)$$

$$y - n \cos. \beta + (Cx - Az) = (Cx - Az) + y - \frac{B}{I^2} (Ax + By + Cz)$$

$$z - n \cos. \gamma + (Ay - Bx) = (Ay - Bx) + z - \frac{C}{I^2} (Ax + By + Cz)$$

et, quand nous multiplierons les projections des perpendiculaires $p_i$, par le rapport

$$\frac{p_i - p}{p_i} = 1 - \cos. i$$

nous trouverons évidemment les chemins virtuels $\Delta_i x, \Delta_i y, \Delta_i z$, qui devront être retranchés de ceux des formules (23) pour que nous rencontrions la solution du problème que nous avons en vue.

Il suit de là que nous aurons :

$$\left.\begin{array}{l}
\Delta x = (Bz - Cy)\cos. i - \left[x - \dfrac{A}{I^2} (Ax + By + Cz)\right][1 - \cos. i] \\[2mm]
\Delta y = (Cx - Az)\cos. i - \left[x - \dfrac{B}{I^2} (Ax + By + Cz)\right][1 - \cos. i] \\[2mm]
\Delta z = (Ay - Bx)\cos. i - \left[x - \dfrac{C}{I^2} (Ax + By + Cz)\right][1 - \cos. i]
\end{array}\right\} \quad (25)$$

l'angle $i$ dépendant toujours de la relation

$$\text{tg.}^2 i = I^2 = A^2 + B^2 + C^2$$

et les angles $\alpha, \beta, \gamma$ de l'axe fixe autour duquel le système tournera d'un angle $i$, ne cessant pas d'être déterminés par les formules connues

$$I \cos. \alpha = A \; , \; I \cos. \beta = B \; , \; I \cos. \gamma = C,$$

par conséquent les formules (25) pourront être mises sous la forme équivalente :

$$\left.\begin{array}{l}
\Delta x = (x \cos.\beta - y \cos.\gamma)\sin. i - x(1 - \cos. i) + (x \cos.\alpha + y \cos.\beta + z \cos.\gamma)(1 - \cos. i)\cos.\alpha \\
\Delta y = (x \cos.\gamma - z \cos.\alpha)\sin. i - y(1 - \cos. i) + (x \cos.\alpha + y \cos.\beta + z \cos.\gamma)(1 - \cos. i)\cos.\beta \\
\Delta z = (y \cos.\alpha - x \cos.\beta)\sin. i - z(1 - \cos. i) + (x \cos.\alpha + y \cos.\beta + z \cos.\gamma)(1 - \cos. i)\cos.\gamma.
\end{array}\right\} \quad (26)$$

Si nous avions à vérifier directement ces formules, nous ferions voir d'abord que l'on aura

$$\cos. \widehat{(n, \Delta s)} = \frac{A\Delta x + B\Delta y + C\Delta z}{I \Delta s} = 0.$$

Nous ferions voir ensuite que dans l'expression de la longueur subséquente $d_i$, du rayon vecteur, mené de l'origine au point $x + \Delta x$, $y + \Delta y$, $z + \Delta z$, à savoir :

$$d_i^2 = (x + \Delta x)^2 + (y + \Delta y)^2 + (z + \Delta z)^2 = (x^2 + y^2 + z^2) + 2(x\Delta x + y\Delta y + z\Delta z) + (\Delta x^2 + \Delta y^2 + \Delta z^2),$$

on aura :

$$0 = 2(x\Delta x + y\Delta y + z\Delta z) + (\Delta x^2 + \Delta y^2 + \Delta z^2)$$

et par suite

$$d_i^2 = x^2 + y^2 + z^2 = d^2.$$

Nous ferions voir encore qu'en posant

$$i = 2\varepsilon$$

on aura :

$$\Delta s^2 = \Delta x^2 + \Delta y^2 + \Delta z^2 = (2p \sin. \varepsilon)^2,$$

c'est-à-dire que la longueur $\Delta s$ se trouvera être la corde d'un arc décrit de l'axe fixe de rotation comme centre, dans un plan perpendiculaire à cet axe, avec un rayon $p$, sous un angle $i$ ou $2\varepsilon$.

Nous pourrions désigner ensuite par $2\delta$ l'angle des rayons vecteurs égaux $d, d_i$, et nous aurions :

$$p \sin. \delta = p \sin. \varepsilon$$

ou

$$\sin. \delta = \frac{p}{d} \sin. \varepsilon.$$

Nous pourrions faire voir encore que dans la formule

$$r_i^2 = (x + \Delta x - x' - \Delta x')^2 + (y + \Delta y - y' - \Delta y')^2 + (z + \Delta z - z' - \Delta z')^2$$
$$= [(x - x')^2 + (y - y')^2 (z - z')^2] + 2[(x - x')(\Delta x - \Delta x') + (y - y')(\Delta y - \Delta y') + (z - z')(\Delta z - \Delta z')]$$
$$+ [(\Delta x - \Delta x')^2 + (\Delta y - \Delta y')^2 + (\Delta z - \Delta z')^2]$$

on aura :

$$r_i^2 = (x - x')^2 + (y - y')^2 + (z - z')^2 = r^2.$$

Mais on ne pourra avoir

$$\Delta r = 0,$$

car il faudra que l'on remonte à la formule

$$r\Delta r = (x - x')(\Delta x - \Delta x') + (y - y')(\Delta y - \Delta y') + (z - z')(\Delta z - \Delta z'),$$

et quand on y substituera respectivement les premiers, les deuxièmes et les troisièmes termes des formules (26), on reconnaîtra aisément que par la substitution des premiers termes, il viendra zéro ; que par la substitution des deuxièmes termes, il viendra :

$$-[(x-x')(x-x')+(y-y')(y-y')+(z-z')(z-z')][1-\cos.i]=-r^2(1-\cos.i);$$

que par la substitution des troisièmes termes, il viendra :

$$[(x-x')\cos.\alpha+(y-y')\cos.\beta+(z-z')\cos.\gamma)][(x-x')\cos.\alpha+(y-y')\cos.\beta+(z-z')\cos.\gamma](1-\cos.i),$$

et qu'enfin l'on aura :

$$r\Delta r=-r^2(1-\cos.i)+[(x-x')\cos.\alpha+(y-y')\cos.\beta+(z-z')\cos.\gamma]^2(1-\cos.i).$$

Cette formule pourrait être transformée ensuite en y substituant la valeur connue de $r^2$ en $x, y, z$ et $x', y', z'$, mais pour l'objet que nous avons en vue, il sera préférable de la conserver telle que nous venons de la trouver.

Ainsi, dans la formule de l'équilibre

$$0=\Sigma(X\Delta x+Y\Delta y+Z\Delta z)+\Sigma R\Delta r,$$

nous aurons à faire

$$\Delta r=-r(1-\cos.i)+\frac{1}{r}[(x-x')\cos.\alpha+(y-y')\cos.\beta+(z-z')\cos.\gamma]^2(1-\cos.i)\quad(27)$$

et à y substituer encore les formules (26), ce qui nous conduira à l'équation générale :

$$
0=\left.
\begin{array}{l}
\;\;\;\;[\cos.\alpha\,\Sigma(yZ-zY)+\cos.\beta\,\Sigma(zX-xZ)+\cos.\gamma\,\Sigma(xY-yX)]\sin.i\\
-\;\;[\Sigma(Xx+Yy+Zz+\Sigma Rr)](1-\cos.i)\\
+\;\;[x\cos.\alpha+y\cos.\beta+z\cos.\gamma][X\cos.\alpha+Y\cos.\beta+Z\cos.\gamma](1-\cos.i)\\
+\;\;\dfrac{R}{r}[(x-x')\cos.\alpha+(y-y')\cos.\beta+(z-z')\cos.\gamma]^2(1-\cos.i)
\end{array}
\right\}(28)
$$

dans laquelle les angles $\alpha$, $\beta$, $\gamma$ et $i$ seront complétement indéterminés ; puis de cette indétermination, il nous sera facile de conclure que les forces $X$, $Y$, $Z$ et $R$ devront satisfaire à plusieurs relations distinctes.

D'abord la partie de la formule (28) qui se trouvera multipliée par $\sin.i$, devra être nulle séparément, et quand on fera varier en outre les angles $\alpha$, $\beta$, $\gamma$, on retrouvera les relations connues de l'équilibre de rotation entre les seules forces extérieures

$$0=\Sigma(yZ-zY)$$
$$0=\Sigma(zX-xZ)$$
$$0=\Sigma(xY-yX).$$

Puis dans la partie restante, on pourra supprimer le facteur $1-\cos.i$, et comme après cette suppression il restera une partie qui ne renfermera pas les angles $\alpha, \beta, \gamma$, il faudra que cette partie soit nulle séparément, ce qui nous ramènera à la formule connue

$$0 = \Sigma(Xx + Yy + Zz) + \Sigma Rr$$

qui pourra elle-même être envisagée de manière à renfermer la science entière de la statique, ainsi que nous l'avons fait voir.

Il nous restera enfin les deux parties

$$\cos.^2\alpha\,\Sigma Xx + \cos.^2\beta\,\Sigma Yy + \cos.^2\gamma\,\Sigma Zz + \cos.\beta\,\cos.\gamma\,\Sigma(Yz + Zy) +$$
$$+ \cos.\gamma\,\cos.\alpha\,\Sigma(Zx + Xz) + \cos.\alpha\,\cos.\beta\,\Sigma(Xy + Yx),$$

$$\cos.^2\alpha\,\Sigma\frac{R(x-x')^2}{r} + \cos.^2\beta\,\Sigma\frac{R(y-y')^2}{r} + \cos.^2\gamma\,\Sigma\frac{R(z-z')^2}{r} + 2\cos.\beta\,\cos.\gamma\,\Sigma\frac{R(y-y')(z-z')}{r} +$$
$$+ 2\cos.\gamma\,\cos.\alpha\,\Sigma\frac{R(z-z')(x-x')}{r} + 2\cos.\alpha\,\cos.\beta\,\Sigma\frac{R(x-x')(y-y')}{r},$$

qui se réduiront à une seule expression de la forme

$$A\cos.^2\alpha + B\cos.^2\beta + C\cos.^2\gamma + a\cos.\beta\,\cos.\gamma + b\cos.\gamma\,\cos.\alpha + c\cos.\alpha\,\cos.\beta$$

dans laquelle on devra avoir séparément :

$$A = 0\,, \quad B = 0\,, \quad C = 0$$
$$a = 0\,, \quad b = 0\,, \quad c = 0.$$

Les trois premières de ces six conditions nous feront retrouver, en effet, les relations connues :

$$0 = \Sigma Xx + \Sigma R\frac{(x-x')^2}{r}$$
$$0 = \Sigma Yy + \Sigma R\frac{(y-y')^2}{r}$$
$$0 = \Sigma Zy + \Sigma R\frac{(z-z')^2}{r}$$

dont la simple addition reproduira la formule précédente

$$0 = \Sigma(Xx + Yy + Zz) + \Sigma Rr,$$

puis les trois autres conditions nous donneront les relations nouvelles :

$$\left.\begin{array}{l} 0 = \Sigma(Yz + Zy) + 2\Sigma\dfrac{R(y-y')(z-z')}{r} \\[2mm] 0 = \Sigma(Zx + Xz) + 2\Sigma\dfrac{R(z-z')(x-x')}{r} \\[2mm] 0 = \Sigma(Xy + Yx) + 2\Sigma\dfrac{R(z-z')(x-x')}{r} \end{array}\right\} \qquad (29)$$

qui seront également vraies, puisque dans les formules générales

$$0 = \Sigma(\mathrm{X}\Delta x + \mathrm{Y}\Delta y + \mathrm{Z}\Delta z) + \Sigma\mathrm{R}\Delta r$$
$$r\Delta r = (x-x')(\Delta x - \Delta x') + (y - y')(\Delta y - \Delta y') + (z - z')(\Delta z - \Delta z')$$

on sera toujours libre de faire

$$\Delta x = 0 \ , \quad \Delta x' = 0 \ , \ldots \ldots$$
$$\Delta y = z \ , \quad \Delta y' = z' \ , \ldots \ldots$$
$$\Delta z = y \ , \quad \Delta z' = y' \ , \ldots \ldots$$

et pareillement dans un autre ordre à l'égard des variables $(x, y, z)$, $(x', y', z')$, de manière à parvenir exactement aux mêmes résultats.

Il suit de là qu'avec des chemins virtuels, qui dépendront de la parfaite invariabilité de figure d'un système, on retrouvera, non-seulement les six équations de la statique entre les seules forces extérieures, mais encore d'autres relations plus ou moins utiles ou curieuses entre les forces extérieures et les forces intérieures correspondantes du système.

De ces autres relations, il y en aura quelques-unes qui, à leur tour, pourront reproduire la science entière de la statique, et cela de plusieurs manières.

Les mêmes relations pourront être envisagées encore comme exprimant des théorèmes d'une signification très-claire et plus ou moins utile dans la théorie de la résistance des matériaux.

## X.

Les formules (26) ou (25) de la rotation d'un corps rigide ne nous permettront plus de remplacer une rotation unique $i$ autour d'un certain axe par des rotations partielles ou composantes autour d'autres axes, de la manière qui ressortirait si naturellement des formules (23); mais quand l'angle $i$ sera infiniment petit, nous pourrons ne conserver qu'un certain nombre de termes des développements en séries,

$$\sin. i = i - \frac{i^3}{1.2.3} + \frac{i^5}{1.2.3.4.5} - \ldots$$
$$1 - \cos. i = \frac{i^2}{1.2} - \frac{i^4}{1.2.3.4} + \ldots \ldots$$

et alors au premier degré d'approximation, c'est-à-dire en ne conservant que la première puissance de l'angle $i$, nous retrouverons les propriétés des formules (23).

Au second degré d'approximation, nous aurions à faire

$$\sin. i = i \ , \quad 1 - \cos. i = \frac{i^2}{1.2}$$

et à ce degré-là, comme aux degrés suivants, la complication ne serait pas moindre qu'avec les formules rigoureuses.

Il en sera de même de la formule (28) qui, au premier degré d'approximation ne conservera que le terme multiplié par $\sin. i$, le seul que nous donnaient les formules (23), et qui, dès le second degré d'approximation, aura la même généralité que lorsqu'on y fera figurer les valeurs rigoureuses de $\sin. i$ et $1 - \cos. i$.

Nous avons cru devoir entrer dans tous ces développements pour faire voir combien la théorie des vitesses virtuelles est vaste et subtile, et combien l'on aurait tort de dédaigner les principes élémentaires de la statique pour ne s'attacher qu'à la grande généralité des vitesses virtuelles, dans la solution de la plupart des problèmes, plutôt qu'aux trois équations génériques de la statique des corps flexibles qui devront avoir lieu en tous les points $x, y, z$ d'un corps, et qui nous conduiront tout aussi facilement aux six équations de la statique ordinaire qu'à la théorie de la résistance des matériaux, ainsi qu'à la théorie des vitesses virtuelles, et à tous les résultats possibles de cette théorie.

La théorie des vitesses virtuelles ne saurait d'ailleurs être envisagée que de deux manières, ou comme une méthode de calcul, ou comme un principe.

A ceux qui n'y voient qu'une méthode de calcul échaffaudée laborieusement à l'aide de certaines conventions, et à l'aide des principes ordinaires de la statique, nous avons à déclarer qu'à ce seul point de vue nous n'en ferions pas grand cas dans les applications pratiques.

A ceux qui voudront y voir un principe, nous demanderons une démonstration directe comme celle de Lagrange ou comme celle de notre axiome funiculaire, et quand ils nous donneront une telle démonstration, nous nous garderons encore d'en faire une méthode universelle de calcul; nous nous bornerons à en tirer le théorème fondamental du parallélogramme des forces, et les conditions de l'équilibre d'un petit nombre de cas particuliers, puis le théorème si fécond de l'équilibre de deux forces seulement dans une machine, ainsi que nous nous en sommes expliqués dans la statique des corps rigides; théorème que, du reste, on rencontrera toujours en dynamique par la discussion de l'équation des forces vives.

Hormis ces applications très-générales et très-simples du principe des vitesses virtuelles, nous n'attacherons d'importance qu'aux règles ordinaires de la statique des corps rigides avec la théorie des couples, et aux trois équations fondamentales de la statique des corps flexibles

$$0 = X + \Sigma R \frac{dr}{dx}$$

$$0 = Y + \Sigma R \frac{dr}{dy}$$

$$0 = Z + \Sigma R \frac{dr}{dz}$$

que l'on pourra tirer à volonté, ou du théorème du parallélogramme des forces, ou de notre axiome funiculaire.

Tel est notre dernier mot sur cette fameuse théorie des vitesses virtuelles, dont on a tant usé, et quelquefois abusé.

# SECTION II.

## DE LA DYNAMIQUE D'UN SEUL POINT MATÉRIEL.

1. La *dynamique* est la science complète des forces, des masses et des vitesses des corps.

2. Le mot force ne devant plus servir à désigner une cause quelconque de mouvement, mais bien cette cause particulière, ou plutôt cet effet particulier d'une cause quelconque, qu'on nomme une pression ou une traction, et que nous apprécions avec un si haut degré de clarté dans un fil tendu, supposé dépourvu de sa qualité matière ou masse, le problème fondamental de la dynamique se présentera avec une grande apparence de simplicité. Nous n'aurons qu'à nous représenter un point matériel attaché à l'une des extrémités d'un fil, pendant que nous ferons mouvoir l'autre extrémité du fil comme nous voudrons. Alors il est clair qu'en produisant de l'allongement dans le fil, nous y ferons naître de la force, et qu'au moyen de cette force le mouvement du point matériel pourra être modifié d'une multitude de manières.

3. Quand le fil se trouvera à l'état flottant, ou même à l'état rectiligne mais sans allongement, il n'y aura pas de force en jeu, et le point matériel se mouvra de la manière qui lui sera propre, ou bien de la manière qui lui sera imposée par des causes quelconques non matériellement apparentes. Ces causes feront alors du mouvement et ne feront pas de force.

4. Quand le fil se trouvera obligatoirement allongé, il y naîtra de la force,

et cette force fera changer le mouvement du point matériel ; mais *le changement de mouvement se ferait instantanément, avec une rapidité égale à celle de l'allongement du fil de manière à empêcher cet allongement, et par suite, à empêcher la naissance de la force, si le point matériel, en raison de sa masse et en raison du changement de mouvement qu'il subira en effet, n'avait pas la propriété de faire une force résistante égale et contraire à celle du fil.*

5. Donc, alors, les causes qui agiront sur le point matériel feront à la fois du mouvement et de la force, mais le mouvement sera différent de celui qui aurait lieu en l'absence de la force, et, par conséquent, il y aura deux effets simultanés, savoir, d'une part, l'allongement du fil et la force qui en dépendra d'après la seule nature du fil ; d'autre part, le changement de mouvement qui dépendra de la force, ou plutôt le changement de mouvement au moyen duquel la masse du point matériel servira à faire une force résistante égale et contraire à celle du fil.

6. Si nous convenons d'appliquer la dénomination usitée de *force d'inertie* à cette action résistante d'un point matériel sur un fil, sans laquelle il ne pourrait plus y avoir d'allongement, ni par conséquent de force dans le fil, il sera bien évident que la règle fondamentale de la dynamique deviendra une question de pure statique, ou d'équilibre entre les forces d'inertie des différentes parcelles de matière d'un corps et toutes les autres forces du corps.

Mais il faudra que nous résolvions le problème qui aura pour objet de faire *trouver la direction et l'intensité de la force d'inertie d'un point matériel en fonction de la masse du point, et en fonction de tel changement de mouvement que nous voudrons supposer.*

7. Quand il nous plaira de supposer un changement de mouvement qui réduira exceptionnellement à zéro la vitesse modifiée ou résultante, nous pourrons dire que les causes de mouvement du point matériel ne serviront qu'à faire de la force sur le fil, et quand, en outre, la direction ainsi que l'allongement du fil resteront exactement les mêmes, nous aurons le cas particulier d'un *fil à plomb* mis dans un état de parfaite immobilité à la surface de la terre.

8. L'expérience nous apprend, en effet, qu'un fil à plomb peut ainsi être

tenu indéfiniment à l'état de repos, et qu'alors il y a de la force dans le fil ; de cette force que nous pouvons apprécier à l'aide de nos organes, et que nous pouvons mesurer encore dans son intensité, par le changement de figure de quelque disposition élastique dans le mode de suspension du système.

La force agira dans la direction du fil avec une égale intensité à chacune des deux extrémités sur les choses quelconques adjacentes, et par conséquent elle agira à l'une des extrémités sur le point matériel qui s'y trouvera.

L'intensité de la force ne dépendra que de l'allongement et de la nature du fil, mais l'allongement serait nul, et il n'y aurait plus de force dans le fil, si le point matériel n'avait pas la propriété de faire une force résistante égale et contraire à celle du fil, c'est-à-dire, une force d'inertie capable d'être en équilibre avec la force d'allongement du fil.

9. C'était précisément cette valeur particulière de la force d'inertie d'un point matériel à la surface de la terre, que dans les applications de la statique proprement dite aux seuls corps en repos, nous nommions la force de pesanteur ou le poids du point matériel, et qu'alors nous avions à déterminer expérimentalement, à l'aide des propriétés élastiques de certains corps, comme aussi à l'aide des conditions d'équilibre de la balance, sans nous occuper ni de la masse du point matériel, ni de la nature du mouvement qui aurait eu lieu, si le point de suspension du fil à plomb était venu à manquer.

10. Actuellement, au contraire, nous devrons porter toute notre attention sur la masse d'un point matériel, supposé attaché à l'extrémité d'un fil, et sur le changement de mouvement que la force du fil servira à accomplir, ou bien sur le mouvement qui viendra à naître quand le fil sera coupé, parce que ce dernier mouvement, pris en sens contraire, représentera toujours le premier ou le changement en question, et que la force du fil devra être dans une certaine relation avec ce changement, ainsi qu'avec la masse du point.

11. Ce ne sera, à la vérité, que la force d'inertie du point matériel, qui sera dans une relation nécessaire avec la masse et avec le changement de mouvement du point, mais comme une telle force d'inertie devra être tou-

jours égale et contraire à la force d'allongement du fil, il est clair que les deux manières de voir seront parfaitement équivalentes, dès l'instant qu'on n'oubliera pas ce principe fondamental qu'*en pure statique il ne devra être question que de la force d'allongement du fil, et qu'en pure dynamique il ne devra être question que de la force d'inertie du point matériel.*

12. Ces deux forces seront toujours égales et contraires dans la direction du fil, et, par conséquent, la connaissance de l'une entraînera la connaissance de l'autre; mais ni l'une ni l'autre ne seront des causes primitives de mouvement, ni même des causes de changement de mouvement, ainsi qu'on le dit ordinairement.

Ce ne seront véritablement que des effets; mais des effets simultanés d'une cause commune; car l'une des forces ne pourra avoir lieu sans l'autre, et quoique la force d'allongement du fil ne dépende directement que de la quantité d'allongement et de la nature du fil, il est bien clair cependant que la quantité d'allongement qui se trouvera actuellement dans un fil, ne sera qu'un *effet complexe des causes quelconques qui auront dû agir antérieurement aux deux extrémités du fil,* tandis que la force d'inertie sera un *effet complexe de la masse et de la grandeur actuelle du changement de mouvement du point matériel.*

13. Ainsi, le but de la dynamique ne sera pas d'établir une relation entre une cause quelconque et son effet, mais une relation entre deux effets simultanés d'une cause quelconque, entre deux effets correspondants dont l'un ne pourra avoir lieu sans l'autre, de telle sorte que la commune relation de ces deux effets acquerra la même signification que si l'un des effets à volonté était la cause de l'autre.

14. Donc, au point de vue purement abstrait des choses, il sera parfaitement indifférent de regarder la force d'un fil sur un point matériel, comme la cause du changement de mouvement du point matériel, ou réciproquement de regarder le changement de mouvement du point matériel, comme la cause de la force du point matériel sur le fil.

15. Mais au point de vue physique et expérimental des choses, il y aura une distinction capitale à faire en ce que la force F d'un fil pourra seule être regardée comme une quantité élémentaire et directement mesurable par

l'allongement du fil, tandis que l'idée du changement de mouvement ne
saurait nous conduire qu'au produit de la masse $m$ d'un point matériel, par
une certaine longueur ou vitesse $f$ qui servira à représenter le changement
de mouvement du point matériel, et parce qu'il n'y aura véritablement pas
d'autre moyen en mécanique de connaître la masse $m$ d'un corps, que celui
qui résultera de l'équation de principe même que nous rencontrerons tout
à l'heure sous la forme

$$F = mf$$

en égalant l'intensité statique ou dynamométrique F de la force d'un fil sur
un point matériel, à la force égale et contraire, ou à la force d'inertie $mf$ du
point matériel sur le fil.

A ce point de vue, donc, une science mécanique, non spéculative, mais
réelle, ne saurait être fondée que de la manière que nous avons employée
jusqu'ici et que nous allons développer jusqu'au bout.

16. Le problème qu'il nous faudra résoudre aura pour objet de faire
trouver la relation d'une force avec le changement de mouvement correspondant et avec la masse du point matériel, ou bien la relation d'une force
avec l'effet géométriquement évident de cette force ainsi qu'avec la masse
du point, et cette relation que nous devrons établir généralement pour un
fil à plomb, dont le point de suspension sera transporté obligatoirement
comme on voudra, fera la seule et unique difficulté de la science de la dynamique.

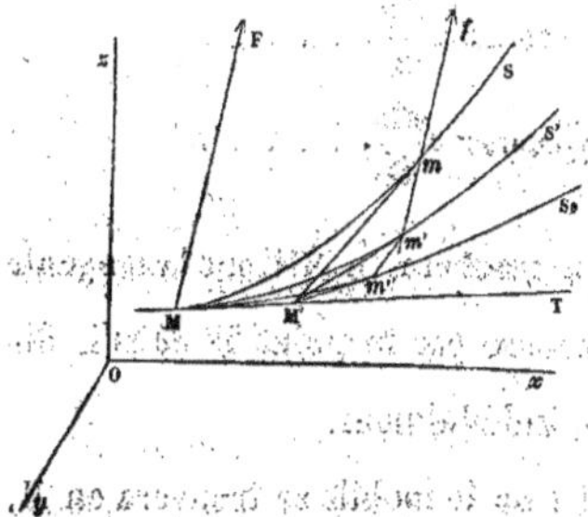

17. Pour lever une telle difficulté ou
pour résoudre le problème dont il est
question, nous représenterons par MS
la trajectoire d'un point matériel supposé attaché à l'extrémité d'un fil dont
l'autre extrémité se mouvra obligatoirement comme on voudra.

Si nous considérons le mobile dans
deux positions très-voisines M, $m$ aux
instants $t$ et $t + \theta$, le long de la courbe
MS, il suffira qu'il y ait une parfaite continuité dans le mouvement pour

que les projections de l'arc M$m$ sur les axes rectangulaires des $x$, $y$, $z$ puissent être représentées par les formules connues

$$\frac{dx}{dt}\,\theta + \frac{d^2x}{dt^2}\,\frac{\theta^2}{1.2} + \frac{d^3x}{dt^3}\,\frac{\theta^3}{1.2.3} + \ldots\ldots$$

$$\frac{dy}{dt}\,\theta + \frac{d^2y}{dt^2}\,\frac{\theta^2}{1.2} + \frac{d^3y}{dt^3}\,\frac{\theta^3}{1.2.3} + \ldots\ldots$$

$$\frac{dz}{dt}\,\theta + \frac{d^2z}{dt^2}\,\frac{\theta^2}{1.2} + \frac{d^3z}{dt^3}\,\frac{\theta^3}{1.2.3} + \ldots\ldots$$

Ces formules expriment qu'à l'instant $t + \theta$, le mobile se trouvera à l'extrémité d'un contour polygonal formé, à partir de la position initiale M, avec des côtés égaux aux produits

$$v\theta, \quad \varphi\,\frac{\theta^2}{1.2}, \quad \varphi_1\,\frac{\theta^3}{1.2.3}, \ldots\ldots$$

et parallèles aux droites

$$v, \quad \varphi, \quad \varphi_1, \quad \varphi_2, \ldots\ldots$$

dont les longueurs et les directions dépendront des relations

$$v\cos.\alpha = \frac{dx}{dt}, \quad \varphi\cos.\lambda = \frac{d^2x}{dt^2}, \quad \varphi_1\cos.\lambda_1 = \frac{d^3x}{dt^3}, \ldots\ldots$$

$$v\cos.\beta = \frac{dy}{dt}, \quad \varphi\cos.\mu = \frac{d^2y}{dt^2}, \quad \varphi_1\cos.\mu = \frac{d^3y}{dt^3}, \ldots\ldots$$

$$v\cos.\gamma = \frac{dz}{dt}, \quad \varphi\cos.\nu = \frac{d^2z}{dt^2}, \quad \varphi_1\cos.\nu = \frac{d^3z}{dt^3}, \ldots\ldots$$

Le premier côté du contour polygonal $v\theta$ tombera en MM′ sur la tangente à la courbe MS; le deuxième côté $\varphi\,\dfrac{\theta^2}{1.2}$ passera par le point M′ dans la direction des angles $\lambda$, $\mu$, $\nu$, et ainsi de suite indéfiniment.

18. Cela posé, imaginons qu'à l'instant $t$ où le mobile se trouvera en M, le fil MF vienne à être coupé et que, par suite de l'anéantissement de la force

F du fil, le point matériel, en se mouvant de la manière qui lui sera propre, ou bien de la manière qui lui sera imposée par des causes quelconques non matériellement apparentes, se trouve à l'instant $t+\theta$ en un point $m'$ de quelque autre trajectoire MS'.

Alors les projections de l'arc M$m'$ seront

$$\frac{dx'}{dt}\,\theta + \frac{d^2x'}{dt^2}\,\frac{\theta^2}{1.2} + \frac{d^3x'}{dt^3}\,\frac{\theta^3}{1.2.3} + \ldots$$

$$\frac{dy'}{dt}\,\theta + \frac{d^2y'}{dt^2}\,\frac{\theta^2}{1.2} + \frac{d^3y'}{dt^3}\,\frac{\theta^3}{1.2.3} + \ldots$$

$$\frac{dz'}{dt}\,\theta + \frac{d^2z'}{dt^2}\,\frac{\theta^2}{1.2} + \frac{d^3z'}{dt^3}\,\frac{\theta^3}{1.2.3} + \ldots$$

et pour celles de la ligne $m'm$, en allant du point $m'$ vers le point $m$, on trouvera les différences :

$$\left(\frac{dx}{dt} - \frac{dx'}{dt}\right)\theta + \left(\frac{d^2x}{dt^2} - \frac{d^2x'}{dt^2}\right)\frac{\theta^2}{1.2} + \left(\frac{d^3x}{dt^3} - \frac{d^3x'}{dt^3}\right)\frac{\theta^3}{1.2.3} + \ldots$$

$$\left(\frac{dy}{dt} - \frac{dy'}{dt}\right)\theta + \left(\frac{d^2y}{dt^2} - \frac{d^2y'}{dt^2}\right)\frac{\theta^2}{1.2} + \left(\frac{d^3y}{dt^3} - \frac{d^3y'}{dt^3}\right)\frac{\theta^3}{1.2.3} + \ldots$$

$$\left(\frac{dz}{dt} - \frac{dz'}{dt}\right)\theta + \left(\frac{d^2z}{dt^2} - \frac{d^2z'}{dt^2}\right)\frac{\theta^2}{1.2} + \left(\frac{d^3z}{dt^3} - \frac{d^3z'}{dt^3}\right)\frac{\theta^3}{1.2.3} + \ldots$$

Or la ligne $m'm$ représentera le changement de mouvement que la force F du fil servait à accomplir, et par conséquent la force F devra être dans une certaine relation déterminée avec la direction comme avec la longueur de la ligne $m'm$, ainsi qu'avec la masse du point, à la condition toutefois que le temps $\theta$ devra être pris assez petit pour que l'arc $m'm$ de la courbe que représenteront généralement ces formules à l'égard du point $m'$ comme origine mobile, devienne sensiblement droit, et pour que la direction de cette droite puisse être déterminée avec une entière précision; cela se réduira évidemment à ne conserver que les premiers termes des séries qui représenteront les projections de l'arc $m'm$ sur les axes rectangulaires des $x$, $y$, $z$.

Mais il y a à faire remarquer que dans ces séries on aura toujours :

$$\frac{dx'}{dt} = \frac{dx}{dt}, \quad \frac{dy'}{dt} = \frac{dy}{dt}, \quad \frac{dz'}{dt} = \frac{dz}{dt}$$

parce que l'expérience nous apprend que la vitesse d'un point matériel ne saurait changer brusquement par le fait de la disparition, comme aussi par celui de la réapparition brusque de la force d'un fil.

19. Il ne serait même pas nécessaire d'en référer à l'expérience à ce sujet, car du moment où l'action d'une force sera conçue comme une quantité durable et continue, il est clair que l'hypothèse d'un changement brusque de vitesse à l'instant où la force F d'un fil commencera à agir sur un point matériel, nous amènerait à concevoir des changements brusques de vitesse à tous les instants successifs aussi rapprochés que nous voudrions les imaginer, pendant la durée de la force le long de la trajectoire MS, de manière à nous faire trouver une vitesse résultante infiniment grande le long de cette trajectoire au bout d'un temps fini, ce qui est absurde.

Donc les projections de la longueur $m'm$ se simplifieront, et les premiers termes des trois séries restantes seront

$$\left(\frac{d^2x}{dt^2} - \frac{d^2x'}{dt^2}\right)\frac{\theta^2}{1.2}$$

$$\left(\frac{d^2y}{dt^2} - \frac{d^2y'}{dt^2}\right)\frac{\theta^2}{1.2}$$

$$\left(\frac{d^2z}{dt^2} - \frac{d^2z'}{dt^2}\right)\frac{\theta^2}{1.2}$$

20. Ou bien l'on pourra dire que les vitesses communes

$$\frac{dx}{dt} = \frac{dx'}{dt}, \quad \frac{dy}{dt} = \frac{dy'}{dt}, \quad \frac{dz}{dt} = \frac{dz'}{dt},$$

au point M des deux trajectoires, éprouveront les accroissements infiniment petits

$$\frac{d^2x}{dt^2}\theta, \quad \frac{d^2y}{dt^2}\theta, \quad \frac{d^2z}{dt^2}\theta$$

quand on passera du point M, au point $m$, le long de la trajectoire MS, et les accroissements correspondants

$$\frac{d^2x'}{dt^2}\theta, \quad \frac{d^2y'}{dt^2}\theta, \quad \frac{d^2z'}{dt^2}\theta$$

quand on passera du point M au point $m'$ le long de la trajectoire MS' ;
qu'ainsi la force de traction F du fil sur le point matériel, le long de la trajectoire MS, servira à produire les accroissements de vitesses infiniment
petits

$$\left(\frac{d^2x}{dt^2} - \frac{d^2x'}{dt^2}\right)\theta$$

$$\left(\frac{d^2y}{dt^2} - \frac{d^2y'}{dt^2}\right)\theta$$

$$\left(\frac{d^2z}{dt^2} - \frac{d^2z'}{dt^2}\right)\theta$$

à l'égard des vitesses finies et infiniment petites qui auraient lieu à chaque
instant, en l'absence de la force F, le long de la trajectoire $mS'$.

21. Ou bien, enfin, l'on pourra dire que la brusque apparition de la force
de traction F du fil produira les changements brusques

$$\frac{d^2x}{dt^2} - \frac{d^2x'}{dt^2}$$

$$\frac{d^2y}{dt^2} - \frac{d^2y'}{dt^2}$$

$$\frac{d^2z}{dt^2} - \frac{d^2z'}{dt^2}$$

dans les dérivées secondes des coordonnées du point mobile, le long de la
trajectoire MS' que ce mobile suivrait en l'absence de la force de traction F
du fil.

22. De toute manière, ce sera *l'expérience* seule qui pourra nous faire
connaître ce que devront être les dérivées secondes

$$\frac{d^2x'}{dt^2}, \quad \frac{d^2y'}{dt^2}, \quad \frac{d^2z'}{dt^2}$$

dans le mouvement d'un point matériel entièrement libre en apparence le
long de la trajectoire MS'.

Supposons donc que l'expérience nous ait fait trouver :

$$\frac{d^2 x'}{dt^2} = a, \quad \frac{d^2 y'}{dt^2} = b, \quad \frac{d^2 z'}{dt^2} = c$$

et par suite :

$$\frac{d^3 x'}{dt^3} = \frac{da}{dt}, \quad \frac{d^3 y'}{dt^3} = \frac{db}{dt}, \quad \frac{d^3 z'}{dt^3} = \frac{dc}{dt}$$

$$\cdots \cdots \cdots \cdots$$

$$\cdots \cdots \cdots \cdots$$

les quantités $a, b, c$ pouvant être telles fonctions que l'on voudra du temps, ainsi que des coordonnées $x, y, z$, et des vitesses

$$\frac{dx}{dt}, \quad \frac{dy}{dt}, \quad \frac{dz}{dt}.$$

23. Alors en désignant par $f$ la diagonale du parallélogramme que l'on pourra former sur les longueurs qui représenteront les accroissements brusques des dérivées secondes des coordonnées du mobile, on aura, pour déterminer à la fois la longueur de la droite $f$ et les angles $\alpha, \beta, \gamma$ de la droite $f$ avec les axes rectangulaires des $x, y, z$, les trois équations :

$$f \cos.\alpha = \frac{d^2 x}{dt^2} - a$$

$$f \cos.\beta = \frac{d^2 y}{dt^2} - b$$

$$f \cos.\gamma = \frac{d^2 z}{dt^2} - c$$

et ce sera dans la direction des angles $\alpha, \beta, \gamma$ de ces équations qu'il faudra porter soit la longueur finie

$$f$$

qui représentera le changement résultant des dérivées secondes des coordonnées du mobile, soit la longueur infiniment petite du premier ordre

$$f \theta$$

qui représentera le changement résultant de la vitesse du mobile, soit enfin la longueur infiniment petite du deuxième ordre

$$f \frac{\theta^2}{1.2}$$

qui représentera le changement résultant du mouvement du point matériel dans la direction initiale de la ligne $m'm$ de la figure.

24. On ne pourra donc se refuser d'admettre que la force de traction F du fil dépendra principalement de la grandeur et de la direction de la longueur $f$ des formules que nous venons de trouver, ainsi que de la masse $m$ du point matériel, et qu'il ne saurait y avoir de force dans le fil si l'on avait, soit

$$f = 0,$$

soit

$$m = 0.$$

Le principe de la dynamique que nous cherchons à découvrir se réduira, en effet, à ce qui suit :

1° *La direction de la force sera celle de la longueur $f$ des formules dont il est question.*

2° *L'intensité de la force sera égale au produit de la longueur $f$ par la masse $m$ du point matériel.*

Mais ce principe sera-t-il une pure hypothèse, ou un fait d'expérience, ou une vérité mathématiquement évidente; voilà ce qui n'a pas encore été complétement éclairci dans la science de la mécanique, et ce que nous allons tâcher de mettre dans un nouveau jour.

25. Que l'intensité de la force doive augmenter proportionnellement à la masse ou proportionnellement au nombre des points matériels parfaitement équivalents, que l'on pourra attacher à la fois à l'extrémité d'un fil, cela est tellement évident ou tellement nécessaire d'après la seule idée que nous puissions avoir du mot *masse*, qu'on ne saurait y voir le plus minime sujet de doute.

26. Ce qui regarde la direction de la force dans le sens de la longueur $f$,

n'est pas aussi clair de soi-même, mais on nous permettra peut-être de regarder comme évident que le plus ou moins de masse, qui fait naître plus ou moins de force, ne fait rien à la direction de la force, et comme avec une masse nulle un point mobile ne saurait manquer de se mouvoir instantanément dans le sens d'un fil préalablement allongé et dépourvu lui-même de sa qualité matière ou masse, il s'ensuivra que toujours la direction de la force devra être celle de la longueur $f$ de nos formules.

27. Il serait préférable, néanmoins, de ne pas être obligé de faire évanouir la grandeur de la masse dans le cours du raisonnement, et pour y parvenir, nous décomposerons le mouvement du point matériel le long de la trajectoire MS en deux ou trois autres, l'un dans la direction du fil, l'autre dans une ou dans deux directions perpendiculaires.

Alors nous concevrons parfaitement que dans la direction du fil il pourra y avoir une cause de changement de mouvement, et que même cette cause deviendrait une absolue nécessité, s'il nous plaisait de supposer un fil inextensible, dont le point de suspension se mouvrait obligatoirement comme on voudrait.

Il nous sera donc toujours loisible de produire tel changement de mouvement que nous voudrons dans la direction d'un fil ; mais dans une direction perpendiculaire, le fil supposé dépourvu de sa qualité matière ou masse ne sera-t-il pas absolument indifférent à participer à telle vitesse finie ou infiniment petite que l'on voudra imaginer, et que le point matériel attaché au fil prendra ou de lui-même, ou en vertu d'autres causes quelconques non en rapport avec la force du fil ?

On a vu, d'autre part, que le mouvement d'un point matériel est une chose tellement persistante, que la force la plus intense d'un fil élastique ne saurait faire changer la vitesse qui aurait lieu en l'absence de la force que d'une quantité infiniment petite, pendant un intervalle de temps infiniment court.

Le changement de la vitesse sera donc infiniment petit dans la direction du fil, c'est-à-dire dans la direction d'une force aussi intense que l'on voudra, et par conséquent on ne comprendra pas ce qui pourrait faire changer le mouvement dans une direction perpendiculaire au fil, où il n'y aura aucune force ni cause obligatoire qui puisse être attribuée à la présence du fil.

Ainsi, le mouvement latéral du point matériel dans une direction perpendiculaire au fil ne devra pas changer, et par suite, la direction de la force F devra être celle de la longueur $f$ des formules dont il a été question.

28. L'expérience, au surplus, ne nous laissera aucun doute à cet égard ; il suffira que dans notre figure nous regardions le fil MF comme étant celui d'un fil à plomb mis dans un état de parfaite immobilité à la surface de la terre, pour que la courbe MS devienne la trajectoire du point matériel dans l'espace, à raison du mouvement de translation et de rotation du globe terrestre à l'égard de tels axes rectangulaires des $x, y, z$, pris en dehors du globe que l'on voudra, et pour que la courbe MS' devienne celle du mouvement correspondant du point matériel, dans le cas où le fil viendrait à être coupé à l'instant $t$, dans la position M du mobile, c'est-à-dire, enfin, pour que la petite ligne $mm'$ devienne celle du mouvement apparent du point matériel à la surface de la terre, à partir de l'instant où la suspension du fil à plomb sera venue à manquer.

Or, dans cette expérience, il a toujours été constaté que la direction $mm'$ tombait dans le prolongement du fil $mF$ à quelque heure du jour ou à quelque jour de l'année que l'on ait voulu s'en assurer.

Nous régarderons donc comme bien établi que la direction de la force F d'un fil sur un point matériel sera toujours celle de la longueur $f$ des formules

$$f \cos.\alpha = \frac{d^2x}{dt^2} - a$$

$$f \cos.\beta = \frac{d^2y}{dt^2} - b$$

$$f \cos.\gamma = \frac{d^2z}{dt^2} - c$$

29. Nous régarderons encore comme évident que la force F sera proportionnelle à la masse $m$ du mobile, et que, par suite, on ne pourra avoir qu'une relation de la forme

$$F = mf\psi(f,....)$$

entre l'intensité statique ou dynamométrique de la force F, et entre la masse $m$, ainsi que la longueur $f$ du changement de mouvement du point matériel; la fonction $\psi$ qui multipliera le produit $mf$ pouvant dépendre en toute rigueur, au point de vue purement abstrait des choses, de la longueur et de la direction de la droite $f$, du temps ainsi que de la position et de la vitesse du point mobile dans l'espace.

Sans rien préjuger à cet égard, il est clair qu'en désignant par X, Y, Z les trois composantes de la force F, parallèlement aux axes rectangulaires des $x, y, z$, on aura:

$$X = F \cos.\alpha = m \left( \frac{d^2 x}{dt^2} - a \right) \psi$$

$$Y = F \cos.\beta = m \left( \frac{d^2 y}{dt^2} - b \right) \psi$$

$$Z = F \cos.\gamma = m \left( \frac{d^2 z}{dt^2} - c \right) \psi$$

Il restera donc à prouver encore que la fonction $\psi$ de ces trois formules devra être une constante, de telle sorte qu'en choisissant convenablement l'unité de masse, on pourra faire

$$\psi = 1$$
$$F = mf.$$

50. Cette troisième et dernière partie du principe de la dynamique n'est pas directement aussi évidente que les deux autres.

Il nous sera permis seulement de dire que la fonction $\psi$ ne saurait dépendre de la position du mobile dans l'espace, parce que les propriétés de la matière devront être conçues comme étant partout les mêmes.

Il nous sera permis encore d'invoquer l'expérience déjà citée d'un fil à plomb à la surface de la terre pour que l'hypothèse du mouvement de translation et de rotation du globe dans l'espace nous amène à conclure, que la fonction $\psi$ ne saurait dépendre ni de la direction de la longueur $f$, ni du temps, ni de la vitesse du point mobile dans l'espace, d'autant plus que la vitesse serait une quantité absolument arbitraire, si nous ne préjugions rien de l'état spécial de mouvement du système rigide auquel tiendraient les axes rectangulaires des $x, y, z$, et que cette vitesse serait égale à zéro, si dans l'expérience que nous invoquons les axes rectangulaires des $x, y, z$ étaient fixement attachés au globe terrestre.

Mais voilà tout ce que nous pourrons voir directement, tant par le raisonnement que par l'expérience d'un fil à plomb supposé en repos à la surface de la terre ; car en prenant pour la quantité $\psi$ une fonction arbitraire de la longueur $f$, nous aurons

$$F = mf\psi(f),$$

et pour un autre fil à plomb mis aussi dans un état de parfaite immobilité à la surface de la terre

$$F' = m'f'\psi(f');$$

puis de ce que l'expérience nous fera trouver en un même lieu

$$f = f' = g$$

nous conclurons de ces deux équations le même rapport

$$\frac{F}{F'} = \frac{m}{m'}$$

que celui que nous tirerions des équations usuelles

$$F = mg$$
$$F' = m'g.$$

Ainsi, par l'expérience déjà citée d'un fil à plomb à la surface de la terre en un même lieu , nous ne saurions reconnaître si la quantité $\psi$ variera ou ne variera pas avec la longueur $f$ du changement de mouvement d'un point matériel.

Pour qu'une telle vérification pût avoir lieu, il faudrait qu'avec un même fil à plomb, transporté en différents lieux du globe, l'expérience nous fît trouver des longueurs $f$ et des forces statiques ou dynamométriques correspondantes F très-différentes les unes des autres.

On a reconnu, il est vrai, que des pôles à l'équateur, comme aussi du niveau de la mer aux sommets des montagnes et au fond des mines, les quantités F et $f$ vont toujours en diminuant, mais pas assez pour qu'on puisse se servir de pareilles déterminations expérimentales au point de vue de la vérification de la formule de principe

$$F = mf$$

51. Pour reconnaître l'exactitude de cette formule ou l'invariabilité de la quantité $\psi$, il nous faudra invoquer un autre principe, celui de l'*indépendance des effets partiels de plusieurs forces simultanées* X, Y, Z.

Il nous suffira, en effet, de regarder nos formules pour voir qu'une telle indépendance n'aurait pas lieu si la fonction $\psi$ dépendait de la longueur résultante $f$ du changement de mouvement que produirait la résultante F des trois forces simultanées X, Y, Z.

Les mêmes formules nous feront voir aussi que du moment où la fonction $\psi$ ne renfermera pas la longueur résultante $f$ du changement de mouvement des trois forces simultanées X, Y, Z, chacune de ces trois forces ne dépendra plus que du changement partiel correspondant dans le sens de cette force, et que la même indépendance aura lieu pour des forces obliquangles comme pour des forces perpendiculaires.

La règle du parallélogramme des forces en statique se confondra alors avec celle du parallélogramme des chemins ou des vitesses en géométrie, ou, du moins, les deux figures seront toujours semblables, de manière à pouvoir être remplacées l'une par l'autre.

52. Le principe de l'indépendance des effets partiels de plusieurs forces simultanées n'est pas, à la vérité, directement évident, quand les forces sont obliquangles; mais quand il n'y aura que deux forces perpendiculaires, on nous permettra, sans doute, de raisonner comme plus haut, en disant qu'avec une force de traction F dans un fil, il nous sera toujours loisible de produire tel changement de mouvement que nous voudrons dans la direction du fil, tandis que, dans une direction perpendiculaire, le fil supposé dépourvu de sa qualité matière ou masse, sera absolument indifférent à participer à telle vitesse finie ou infiniment petite que l'on voudra imaginer, et à laquelle le point matériel pourra obéir ou de lui-même, ou en vertu d'une cause quelconque, non en rapport avec la force du premier fil; que,

par conséquent, le point matériel pourra être tiré par un deuxième fil dans une direction perpendiculaire au premier, et qu'alors on ne concevra pas ce qui pourrait empêcher l'un des fils de venir à l'appel de l'autre, ni ce qui pourrait empêcher le point matériel d'obéir à l'une des tractions, comme si l'autre n'agissait pas.

55. De ce seul raisonnement, nous aurions à conclure qu'avec trois forces perpendiculaires et simultanées X, Y, Z, on ne saurait avoir que

$$X = m\left(\frac{d^2x}{dt^2} - a\right)A$$

$$Y = m\left(\frac{d^2y}{dt^2} - b\right)B$$

$$Z = m\left(\frac{d^2z}{dt^2} - c\right)C$$

la fonction A ne devant dépendre que du changement partiel

$$\frac{d^2x}{dt^2} - a$$

dans le sens des $x$, et les fonctions B, C ne devant dépendre pareillement que des changements partiels correspondants dans les deux sens des $y$ et des $z$.

Or, les trois forces simultanées X, Y, Z équivaudront à leur résultante F, et d'autre part les trois changements partiels équivaudront à la longueur résultante $f$ que l'on trouvera par les formules

$$f\cos.\alpha = \frac{d^2x}{dt^2} - a$$

$$f\cos.\beta = \frac{d^2y}{dt^2} - b$$

$$f\cos.\gamma = \frac{d^2z}{dt^2} - c$$

de telle sorte que la direction de la force résultante F ne pourra être celle de la longueur résultante $f$ qu'autant qu'on aura

$$A = B = C$$

Mais dans ce nouveau raisonnement, comme dans le précédent, à l'occasion de la fonction $\psi$, rien ne prouve, à priori, au point de vue purement abstrait des choses, que la commune valeur des quantités A, B, C ne puisse dépendre encore en toute rigueur du temps et des coordonnées $x, y, z$, ainsi que des vitesses

$$\frac{dx}{dt}, \quad \frac{dy}{dt}, \quad \frac{dz}{dt}$$

L'expérience seule pourra nous faire exclure de telles suppositions, en nous apprenant que les propriétés de la matière devront être conçues comme étant les mêmes dans toutes les positions, et dans toutes les directions de l'espace, et les mêmes encore avec toutes les vitesses apparentes de mouvement.

54. En résumé, ce sera le sentiment physique et expérimental des choses qui nous obligera de faire

$$A = B = C = \psi = \text{const.}$$

dans nos formules, et alors en choisissant convenablement l'unité de masse, nous aurons

$$F = mf$$
$$X = m\left(\frac{d^2x}{dt^2} - a\right)$$
$$Y = m\left(\frac{d^2y}{dt^2} - b\right)$$
$$Z = m\left(\frac{d^2z}{dt^2} - c\right)$$

c'est-à-dire que la force d'inertie d'un point matériel sera dirigée en sens contraire de la longueur $f$ des formules

$$f\cos.\alpha = \frac{d^2x}{dt^2} - a$$
$$f\cos.\beta = \frac{d^2y}{dt^2} - b$$
$$f\cos.\gamma = \frac{d^2z}{dt^2} - c$$

avec une intensité égale au produit de la longueur $f$ par la masse du point.

Mais on voit que ce ne sera pas une de ces vérités élémentaires que l'on puisse admettre en guise d'axiome dès le début de la science.

Ce ne sera pas non plus une vérité purement abstraite, ni purement expérimentale; il s'y trouvera beaucoup de l'une et beaucoup de l'autre, et les applications ultérieures de la science qui en dépendra devront en vérifier la parfaite justesse.

55. Ainsi, l'idée de l'indestructibilité de la masse d'un corps, soit avec le temps, soit par des causes physiques ou chimiques, ne sera que du ressort de l'expérience.

56. L'application de la formule

$$F = mf$$

aux phénomènes de la pesanteur terrestre sous la forme usuelle

$$P = mg$$

à l'égard des poids P des corps que l'on trouvera avec une si grande précision à l'aide d'une balance; cette application, disons-nous, ne sera jamais une vérification du principe de la dynamique; ce ne sera que le procédé expérimental le plus simple, dont nous nous servirons habituellement pour trouver la valeur numérique de la constante

$$m = \frac{P}{g}$$

en un lieu donné, sans nous occuper de l'intensité absolue ou dynamométrique de l'unité de poids en ce lieu.

57. D'après cette formule, les masses ne seront proportionnelles aux poids des corps que parce que l'expérience nous fera trouver la même longueur $g$ pour toutes les parcelles de matière d'un corps, et la même longueur $g$ encore pour toutes les espèces de corps dans un espace entièrement vide; mais toujours nous aurons au point de vue purement statique de la mesure des forces

$$P = \varpi V$$

la lettre V servant à désigner le volume du corps, et la lettre $\varpi$ la quantité de matière pondérable sous l'unité de volume.

Par le moyen de cette formule statique, la formule dynamique nous donnera ensuite

$$m = \frac{P}{g} = \frac{\varpi V}{g}$$

et quand nous poserons

$$\rho = \frac{\varpi}{g}$$

nous aurons

$$m = \rho V$$

la lettre $\rho$ servant à désigner la *densité* ou la masse du corps par unité de volume.

58. Mais ces différentes relations ne seront, au fond, que les définitions des valeurs expérimentales des quantités $m$ et $\rho$, que l'on aura besoin de faire entrer dans les formules de la dynamique en un lieu donné du globe (comme aussi en un lieu quelconque quand on regardera le rapport des quantités $\varpi$ et $g$ comme constant), et ces relations n'apprendront rien sur l'exactitude ou l'inexactitude de la formule de principe

$$F = mf = P \frac{f}{g}$$

tant qu'on ne vérifiera pas pour d'autres cas, avec des longueurs $f$ et $g$ très-inégales, la proportionnalité

$$\frac{F}{P} = \frac{f}{g}$$

59. Sauf une telle vérification, nous aurons, pour la théorie générale du mouvement d'un point matériel de masse $m$ à la surface de la terre, les

trois équations

$$X = m\left(\frac{d^2x}{dt^2} - a\right)$$

$$Y = m\left(\frac{d^2y}{dt^2} - b\right)$$

$$Z = m\left(\frac{d^2z}{dt^2} - c\right)$$

dont la discussion sera bien facile.

40. Quand nous y ferons à la fois

$$X = 0, \quad Y = 0, \quad Z = 0$$

nous trouverons

$$\frac{d^2x}{dt^2} = a$$

$$\frac{d^2y}{dt^2} = b$$

$$\frac{d^2z}{dt^2} = c$$

pour le mouvement d'un point matériel entièrement libre, et l'expérience seule pourra nous apprendre ce que devront être les longueurs $a, b, c$.

Or, l'expérience nous apprend à ce sujet qu'avec des axes fixement attachés au globe, celui des $z$ étant pris de haut en bas dans la direction de la verticale, c'est-à-dire dans la direction d'un fil à plomb mis à l'état de repos, on a en chaque lieu de la terre pour toutes les espèces de matière et pour toutes les vitesses

$$a = 0$$
$$b = 0$$
$$c = \text{const.} g,$$

ce qui entraînera une trajectoire de forme parabolique dont nous ne développerons pas ici les équations.

41. Dans un autre lieu, et à l'égard d'une autre verticale, on aura

$$a = 0$$
$$b = 0$$
$$c = \text{const.}\, g' ;$$

mais du moment où cette autre verticale ne sera pas parallèle à la première, il est clair qu'il y aura contradiction entre les deux systèmes de formules, et que chacun ne pourra être sensiblement vrai que dans une région très-circonscrite autour de l'axe des $z$.

42. Cette espèce de difficulté disparaîtra entièrement quand on n'examinera que le cas particulier de la chute verticale des corps pesants qui est exprimé par les formules

$$x = 0$$
$$y = 0$$
$$\frac{d^2 z}{dt^2} = g$$
$$\frac{dz}{dt} = gt + c$$
$$z = \frac{gt^2}{2} + ct + c'$$

On a trouvé qu'alors la longueur $g$ diminue en toute rigueur avec la hauteur comme avec la profondeur $z$, à partir du niveau de la mer, et qu'elle augmente un peu avec la latitude, de l'équateur aux pôles.

43. Quoi qu'il en soit, dans une région très-circonscrite à l'entour de l'origine, nous aurons généralement

$$X = m \frac{d^2 x}{dt^2}$$
$$Y = m \frac{d^2 y}{dt^2}$$
$$Z = m \left( \frac{d^2 z}{dt^2} - g \right)$$

pour les composantes X, Y, Z de la force F d'un fil, que nous devrons employer pour faire mouvoir une masse $m$, d'après telles équations que l'on voudra nous donner

$$x = f_1\,(t)$$
$$y = f_2\,(t)$$
$$z = f_3\,(t)$$

44. Nous pourrons notamment y faire

$$x = 0\,, \quad y = 0\,, \quad z = 0$$

afin d'avoir le cas particulier d'un fil à plomb mis dans un état de parfaite immobilité à la surface de la terre.

Nous trouverons alors

$$X = 0$$
$$Y = 0$$
$$Z = -\,mg$$

ce qui nous apprend que la force F du fil devra être dirigée dans le sens des $z$ négatifs, c'est-à-dire de bas en haut, avec une intensité qui sera précisément la quantité

$$P = mg$$

ou le poids de la masse $m$.

45. Nous pourrons supposer encore

$$\frac{dx}{dt} = \text{const.}, \quad \frac{dy}{dt} = \text{const.}, \quad \frac{dz}{dt} = \text{const.}$$

et nous retrouverons les mêmes équations

$$X = 0$$
$$Y = 0$$
$$Z = -\,mg$$

c'est-à-dire que la direction et l'intensité de la force F d'un fil, qui servira à produire un état de mouvement rectiligne uniforme, ne différera pas de ce qu'elle sera à l'état de repos du point matériel, pourvu toutefois que l'expérience nous apprenne que la longueur $g$ ne variera pas sensiblement avec la vitesse du mouvement ; car nous verrons par la suite qu'à raison de la rotation du globe, cette longueur $g$ des corps libres à la surface de la terre dépendra nécessairement de la vitesse du point matériel dont on voudra s'occuper.

46. Nous aurions à exposer maintenant la théorie du mouvement oscillatoire d'un fil à plomb, dont le point de suspension serait maintenu dans un état de parfaite immobilité à la surface de la terre, c'est-à-dire la théorie du mouvement conique ou plan d'un pendule simple, et nous pourrions nous proposer de faire cette théorie au double point de vue d'un fil inextensible et d'un fil extensible, mais nous ne nous y arrêterons pas, parce que nous n'avons d'autre but dans cet ouvrage que de suivre la filiation logique de tous les principes de la mécanique.

47. Or, la théorie du mouvement d'un seul point matériel est complète au moyen de ce qui précède, sans que nous ayons eu besoin d'invoquer cette fameuse *loi d'inertie* au sujet de l'état de mouvement rectiligne uniforme d'un point matériel, qui n'est sollicité par aucune force.

Par quel artifice avons-nous réussi à nous passer de cette loi d'inertie, qui a été regardée comme indispensable jusqu'à présent dans l'établissement de la mécanique? — Par l'attention que nous avons eue de remonter plus haut, en n'appliquant le mot force qu'à la traction d'un fil, et en acceptant comme état naturel de mouvement, sans l'intervention d'une force, celui d'une trajectoire quelconque MS′ de notre figure, telle que cette trajectoire pourra nous être donnée par l'expérience dans le mouvement d'un point matériel entièrement libre en apparence.

Dans les phénomènes de la pesanteur terrestre, cette trajectoire sera toujours l'une des courbes paraboliques, dont nous avons parlé sans en développer les équations, et, s'il n'y avait que l'action de la pesanteur qui pût se manifester impalpablement à nos organes, nous ne penserions sans doute pas à rien changer à cette manière de voir, car nous pourrions nous représenter l'état du mouvement parabolique des corps libres à la surface de la terre, comme étant la manière d'être de toute espèce de matière débarrassée d'obstacles, et à ce point de vue il n'y aurait à chercher rien de plus.

48. Mais l'expérience nous apprend qu'il y a encore des causes électriques, magnétiques, etc., qui font mouvoir les corps tout aussi impalpablement et mystérieusement que celle de la pesanteur.

Dès lors nous concevons que l'état de mouvement naturel pourrait être tout autre que ce que nous le voyons être dans un cas donné, et nous tombons dans l'embarras de savoir s'il y aura plus de motifs pour employer comme état naturel de mouvement celui de la trajectoire MS′ de notre figure, ou bien celui de quelque autre courbe $MS_0$ qui aurait même tangente et même vitesse que la trajectoire MS à l'instant $t$, et qui pourrait être réalisée par d'autres causes impalpables que celle de la trajectoire MS′.

49. Or, il est clair qu'à ce point de vue nous serons parfaitement libres de choisir telle courbe $MS_0$ que nous voudrons, et que cela se réduira à décomposer arbitrairement les longueurs $a, b, c$ de la courbe MS′, de manière à avoir

$$a = a_0 + a',$$
$$b = b_0 + b',$$
$$c = c_0 + c'.$$

la longueur $a_0, b_0, c_0$ étant, sauf l'omission du facteur $\dfrac{\theta^2}{1.2}$, les projections de la longueur $M'm_0$ de la trajectoire $MS_0$ sur les axes rectangulaires des $x, y, z$, et les longueurs $a'_0, b'_0, c'_0$ étant les projections analogues de la longueur complémentaire $m_0 m'$.

Alors nos formules du mouvement d'un point matériel pourront être mises sous la forme

$$X_0 = X + ma'_0 = m\left(\frac{d^2x}{dt^2} - a_0\right)$$
$$Y_0 = Y + mb'_0 = m\left(\frac{d^2y}{dt^2} - b_0\right)$$
$$Z_0 = Z + mc'_0 = m\left(\frac{d^2z}{dt^2} - c_0\right)$$

et pour que cette transformation ait une véritable utilité, pour qu'elle ne soit pas une vaine complication, l'on se trouvera amené à faire

$$a_{,} = 0, \quad b_{,} = 0, \quad c_{,} = c$$

c'est-à-dire à choisir l'état de mouvement rectiligne uniforme pour celui d'un point matériel qui ne sera sollicité par aucune force.

Il s'ensuivra

$$a'_{,} = a, \quad b'_{,} = b, \quad c'_{,} = c$$

et les nouvelles formules

$$X_{,} = X + ma = m \frac{d^2 x}{dt^2}$$

$$Y_{,} = Y + mb = m \frac{d^2 y}{dt^2}$$

$$Z_{,} = Z + mc = m \frac{d^2 z}{dt^2}$$

s'interprèteront simplement en disant que les quantités

$$ma, \quad mb, \quad mc$$

devront être comptées comme autant de forces mystérieuses, dont la réunion aux forces effectives $X, Y, Z$ fera les forces totales $X_{,}, Y_{,}, Z_{,}$, desquelles dépendra le mouvement d'un point matériel dans cette manière de voir.

50. A la surface de la terre, et avec le système d'axes déjà employé, nous aurons alors

$$X_{,} = X = m \frac{d^2 x}{dt^2}$$

$$Y_{,} = Y = m \frac{d^2 y}{dt^2}$$

$$Z_{,} = Z + mg = m \frac{d^2 z}{dt^2}$$

et quand les forces effectives X, Y, Z seront nulles, il restera

$$\frac{d^2x}{dt^2} = 0$$

$$\frac{d^2y}{dt^2} = 0$$

$$\frac{d^2z}{dt^2} = g$$

comme dans l'autre manière de voir.

51. Quand nous ferons

$$x = 0, \quad y = 0, \quad z = 0$$

nous trouverons

$$X = 0$$
$$Y = 0$$
$$Z + mg = 0$$

c'est-à-dire que dans le cas d'un fil à plomb mis dans un état de parfaite immobilité, il devra y avoir équilibre entre la force F du fil et le poids

$$P = mg$$

de la masse $m$, aussi comme dans l'autre manière de voir.

52. Nous pourrons faire encore

$$\frac{dx}{dt} = \text{const.}, \quad \frac{dy}{dt} = \text{const.}, \quad \frac{dz}{dt} = \text{const.}$$

pour le cas d'une masse $m$ transportée en ligne droite avec une vitesse constante, et nous retrouverons exactement le même résultat, à cela près que la longueur $g$ pourra varier, et variera, en effet, dans l'entière rigueur des choses avec la vitesse du mouvement, ainsi que nous le démontrerons par la suite.

**53.** En résumé, cet autre système, qui a été le seul usité jusqu'à ce jour, ne différera du nôtre que par une transposition algébrique des quantités

$$ma , \quad mb , \quad mc$$

dans les formules du mouvement d'un point matériel, et par l'idée qui consistera à regarder ces quantités comme autant de forces mystérieuses, dont la réunion aux forces effectives $X, Y, Z$ fera les forces totales $X_{0}, Y_{0}, Z_{0}$ du système.

Quand cette convention sera bien comprise, on aura les formules plus simples en apparence

$$X = m \frac{d^2 x}{dt^2}$$

$$Y = m \frac{d^2 y}{dt^2}$$

$$Z = m \frac{d^2 z}{dt^2}$$

ou bien les formules équivalentes

$$X - m \frac{d^2 x}{dt^2} = 0$$

$$Y - m \frac{d^2 y}{dt^2} = 0$$

$$Z - m \frac{d^2 z}{dt^2} = 0$$

qui exprimeront qu'il y a équilibre entre les forces $X, Y, Z$ d'un ou plusieurs fils, et les forces d'inertie de la masse $m$, représentées à ce nouveau point de vue par les quantités

$$- m \frac{d^2 x}{dt^2}, \quad - m \frac{d^2 y}{dt^2}, \quad - m \frac{d^2 z}{dt^2}$$

mais l'immense clarté que nous avons trouvée à l'autre point de vue par la

considération des forces d'inertie de la matière aura disparu en très-grande
partie, et il ne faudra chercher nulle part ailleurs la cause des difficultés ou
des vaines discussions que l'on a vues quelquefois s'élever à ce sujet dans la
science de la mécanique.

54. Nous avons à faire remarquer néanmoins, en faveur du système en
question, que la pure convention qui lui servira de base n'aura jamais une
signification absolue, et qu'on sera toujours libre de faire une telle convention par rapport à des axes rectangulaires des $x, y, z$ qui participeront à un
mouvement quelconque de translation et de rotation dans l'espace; que de
plus, une telle convention faite pour de certains axes se reproduira naturellement pour tous les autres, et nous conduira à des relations éminemment
simples entre les forces correspondantes $(X, Y, Z)$, $(X', Y', Z')$ d'un même état
de mouvement à l'égard de deux systèmes d'axes, dont l'un se mouvra par
rapport à l'autre, ainsi qu'on le verra par la suite dans la théorie des mouvements relatifs, sans que jamais il faille connaître ni invoquer un état
absolu de mouvement rectiligne uniforme dans l'espace.

55. Avec ce caractère là, la convention dont il est question aura vraiment une raison d'être en mécanique, et nous l'admettrons dans ce qui va
suivre, tant par le motif que nous venons de faire entrevoir, que par le
désir de ne pas changer les formules les plus usitées.

Nous nous servirons donc des formules simplifiées

$$X = m\frac{d^2x}{dt^2}$$

$$Y = m\frac{d^2y}{dt^2}$$

$$Z = m\frac{d^2z}{dt^2}$$

dans la théorie du mouvement d'un point matériel sollicité par la résultante
F des trois forces simultanées X, Y, Z, puis nous concevrons les équations
du mouvement sous la forme

$$\left.\begin{array}{l} x = f_1(s) \\ y = f_2(s) \\ z = f_3(s) \end{array}\right\} \quad s = f(t)$$

ce qui nous donnera

$$\frac{dx}{dt} = \frac{dx}{ds}\,\frac{ds}{dt} = v\,\frac{dx}{ds}$$

$$\frac{dy}{dt} = \frac{dy}{ds}\,\frac{ds}{dt} = v\,\frac{dy}{ds}$$

$$\frac{dz}{dt} = \frac{dz}{ds}\,\frac{ds}{dt} = v\,\frac{dz}{ds},$$

et nous ramènera au théorème connu, d'après lequel les vitesses partielles ou composantes du point mobile dans la direction des axes rectangulaires des $x, y, z$, se trouveront être les projections de la vitesse $v$ qui aura lieu dans la direction de la tangente à la courbe.

56. En différentiant une seconde fois, nous aurons

$$\frac{d^2x}{dt^2} = \frac{dx}{ds}\,\frac{d^2s}{dt^2} + \frac{d^2x}{ds^2}\left(\frac{ds}{dt}\right)^2 = \frac{dx}{ds}\,\frac{dv}{dt} + v^2\,\frac{d^2x}{ds^2}$$

$$\frac{d^2y}{dt^2} = \frac{dy}{ds}\,\frac{d^2s}{dt^2} + \frac{d^2y}{dt^2}\left(\frac{ds}{dt}\right)^2 = \frac{dy}{ds}\,\frac{dv}{dt} + v^2\,\frac{d^2y}{ds^2}$$

$$\frac{d^2z}{dt^2} = \frac{dz}{ds}\,\frac{d^2s}{dt^2} + \frac{d^2z}{ds^2}\left(\frac{ds}{dt}\right)^2 = \frac{dz}{ds}\,\frac{dv}{dt} + v^2\,\frac{d^2z}{ds^2}$$

et quand nous désignerons par

$\alpha, \beta, \gamma$ les angles de la tangente à la courbe dans le sens de la vitesse $v$ avec les axes rectangulaires des $x, y, z$,

$r$ le rayon de courbure considéré comme essentiellement positif,

$a, b, c$ les angles que le rayon $r$, mené de la circonférence vers le centre, fera avec les axes rectangulaires des $x, y, z$,

ces formules se réduiront à

$$\frac{d^2x}{dt^2} = \frac{dv}{dt}\cos.\alpha + \frac{v^2}{r}\cos.a$$

$$\frac{d^2y}{dt^2} = \frac{dv}{dt}\cos.\beta + \frac{v^2}{r}\cos.b$$

$$\frac{d^2z}{dt^2} = \frac{dv}{dt}\cos.\gamma + \frac{v^2}{r}\cos.c$$

par conséquent les formules du mouvement deviendront :

$$X = m \frac{dv}{dt} \cos.\alpha + m \frac{v^2}{r} \cos. a$$

$$Y = m \frac{dv}{dt} \cos.\beta + m \frac{v^2}{r} \cos. b$$

$$Z = m \frac{dv}{dt} \cos.\gamma + m \frac{v^3}{r} \cos. c,$$

et par là, nous apprendrons que la force résultante F, qui servira à faire décrire à un point matériel une courbe quelconque, équivaudra toujours à deux forces perpendiculaires, dont l'une

$$T = m \frac{dv}{dt}$$

agira dans la direction et dans le sens de la vitesse $v$, tandis que l'autre

$$N = m \frac{v^2}{r}$$

agira dans la direction du rayon de courbure de la circonférence vers le centre.

57. La première T sera celle qu'on nomme la *force tangentielle* du mouvement, et l'autre N sera la *force centripète*; puis quand nous mettrons les deux équations sous la forme :

$$T - m \frac{dv}{dt} = 0$$

$$N - m \frac{v^2}{r} = 0,$$

afin de leur faire signifier un état d'équilibre entre chacune des forces T, N de deux fils sur le point matériel, et les forces égales et contraires du point matériel sur les fils, c'est-à-dire un état d'équilibre entre chacune des forces T, N des deux fils sur le point matériel, et les forces d'inertie correspondantes du point matériel sur les fils , nous serons amenés à dire que la force d'inertie tangentielle regardée comme positive dans le sens de la vitesse $v$ se trouvera représentée par le terme

$$- m\,\frac{dv}{dt} = - m\,\frac{d^2s}{dt^2}$$

tandis que l'autre force d'inertie, dans la direction du rayon de courbure, se trouvera représentée par le terme essentiellement négatif

$$- m\,\frac{v^2}{r}$$

en allant de la circonférence vers le centre, ou, ce qui est plus simple, par le terme essentiellement positif

$$+ m\,\frac{v^2}{r}$$

en allant du centre vers la circonférence.

Nous aurons à dire, enfin, que dans cette dernière acception, la force

$$m\,\frac{v^2}{r}$$

égale et contraire à la force N du fil correspondant, se nomme la *force centrifuge* du point matériel, et que, par le moyen de ces définitions, il y aura toujours égalité ou équilibre entre la force centripète d'un fil sur un point matériel, et la force centrifuge correspondante du point matériel sur le fil; de même qu'il y aura toujours égalité ou équilibre entre la force tangentielle d'un fil sur un point matériel, et la force d'inertie tangentielle correspondante du point matériel sur le fil; bien entendu que l'on ne raisonnera que sur un point matériel, qui de lui-même se mouvrait en ligne droite avec une vitesse constante, et que, dans le cas où il en serait autrement, la résultante $m\varphi$ des trois quantités partielles

$$ma,\quad mb,\quad mc$$

devrait être conçue comme n'étant que la force de traction d'un certain fil, non matériellement apparent.

58. Ces considérations pouvant être appliquées au mouvement circulaire et horizontal d'un fil à plomb, qui se trouvera entraîné par la rotation d'un disque autour de la verticale passant par le point de suspension du fil à plomb, et dont le poids se trouvera équilibré par la résistance du disque, sans qu'il y ait de résistance au glissement de la masse $m$ du fil à plomb sur le plan du disque, nous trouverons dans le cas d'une rotation uniforme

$$v = 2\pi r n = \text{const.}$$
$$T = 0$$
$$N = m\frac{v^2}{r} = 4\pi^2 n^2 r m,$$

les lettres $\pi, r, n$ servant à désigner le rapport de la circonférence au diamètre, le rayon ou la longueur du fil à plomb et le nombre de tours par seconde.

On pourrait en même temps disposer les choses de manière à faire passer le fil sur une poulie de renvoi qui tournerait avec le disque, et au moyen de laquelle le fil pourrait être prolongé verticalement dans la direction de l'axe jusqu'au plateau d'une balance, où il viendrait s'attacher, par une disposition qui ne lui ôterait pas la liberté de tourner, afin que l'on pût se servir à loisir d'une telle balance pour mesurer, avec une grande précision, la force N du fil, ce qui permettrait ensuite de trouver expérimentalement la masse $m$ du point mobile à l'aide de la formule

$$m = \frac{N}{4\pi^2 n^2 r}$$

et comme d'autre part on aura

$$m = \frac{P}{g}$$

il serait bien facile de cette manière de vérifier l'égalité

$$\frac{N}{4\pi^2 n^2 r} = \frac{P}{g} \quad \text{ou} \quad \frac{N}{P} = \frac{4\pi^2 n^2 r}{g}$$

ou simplement la relation

$$\frac{N}{n^2 r} = \text{const.}$$

c'est-à-dire de vérifier expérimentalement la relation de principe

$$\frac{F}{f} = m = \text{const.}$$

de laquelle dépendra toute la science de la dynamique.

59. On pourra vérifier encore cette relation par l'expérience connue de la machine d'Atwood, dont nous ne rappellerons pas la théorie ici.

60. Quand enfin le principe de la dynamique sera regardé comme exact, la théorie du pendule simple nous conduira à l'équation

$$T = \pi \sqrt{\frac{l}{g}}$$

entre la durée T d'une excursion, la longueur $l$ du pendule ou fil à plomb, et l'accélération $g$ des corps pesants à la surface de la terre, d'où il suit qu'on aura

$$g = \frac{l\pi^2}{T^2}$$

et qu'en observant le nombre N des oscillations d'un même pendule dans un temps connu en différents lieux du globe, on pourra, au moyen de cette relation, trouver avec une très-grande précision les plus minimes variations de la longueur $g$ de laquelle dépendra l'intensité absolue du poids P d'un corps au moyen de la formule usitée

$$P = mg.$$

# SECTION III.

### DE LA DYNAMIQUE DES CORPS A VOLUMES FINIS.

1. Un corps à trois dimensions pouvant être considéré comme une réunion d'un nombre infiniment grand de points matériels, il faudra qu'en chaque point $x, y, z$ du corps il y ait équilibre entre la force d'inertie de la parcelle de matière qui se trouvera en ce point, et la résultante F de toutes les forces, tant extérieures qu'intérieures, qui agiront sur la parcelle de matière.

2. Au moyen de cet axiome, toutes les forces extérieures se composeront d'une part des forces données

$$X, \quad Y, \quad Z$$

et d'autre part des forces d'inertie

$$- dm \frac{d^2 x}{dt^2}, \quad - dm \frac{d^2 y}{dt^2}, \quad - dm \frac{d^2 z}{dt^2}$$

c'est-à-dire des forces résultantes

$$X_{,} = X - dm \frac{d^2 x}{dt^2}$$

$$Y_{,} = Y - dm \frac{d^2 y}{dt^2}$$

$$Z_{,} = Z - dm \frac{d^2 z}{dt^2}$$

qui devront satisfaire à toutes les relations de la statique qui ne dépendront pas des forces intérieures ou des forces mutuelles.

3. Ainsi l'on aura toujours les six équations

$$
\left.
\begin{aligned}
0 &= \Sigma X_{,} \\
0 &= \Sigma Y_{,} \\
0 &= \Sigma Z_{,} \\
0 &= \Sigma(yZ_{,} - zY_{,}) \\
0 &= \Sigma(zX_{,} - xZ_{,}) \\
0 &= \Sigma(xY_{,} - yX_{,})
\end{aligned}
\right\}
\text{ ou }
\left\{
\begin{aligned}
\Sigma X &= \Sigma dm \, \frac{d^{2}x}{dt^{2}} \\
\Sigma Y &= \Sigma dm \, \frac{d^{2}y}{dt^{2}} \\
\Sigma Z &= \Sigma dm \, \frac{d^{2}z}{dt^{2}} \\
\Sigma(yZ - zY) &= \Sigma dm \left( y \frac{d^{2}z}{dt^{2}} - z \frac{d^{2}y}{dt^{2}} \right) \\
\Sigma(zX - xZ) &= \Sigma dm \left( z \frac{d^{2}x}{dt^{2}} - x \frac{d^{2}z}{dt^{2}} \right) \\
\Sigma(xY - yX) &= \Sigma dm \left( x \frac{d^{2}y}{dt^{2}} - y \frac{d^{2}x}{dt^{2}} \right)
\end{aligned}
\right.
$$

entre les seules forces extérieures de chacun des corps d'un système, et quand l'hypothèse de la rigidité sera permise, ces six équations suffiront pour déterminer le double mouvement de translation et de rotation d'un corps en fonction des forces $(X, Y, Z)$, $(X', Y', Z')$..... supposées connues; ou réciproquement, quand le mouvement d'un corps sera donné, comme dans la plupart des applications terrestres, ces six équations feront connaître immédiatement les trois efforts résultants de translation dans les directions des axes, et les trois efforts résultants de rotation au tour des axes qui devront agir sur le corps, pour qu'il puisse se mouvoir, en effet, de la manière qui sera donnée.

4. Dans le premier cas, on aura la théorie générale du mouvement des corps rigides dans l'espace, et dans le second cas, on réussira à déterminer les pressions ou tractions des corps en mouvement dans les machines sur les axes fixes ou les points fixes qui serviront à gêner ces corps dans leur mouvement.

5. Le développement des trois premières équations conduira à la loi du mouvement du centre de gravité d'un corps ou d'un système de corps, et le développement des trois dernières conduira à la loi des aires ou à la loi de la rotation des corps.

6. Tous les artifices de la statique, qui permettront de concevoir les rela-

tions de l'équilibre sous des formes plus simples dans certains cas particuliers, seront également applicables en dynamique; et quand on voudra représenter par une seule équation la loi du mouvement d'un nombre quelconque de corps rigides, dont les surfaces glisseront sans résistances les une sur les autres, là où il y aura, en effet, du glissement et pas de roulement, on n'aura qu'à se servir de la formule connue des vitesse virtuelles entre les seules forces extérieures qui deviendra

$$0 = \Sigma\left[\left(X - dm\,\frac{d^2x}{dt}\right)\delta x + \left(Y - dm\,\frac{d^2y}{dt}\right)\delta y + \left(Z - dm\,\frac{d^2z}{dt}\right)\delta z\right],$$

7. Mais l'hypothèse de la rigidité est une fiction qui ne pourra être admise que dans certains cas particuliers, et jamais dans la théorie des mouvements vibratoires.

Cela n'empêchera pas de faire usage encore de la formule des vitesses virtuelles, au moyen de l'hypothèse d'une solidification fictive de chacun des corps du système dans les différentes formes et positions où ces corps se trouveront, en effet, à un instant donné, et qui seront différentes d'un instant à l'autre. Quand ensuite les différences de ces formes successives seront assez minimes pour être négligeables, sans inconvénient, dans les formules du mouvement, il pourra y avoir une véritable utilité à procéder de la manière que nous venons d'expliquer; mais hormis ce cas-là, à quoi servira la théorie des vitesses virtuelles dans la mécanique des corps flexibles?—à rien, absolument, et le mieux sera de s'en passer. Voici alors de quoi se composera toute la dynamique.

8. Dans une réunion quelconque de points matériels reliés entre eux par un réseau de lignes droites élastiques, on aura pour chacune des masses $m$ en particulier les trois équations

$$m\,\frac{d^2x}{dt^2} = F\cos.\alpha$$

$$m\,\frac{d^2y}{dt^2} = F\cos.\beta$$

$$m\,\frac{d^2z}{dt^2} = F\cos.\gamma,$$

la lettre F servant à désigner la résultante de toutes les forces, sans exception, tant extérieures qu'intérieures, qui solliciteront la masse $m$.

Donc en désignant par

    P        la résultante des seules forces extérieures au point $m$,

    X, Y, Z les composantes de la force P parallèlement aux axes rectangulaires des $x, y, z$,

    $R_1, R_2, R_3, \ldots\ldots\ldots$ les forces intérieures au point $m$,

    $(\alpha_1, \beta_1, \gamma_1), (\alpha_2, \beta_2, \gamma_2)\ldots$ les angles de ces forces avec les directions des $x, y, z$, les seconds membres de nos trois formules du mouvement seront les mêmes ici qu'en statique, et nous aurons :

$$m\frac{d^2x}{dt^2} = X + R_1\cos.\alpha_1 + R_2\cos.\alpha_2 + \ldots\ldots = X + \Sigma R\frac{dr}{dx}$$

$$m\frac{d^2y}{dt^2} = Y + R_1\cos.\beta_1 + R_2\cos.\beta_2 + \ldots\ldots = Y + \Sigma R\frac{dr}{dy}$$

$$m\frac{d^2z}{dt^2} = Z + R_1\cos.\gamma_1 + R_2\cos.\gamma_2 + \ldots\ldots = Z + \Sigma R\frac{dr}{dz}$$

9. Nous aurons de pareilles équations pour chacune des masses $m$ du système, et quand il nous plaira d'en faire les sommes, il est clair que les forces R s'en iront, de manière que nous trouverons :

$$\Sigma m\frac{d^2x}{dt^2} = \Sigma X$$

$$\Sigma m\frac{d^2y}{dt^2} = \Sigma Y$$

$$\Sigma m\frac{d^2z}{dt^2} = \Sigma Z,$$

c'est-à-dire la loi du mouvement du centre de gravité d'un système en fonction des seules forces extérieures.

10. Les forces R s'en iront pareillement, quand il nous plaira de faire les combinaisons connues de la théorie des moments, ce qui nous

donnera :

$$\Sigma m\left( y\,\frac{d^2z}{dt^2} - z\,\frac{d^2y}{dt^2} \right) = \Sigma(yZ - zY)$$

$$\Sigma m\left( z\,\frac{d^2x}{dt^2} - x\,\frac{d^2z}{dt^2} \right) = \Sigma(zX - xZ)$$

$$\Sigma m\left( x\,\frac{d^2y}{dt^2} - y\,\frac{d^2x}{dt^2} \right) = \Sigma(xY - yX),$$

c'est-à-dire la loi des aires, aussi entre les seules forces extérieures du système (*); seulement on rencontrera une difficulté dans le développement
des premiers membres des trois équations, à cause du changement progressif de la figure du système.

. 11. Pour lever cette difficulté, ou plutôt pour réussir à donner à la loi
des aires avec des systèmes variables de figure, un sens net et précis,
comme celui qu'on trouve aux mêmes équations, dans le cas des corps rigides, feu M. Coriolis s'est particulièrement attaché à en faire ressortir ce
qu'il a appelé la théorie du mouvement moyen de rotation des systèmes
variables de figure, et par analogie, il a dû appeler mouvement moyen de
translation d'un système, ce qu'on appelait auparavant le mouvement du
centre de gravité, ou le mouvement du point central des masses.

12. Si nous voulions raisonner ici comme en statique, nous pourrions
dire que la formule

$$\Sigma m\left[ \frac{d^2x}{dt^2}\,\Delta x + \frac{d^2y}{dt^2}\,\Delta y + \frac{d^2z}{dt^2}\,\Delta z \right] = \Sigma[X\Delta x + Y\Delta y + Z\Delta z] +$$

$$+ \Sigma R\left[ \frac{dr}{dx}\,\Delta x + \frac{dr}{dy}\,\Delta y + \frac{dr}{dz}\,\Delta z + \frac{dr}{dx'}\,\Delta x' + \frac{dr}{dy'}\,\Delta y' + \frac{dr}{dz'}\,\Delta z' \right] = \Sigma P\Delta l + \Sigma R\Delta r$$

dans laquelle on devra faire entrer toutes les forces P et R sans exception,
exprimera la loi universelle de l'état de repos ou de mouvement des systèmes, avec des vitesses virtuelles complétement arbitraires

$$(\Delta x ,\ \Delta y ,\ \Delta z),\ (\Delta x',\ \Delta y',\ \Delta z'),\ (\Delta x'',\ \Delta y'',\ \Delta z''),\ \ldots\ldots$$

---

(*) Ce procédé d'élimination des forces R dont s'est servi en dernier lieu M. Coriolis nous paraît
avoir été invoqué déjà auparavant par d'autres auteurs.

mais à quoi cela nous servirait-il? Serait-ce pour reproduire les six équations qui ne dépendront pas des forces R , et que nous connaissons déjà? — Cela n'en vaudrait pas la peine. — Serait-ce pour en tirer l'équation des forces vives en faisant

$$\Delta x = dx , \quad \Delta x' = dx', \quad \Delta x'' = dx'', \ldots \ldots$$
$$\Delta y = dy , \quad \Delta y' = dy', \quad \Delta y'' = dy'', \ldots \ldots$$
$$\Delta z = dz , \quad \Delta z' = dz', \quad \Delta z'' = dz'', \ldots \ldots$$

15. Mais il sera plus simple encore de chercher directement l'équation des forces vives à la manière de M. Coriolis, en ajoutant les trois équations fondamentales :

$$m \frac{d^2 x}{dt^2} = F \cos. \alpha$$

$$m \frac{d^2 y}{dt^2} = F \cos. \beta$$

$$m \frac{d^2 z}{dt^2} = F \cos. \gamma$$

multipliées respectivement par

$$\frac{dx}{dt}, \quad \frac{dy}{dt}, \quad \frac{dz}{dt}$$

et en observant que l'on aura d'une part

$$\left(\frac{dx}{dt}\right)^2 + \left(\frac{dy}{dt}\right)^2 + \left(\frac{dz}{dt}\right)^2 = v^2,$$

par suite

$$\frac{dx}{dt} \frac{d^2 x}{dt^2} + \frac{dy}{dt} \frac{d^2 y}{dt^2} + \frac{dz}{dt} \frac{d^2 z}{dt^2} = v \frac{dv}{dt},$$

d'autre part

$$\frac{dx}{dt} \cos. \alpha + \frac{dy}{dt} \cos. \beta + \frac{dz}{dt} \cos. \gamma = \frac{ds}{dt} \cos. (\widehat{F, ds}),$$

ce qui nous donnera d'abord :

$$mv\,\frac{dv}{dt} = \mathrm{F}\,\frac{ds}{dt}\,\cos.\,(\widehat{\mathrm{F},\,ds}),$$

puis en multipliant par $dt$, et en intégrant entre deux limites quelconques 0 et 1 le long de l'arc $s$ de la trajectoire,

$$\frac{1}{2}\,mv_1^2 - \frac{1}{2}\,mv_0^2 = \int_0^1 \mathrm{F}ds\,\cos.(\widehat{\mathrm{F},\,ds})$$

14. Nous aurions même séparément le long de chacun des trois axes :

$$\frac{1}{2}\,m\left(\frac{dx}{dt}\right)_1^2 - m\,\frac{1}{2}\left(\frac{dx}{dt}\right)_0^2 = \int_0^1 \mathrm{F}dx\,\cos.(\widehat{\mathrm{F},\,dx})$$

$$\frac{1}{2}\,m\left(\frac{dy}{dt}\right)_1^2 - m\,\frac{1}{2}\left(\frac{dy}{dt}\right)_0^2 = \int_0^1 \mathrm{F}dy\,\cos.(\widehat{\mathrm{F},\,dy})$$

$$\frac{1}{2}\,m\left(\frac{dz}{dt}\right)_1^2 - m\,\frac{1}{2}\left(\frac{dz}{dt}\right)_0^2 = \int_0^1 \mathrm{F}dz\,\cos.(\widehat{\mathrm{F},\,dz})$$

et en ajoutant ces trois relations partielles ou composantes, nous retrouverions la formule résultante :

$$\frac{1}{2}\,mv_1^2 - \frac{1}{2}\,mv_0^2 = \int_0^1 \mathrm{F}ds\,\cos.(\widehat{\mathrm{F},\,ds})$$

15. En opérant de même pour chacune des masses $m$ d'un système, et en ajoutant toutes les équations correspondantes, nous aurons l'équation générale des forces vives sous la forme :

$$\frac{1}{2}\,\Sigma mv_1^2 - \frac{1}{2}\,\Sigma mv_0^2 = \Sigma \int_0^1 \mathrm{F}ds\,\cos.(\widehat{\mathrm{F},\,ds})$$

qui n'aura qu'un inconvénient, celui de ne renfermer au deuxième membre que la seule lettre F pour y représenter toutes les forces sans exception, tant extérieures qu'intérieures; mais comme on aura:

$$F \cos. \alpha = X + \Sigma R \frac{dr}{dx}$$

$$F \cos. \beta = Y + \Sigma R \frac{dr}{dy}$$

$$F \cos. \gamma = Z + \Sigma R \frac{dr}{dz},$$

il est clair qu'on trouvera :

$$F(dx \cos. \alpha + dy \cos. \beta + dz \cos. \gamma) = (Xdx + Ydy + Zdz) +$$
$$+ \Sigma R \left( \frac{dr}{dx} dx + \frac{dr}{dy} dy + \frac{dr}{dz} dz \right),$$

ou

$$Fds \cos.(\widehat{F, ds}) = Pds \cos.(\widehat{P, ds}) + \Sigma R \left[ \frac{dr}{dx} dx + \frac{dr}{dy} dy + \frac{dr}{dz} dz \right]$$

$$F'ds' \cos.(\widehat{F', ds'}) = P'ds' \cos.(\widehat{P', ds'}) + \Sigma R' \left[ \frac{dr'}{dx'} dx' + \frac{dr'}{dy'} dy' + \frac{dr'}{dz'} dz' \right]$$

. . . . . . . . . . . . . . . . . . . . .

et par suite

$$\Sigma Fds \cos.(\widehat{F, ds}) = \Sigma Pds \cos.(\widehat{P, ds}) + \Sigma Rdr.$$

16. Donc, enfin, par le seul artifice du classement des forces F, nous trouverons :

$$\frac{1}{2} \Sigma mv_1^2 - \frac{1}{2} \Sigma mv_0^2 = \Sigma \int_0^1 Pds \cos.(\widehat{P, ds}) + \Sigma \int_0^1 Rdr = \Sigma \int_0^1 Pdl + \Sigma \int_0^1 Rdr$$

et quand nous voudrons distinguer encore les forces P, dont les composantes

$$P \cos.(\widehat{P, ds}) = + T$$

seront positives et agiront dans le sens du mouvement, des forces P', dont les composantes

$$P' \cos. (\widehat{P', ds'}) = - T'$$

seront négatives et agiront en sens contraire, nous aurons :

$$\frac{1}{2} \Sigma m v_1^2 - \frac{1}{2} \Sigma m v_0^2 = \Sigma \int_0^1 P ds \cos.(\widehat{P, ds}) + \int_0^1 P' ds \cos.(\widehat{P', ds'}) + \Sigma \int_0^1 R dr$$

$$= \Sigma \int_0^1 T ds - \Sigma \int_0^1 T' ds' + \Sigma \int_1^0 R dr$$

$$= \Sigma \int_0^1 P dl - \Sigma \int_0^1 P' dl' + \Sigma \int_0^1 R dr$$

les forces $P, P'$, ou plutôt leurs composantes $T, T'$, devant être nommées respectivement les forces mouvantes et les forces résistantes du système, parce que les unes feront toujours augmenter les vitesses, et que les autres les feront diminuer.

Mais les forces intérieures ou mutuelles $R$ conserveront leur influence dans cette équation, et s'y trouveront représentées par la quantité

$$\Sigma \int_0^1 R dr$$

qui ne pourra généralement être égale à zéro que dans les systèmes qui ne changeront pas de figure pendant leur mouvement.

17. Or, pour qu'un système essentiellement flexible ne change pas de figure pendant son mouvement, il faudra que, pour chaque point du système, la résultante des forces extérieures totales

$$X_1 = X - m \frac{d^2 x}{dt^2}$$

$$Y_1 = Y - m \frac{d^2 y}{d^2 t}$$

$$Z_1 = Z - m \frac{d^2 z}{dt^2}$$

soit constamment de même intensité, et ne change pas de direction par rapport à un système d'axes rectangulaires des $x', y', z'$, supposé fixement attaché au système.

Comme ensuite l'hypothèse d'une complète invariabilité de figure ne fera dépendre toutes les quantités

$$\left(\frac{d^2x}{dt^2}, \frac{d^2y}{dt^2}, \frac{d^2z}{dt^2}\right), \quad \left(\frac{d^2x'}{dt^2}, \frac{d^2y'}{dt^2}, \frac{d^2z'}{dt^2}\right), \quad \left(\frac{d^2x''}{dt^2}, \frac{d^2y''}{dt^2}, \frac{d^2z''}{dt^2}\right), \cdots\cdots$$

que des six variables généralement connues, qui se rapporteront d'une part à la translation du centre de gravité, ou de quelque autre point du système, et d'autre part à la rotation du système autour d'un tel point, on voit qu'il ne serait pas difficile de développer ce problème, et de trouver les conditions précises qui devraient être remplies pour que l'on eût rigoureusement

$$0 = \Sigma \int_0^1 \mathrm{R}\,dr$$

dans l'état de mouvement d'un système d'une seule pièce; mais nous ne nous y arrêterons pas ici.

48. Nous nous bornerons à faire remarquer que, toutes les fois que les conditions que nous venons de faire entrevoir ne seront pas remplies, la quantité résultante des forces mutuelles

$$\Sigma \int_0^1 \mathrm{R}\,dr$$

ne pourra être exactement égale à zéro.

Nous dirons de plus :

1° Que la quantité résultante des forces intérieures

$$\Sigma \int_0^1 \mathrm{R}\,dr$$

devra être essentiellement positive pendant l'augmentation progressive du volume des corps expansifs, tels que les fluides élastiques, et par conséquent négative pendant la diminution du volume de pareils corps;

2° Que l'inverse aurait lieu pour des corps qui seraient doués d'une vertu propre et indéfinie de contraction;

3° Que la quantité résultante des forces extérieures

$$\Sigma \int_0^t R\, dr$$

ne pourra avoir que le signe — quand la limite 0 de l'intégration se rapportera à l'état naturel d'équilibre des corps solides dans un espace vide, soit que le volume vienne à augmenter, soit qu'il vienne à diminuer à partir de cette limite;

4° Que les corps parfaitement élastiques seront ceux où les forces R ne seront que des fonctions des longueurs $r$

$$R = \varphi(r) = \frac{df(r)}{dr}$$

et qu'alors la quantité

$$\Sigma \int_0^t R\, dr = \Sigma \int_0^t df(r)\, dr = \Sigma[f(r_1) - f(r_0)]$$

deviendra nulle toutes les fois qu'aux deux limites de l'intégration la figure du système se retrouvera exactement la même;

5° Que dans les corps imparfaitement élastiques la quantité résultante

$$\Sigma \int_0^t R\, dr$$

pourra croître négativement pendant toute la durée du changement de figure de ces corps, et que *très-vraisemblablement* la diminution qui surviendra par cette cause dans la quantité

$$\frac{1}{2}\Sigma mv^2$$

de l'équation des forces vives, se changera en *élévation de température* ou en *augmentation de calorique*;

6° Que le changement de la température paraît être lié indissolublement à tout changement de la quantité

$$\Sigma \int_0^1 R dr,$$

mais que dans les volumes des corps parfaitement élastiques supposés enveloppés de parois non perméables à la chaleur, la quantité de calorique restera sans doute la même à différentes températures, tandis que dans les volumes des corps imparfaitement élastiques, ce sera la quantité de calorique qui augmentera, en même temps que la température, tant que l'intégrale

$$\Sigma \int_0^1 R dr$$

croîtra négativement.

7° Que le rôle des frottements de glissement, comme aussi celui des frottements de roulement, au contact des corps, ne sera pas autre que celui de la quantité

$$\Sigma \int_0^1 R dr$$

dont nous venons de parler, et que l'augmentation négative de cette quantité, qui proviendra spécialement des frottements, ne pourra être attribuée qu'aux causes suivantes :

L'usure ou l'arrachement violent de certaines parcelles de matière aux parties en contact;

La production correspondante ou non correspondante de mouvements vibratoires, qui feront quelquefois du son;

L'élévation de température et la production de calorique qui résulteront du broiement des parcelles de matières arrachées ou non arrachées aux parties en contact.

8° Que dans une machine construite avec des corps parfaitement élastiques, il suffira que les changements de figure soient toujours renfermés entre de certaines limites, pour que la quantité résultante des forces intérieures

$$\Sigma \int_0^1 \mathrm{R}dr,$$

à partir de l'état naturel initial des corps de cette machine, soit elle-même renfermée entre deux limites déterminées

$$0 \ \text{et} - \mathrm{A},$$

de telle sorte que pendant un intervalle de temps très-long, la quantité

$$\Sigma \int_0^1 \mathrm{R}dr$$

comprise entre ces limites deviendra négligeable à l'égard des intégrales

$$\int_0^1 \mathrm{P}ds \cos.(\widehat{\mathrm{P},\,ds})$$

de chacune des forces P, P′ en particulier entre des limites 0 et 1 supposées très-éloignées, et qui rendront ces intégrales très-grandes.

9° Qu'au point de vue de la remarque que nous venons de faire au sujet d'une machine construite avec des corps parfaitement élastiques, l'on ne commettrait pas d'erreur sensible à réduire l'équation des forces vives à la forme plus simple

$$\frac{1}{2}\Sigma mv_1^2 - \frac{1}{2}\Sigma mv_0^2 = \Sigma \int_0^1 \mathrm{P}ds \cos.(\widehat{\mathrm{P},\,ds}) + \Sigma \int_0^1 \mathrm{P}'ds' \cos.(\widehat{\mathrm{P}',\,ds'}) =$$

$$= \Sigma \int_0^1 \mathrm{T}ds - \Sigma \int_0^1 \mathrm{T}'ds' = \Sigma \int_0^1 \mathrm{P}dl - \Sigma \int_0^1 \mathrm{P}'dl' \, ,$$

mais que le changement de figure des corps élastiques entraînera généralement des mouvements vibratoires qui ont la propriété de se propager avec une extrême rapidité à tous les corps contigus, même à l'air ambiant, et

notamment à travers les supports des machines à la masse du globe, de telle
sorte qu'il y aura en cela une cause de déperdition des vitesses d'une machine, c'est-à-dire une cause de diminution de la quantité

$$\frac{1}{2}\,\Sigma m v_1^2,$$

et que, par suite, les résistances des prétendus points fixes de la machine,
loin de pouvoir être omises dans l'équation des forces vives, devront
au contraire y jouer le même rôle que les intégrales

$$\int_0^1 P'ds'\,\cos.\,\widehat{(P',ds')}$$

des forces résistantes proprement dites $P'$, de manière précisément que
le terme résultant de toutes les forces $P''$ de cette espèce, puisse être conçu
comme étant rigoureusement égal à la diminution que nous venons de
faire pressentir dans la quantité

$$\frac{1}{2}\,\Sigma m v_1^2$$

par le phénomène de la déperdition continue des vitesses de la machine.

19. Après ces différentes remarques fort essentielles dans la théorie des
forces vives, nous devons admettre, cependant, qu'il y a des cas où la production des mouvements vibratoires et le changement de figure des corps
sont à peine sensibles, et qu'alors, en exagérant une telle propriété jusqu'à
l'idée d'une parfaite rigidité des formes des corps, et jusqu'à l'idée encore
d'un parfait état de polissage des surfaces des corps, l'équation des forces
vives se réduira à

$$\frac{1}{2}\Sigma m v_1^2 - \frac{1}{2}\Sigma m v_0^2 = \Sigma\int_0^1 Pds\,\cos.\,\widehat{(P,\,ds)} + \Sigma\int_0^1 P'ds'\,\cos.\,\widehat{(P',\,ds')} =$$

$$= \Sigma\int_0^1 Tds - \Sigma\int_0^1 T'ds' = \Sigma\int_0^1 Pdl - \Sigma\int_0^1 P'dl'.$$

c'est-à-dire que le terme

$$\Sigma \int_0^1 R\, dr$$

en disparaîtra sans nulle condition entre les forces P, P' et l'espèce de mouvement du système, parce qu'alors chacune des intégrales

$$\int_0^1 R\, dr$$

deviendra séparément égale à zéro en vertu de l'hypothèse

$$r = \text{const.}$$

quelles que puissent être les variations progressives des intensités des forces R.

20. A ce point de vue restreint de la question, l'équation des forces vives sera d'une facile discussion, et l'on se trouvera amené dès l'abord à considérer chacune des intégrales

$$\int_0^1 P\, ds \, \cos.(\widehat{P, ds})$$

comme étant la mesure complexe de l'utilité dynamique de la force P qu'elle concernera, eu égard à la fois à la direction et à l'intensité de la force, et au chemin décrit par le point d'application de cette force pendant un temps quelconque $t_1 - t_0$.

Une telle intégrale méritera, par conséquent, une dénomination spéciale très-expressive, et l'on ne saurait mieux choisir que d'employer le mot *travail*, qui a été proposé par M. Coriolis.

21. Ainsi toute intégrale

$$\int_0^1 P\, ds \, \cos.(\widehat{P, ds})$$

sera la mesure mathématique de la quantité de travail que fera la force P pendant la durée de son action ; ce sera du travail *moteur* quand l'angle $(\widehat{\mathrm{P}, ds})$ sera aigu, et du travail résistant dans le cas contraire.

La théorie des forces vives deviendra celle de la transmission et de la déperdition du travail des machines, et le principe ou la loi fondamentale de cette double théorie pourra être énoncé en disant que l'augmentation de la somme des forces vives d'un corps ou d'un système de corps au bout d'une durée quelconque $t_1 - t_0$ sera toujours égale à l'excès du travail moteur sur le travail résistant de toutes les forces P, P′, P″,..... et R du corps ou système pendant la durée $t_1 - t_0$.

22. Le développement attentif et minutieux de ce principe nous conduirait à la fois à la théorie des volants et à la partie la plus utile de la mécanique industrielle ; mais nous ne saurions nous y arrêter sans dévier du but que nous avons en vue dans cet ouvrage, celui d'un exposé rapide et complet de toutes les parties de la mécanique terrestre.

23. Une des plus importantes de ces parties, est celle qui a pour objet le développement de l'équation des forces vives dans le cas d'une masse liquide en mouvement, contenue par certaines cloisons ou parois, et renouvelée progressivement avec le temps.

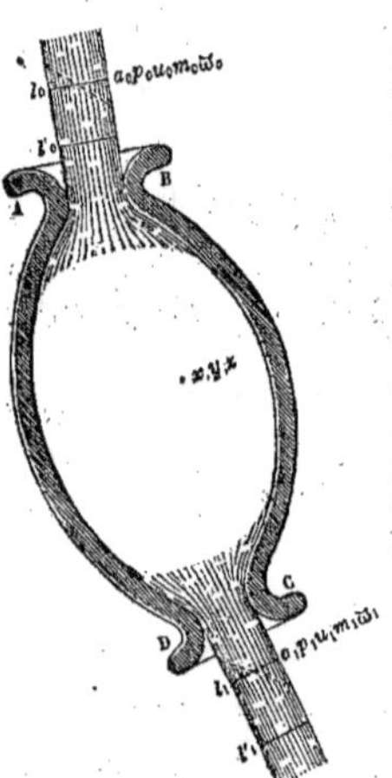


Soit ABCD, un vase de forme quelconque alimenté en $l_0$ par une veine affluente, dont toutes les particules soient animées de vitesses $u_0$ égales et parallèles dans l'étendue d'une section plane perpendiculaire $a_0$.

Le vase étant supposé plein d'une manière exactement permanente, il faudra qu'il en sorte quelque part en $l_1$ autant de liquide qu'il en entrera en $l_0$, et nous admettrons de plus que toutes les particules sortantes auront des vitesses $u_1$ égales et parallèles dans l'étendue d'une section plane perpendiculaire $a_1$.

Nous désignerons encore par

$p_0, p_1$ les pressions dans les sections $a_0, a_1$

$m_0, m_1$ les masses liquides qui traverseront ces sections dans l'unité de temps ;

$\varpi_0, \varpi_1$ les densités pondérables ou les poids par unité de volume des masses $m_0, m_1$ dans les sections $a_0, a_1$.

Nous supposerons enfin un état de mouvement exactement permanent de telle sorte qu'en un même lieu $x, y, z$ du système, il y aura toujours une même vitesse $v$ en grandeur et en direction, une même pression $p$ et une même densité $\varpi$ à l'égard de toutes les parcelles qui traverseront successivement, les unes après les autres, le lieu $x, y, z$.

Cela posé, si nous voulions considérer toutes les mêmes parcelles de liquide, à deux instants quelconques très-éloignés entre les limites correspondantes $(l_0, l_1)$, $(l'_0, l'_1)$ du volume occupé, il nous serait impossible de former ni le premier ni le deuxième membre de l'équation des forces vives; mais quand nous conviendrons de prendre deux instants $t$ et $t + dt$ infiniment rapprochés l'un de l'autre, la question changera complétement de face, ainsi que nous allons le faire voir.

24. D'abord nous aurons les formules générales

$$a u d t \; , \quad \frac{\varpi}{g}\, a u d t$$

pour le volume et pour la masse du liquide, qui traversera l'une des sections $a_0, a_1$ pendant le temps $dt$.

Nous aurons par conséquent à l'orifice d'entrée

$$m_0 = \frac{\varpi_0}{g}\, a_0 u_0$$

et à l'orifice de sortie

$$m_1 = \frac{\varpi_1}{g}\, a_1 u_1$$

puis l'hypothèse de l'exacte permanence du mouvement entraînera l'égalité

$$m_1 = m_0 \quad \text{ou} \quad \varpi_1 a_1 u_1 = \varpi_0 a_0 u_0.$$

25. Nous devrons chercher ensuite la différence des deux quantités

$$\tfrac{1}{2}\Sigma m v_1^2 \; , \quad \tfrac{1}{2}\Sigma m v_0^2$$

dont la dernière se rapportera au volume initial entre les limites $l_{\scriptscriptstyle 0}$, $l_{\scriptscriptstyle 1}$ à l'instant $t$, et dont la première se rapportera au volume subséquent entre les limites $l'_{\scriptscriptstyle 0}$, $l'_{\scriptscriptstyle 1}$ à l'instant $t + dt$.

Or le volume subséquent entre les limites $l'_{\scriptscriptstyle 0}$, $l'_{\scriptscriptstyle 1}$ se composera du volume correspondant entre les limites $l_{\scriptscriptstyle 0}$, $l_{\scriptscriptstyle 1}$, plus le volume différentiel $a_{\scriptscriptstyle 1}u_{\scriptscriptstyle 1}dt$ à l'orifice de sortie $a_{\scriptscriptstyle 1}$, moins le volume différentiel $a_{\scriptscriptstyle 0}u_{\scriptscriptstyle 0}dt$ à l'orifice d'entrée $a_{\scriptscriptstyle 0}$.

Il suit de là que pour avoir la quantité

$$\tfrac{1}{2}\,\Sigma mv_{\scriptscriptstyle 1}^{2}$$

à l'état subséquent du volume occupé entre les limites $l'_{\scriptscriptstyle 0}$, $l'_{\scriptscriptstyle 1}$, il n'y aura qu'à se représenter d'abord ce que serait une telle quantité à l'instant $t + dt$ entre les limites $l_{\scriptscriptstyle 0}$, $l_{\scriptscriptstyle 1}$ afin d'ajouter à cette quantité ce qui lui manquera à l'orifice de sortie, à savoir le terme

$$\tfrac{1}{2}\,m_{\scriptscriptstyle 1}\,dt\,u_{\scriptscriptstyle 1}^{2}$$

et d'en retrancher au contraire ce qu'elle renfermera de trop à l'orifice d'entrée, à savoir le terme

$$\tfrac{1}{2}\,m_{\scriptscriptstyle 0}\,dt\,u_{\scriptscriptstyle 0}^{2}.$$

En un mot, le premier membre de l'équation des forces vives sera

$$\tfrac{1}{2}\,\Sigma_{l'_{\scriptscriptstyle 0}}^{l'_{\scriptscriptstyle 1}}mv_{\scriptscriptstyle 1}^{2} - \tfrac{1}{2}\,\Sigma_{l_{\scriptscriptstyle 0}}^{l_{\scriptscriptstyle 1}}mv_{\scriptscriptstyle 0}^{2}$$

et nous aurons :

$$\tfrac{1}{2}\,\Sigma_{l'_{\scriptscriptstyle 0}}^{l'_{\scriptscriptstyle 1}}mv_{\scriptscriptstyle 1}^{2} = \tfrac{1}{2}\,\Sigma_{l_{\scriptscriptstyle 0}}^{l_{\scriptscriptstyle 1}}mv_{\scriptscriptstyle 1}^{2} + \tfrac{1}{2}\,m_{\scriptscriptstyle 1}\,dt\,u_{\scriptscriptstyle 1}^{2} - \tfrac{1}{2}\,m_{\scriptscriptstyle 0}\,dt\,u_{\scriptscriptstyle 0}^{2},$$

puis l'hypothèse de l'exacte permanence du mouvement nous donnera :

$$\tfrac{1}{2}\,\Sigma_{l_{\scriptscriptstyle 1}}^{l'_{\scriptscriptstyle 1}}mv_{\scriptscriptstyle 1}^{2} = \tfrac{1}{2}\,\Sigma_{l_{\scriptscriptstyle 0}}^{l'_{\scriptscriptstyle 0}}mv_{\scriptscriptstyle 0}^{2},$$

de telle sorte que le premier membre de l'équation des forces se réduira à

$$\left[ \frac{1}{2} m_1 u_1^2 - \frac{1}{2} m_0 u_0^2 \right] dt.$$

26. Au deuxième membre, nous aurons à écrire d'abord les termes

$$+ a_0 p_0 u_0 dt, \quad - a_1 p_1 u_1 dt$$

dont le premier représentera le travail moteur de la pression totale $a_0 p_0$ dans l'étendue de la section $a_0$, et dont le second représentera le travail résistant de la pression totale $a_1 p_1$ dans la section $a_1$; puis les deux formules connues

$$m_0 = \frac{\varpi_0}{g} a_0 u_0, \quad m_1 = \frac{\varpi_1}{g} a_1 u_1,$$

nous donneront :

$$a_0 p_0 u_0 dt = g \frac{p_0}{\varpi_0} m_0 dt, \quad a_1 p_1 u_1 dt = g \frac{p_1}{\varpi_1} m_1 dt,$$

de telle sorte que dans le deuxième membre de l'équation des forces vives, nous aurons à écrire la quantité résultante

$$\left[ g \frac{p_0}{\varpi_0} m_0 - g \frac{p_1}{\varpi_1} m_1 \right] dt.$$

27. Il nous faudra chercher ensuite le travail moteur ou résistant qui proviendra des forces de la pesanteur sur toutes les parcelles de matière du système, pendant que ces parcelles passeront du volume initial $l_0 l_1$ au volume subséquent $l'_0 l'_1$.

Pour traiter ce problème spécial avec toute la généralité qu'il comporte, nous ferons remarquer qu'en désignant par X, Y, Z les trois composantes d'une force P, on a toujours :

$$P ds \cos.(\widehat{P, ds}) = X dx + Y dy + Z dz,$$

et par conséquent

$$\int_0^1 Pds \cos.\widehat{(P, ds)} = \int_0^1 (Xdx + Ydy + Zdz),$$

d'où il suit que lorsque la quantité $Xdx + Ydy + Zdz$ sera la différentielle exacte d'une certaine fonction en $x, y, z$, le deuxième membre de cette équation pourra être intégré, et que l'on aura généralement :

$$\int_0^1 Pds \cos.\widehat{(P, ds)} = f(x_1, y_1, z_1) - f(x_0, y_0, z_0),$$

c'est-à-dire que la quantité de travail développé par la force P ne dépendra que des positions initiales et finales du point d'application de cette force, et nullement de la forme de la courbe décrite.

Ainsi en considérant les forces de la pesanteur comme égales et parallèles et en désignant par P le poids d'un point matériel dans le sens des $z$ positifs, on aura toujours :

$$\int_0^1 Pds \cos.\widehat{(P, ds)} = \int_0^1 Pdz = P(z_1 - z_0).$$

28. De même si l'on avait à considérer une force $\delta m r \omega^2$ sur une masse $\delta m$, à une distance $r$ de l'axe des $z$, dans le sens du rayon vecteur $r$, on trouverait :

$$\int_0^1 \delta m r \omega^2 ds \cos.\widehat{(r, ds)} = \int_0^1 \delta m \omega^2 (xdx + ydy) = \int_0^1 \delta m \omega^2 r dr = \frac{1}{2} \delta m \omega^2 (r_1^2 - r_0^2).$$

29. A l'égard des forces ordinaires de la pesanteur sur une réunion quelconque de points pesants, on aura :

$$\Sigma \int_0^1 Pds \cos.\widehat{(P, ds)} = \Sigma \int_0^1 Pdz = \Sigma P(z_1 - z_0) = \Sigma P z_1 - \Sigma P z_0.$$

D'autre part, si l'on désigne par $\Pi$ le poids total, et par $\zeta$ l'ordonnée verticale du centre de gravité du poids $\Pi$, on aura généralement :

$$\Pi = \Sigma P$$
$$\Pi\zeta = \Sigma Pz \,,$$

et par suite

$$\Pi\zeta_0 = \Sigma Pz_0$$
$$\Pi\zeta_1 = \Sigma Pz_1 \,,$$

de telle sorte que la quantité de travail cherchée se réduira simplement à

$$\Pi(\zeta_1 - \zeta_0),$$

c'est-à-dire qu'il suffira de multiplier le poids total $\Pi$ par la chute verticale du centre de gravité de ce poids, sans avoir égard ni à la courbe décrite par le centre de gravité, ni au changement de figure du système.

Il serait même permis de faire abstraction de la simultanéité des mouvements partiels, ou inversement, de considérer comme simultanés des mouvements quelconques successifs.

50. Tous ces théorèmes étant compris, quand nous voudrons appliquer la formule

$$\Pi\zeta_1 - \Pi\zeta_0$$

au système de la figure, nous n'aurons qu'à rappeler ce que nous avons déjà dit, savoir, que le volume subséquent du poids $\Pi$ entre les limites $l'_0, l'_1$, se composera du volume initial entre les limites $l_0, l_1$, plus, du volume additionnel $a_1 u_1 \, dt$ à l'orifice de sortie, moins le volume soustractif $a_0 u_0 \, dt$ à l'orifice d'entrée, de telle sorte qu'en désignant par $z_0, z_1$, les ordonnées verticales des centres de figure des sections $a_0, a_1$, nous aurons à la dernière limite de petitesse de l'intervalle de temps $dt$, et à cause de l'exacte permanence du mouvement

$$\Pi\zeta_1 = \Pi\zeta_0 + \varpi_1 a_1 u_1 z_1 \, dt - \varpi_0 a_0 u_0 z_0 \, dt \,,$$

en même temps que

$$m_0 = \frac{\varpi_0}{g}\, a_0 u_0 \,, \quad m_1 = \frac{\varpi_1}{g}\, a_1 u_1 \,,$$

et par suite

$$\Pi \zeta_1 - \Pi \zeta_0 = [gm_1 z_1 - gm_0 z_0] dt ,$$

les masses $m_0$, $m_1$ étant nécessairement égales, ce qui reviendra à dire que la quantité de travail cherchée sera la même que si le poids affluent $gm_0 dt$ à l'orifice d'entrée passait à lui seul et le long d'une courbe quelconque à l'orifice de sortie.

51. Les pressions latérales des parois du vase sur la masse liquide, et celles de l'air ambiant sur les veines entrantes et sortantes perpendiculairement à la surface qui terminera cette masse et ces veines, donneront manifestement zéro dans l'équation des forces vives; mais les forces de frottement ou de viscosité qu'il pourra y avoir à considérer, soit des parois du vase sur les particules liquides adjacentes, soit des particules liquides entre elles, se résumeront toutes ensemble dans le terme

$$\Sigma \int_t^{t+dt} \mathrm{R} dr$$

qui ne pourra être conçu qu'avec le signe —, de telle sorte qu'en faisant

$$m_1 = m_0 = m,$$

et en supprimant le facteur commun $dt$ dans les deux membres de l'équation, il restera sous forme explicite :

$$\frac{1}{2} m u_1^2 - \frac{1}{2} m u_0^2 = gm \left( \frac{p_0}{\varpi_0} - \frac{p_1}{\varpi_1} \right) + gm(z_1 - z_0) - m\mathrm{A},$$

puis en supprimant encore le facteur $m$ ,

$$\frac{1}{2} u_0^2 - \frac{1}{2} u_1^2 = g \left( \frac{p_0}{\varpi_0} - \frac{p_1}{\varpi_1} \right) + g(z_1 - z_0) - \mathrm{A},$$

la quantité A devant être telle que l'on aura :

$$\Sigma \int_t^{t+dt} \mathrm{R} dr = - m\mathrm{A} dt \quad \text{ou} \quad \int_t^{t+1} \mathrm{R} dr = - m\mathrm{A},$$

et cette quantité ne pouvant être connue que par l'expérience.

**32.** Quand la forme des parois ne fera pas naître des mouvements de tournoiement dans l'intérieur du vase, et que, de plus encore, les vitesses de glissement des particules liquides le long des parois seront très-petites, ou bien que l'état de polissage de ces parois sera très-parfait et que le liquide n'y adhérera pas naturellement, alors la quantité —A de l'équation des forces vives sera quelque fois négligeable, et il ne restera que la formule réduite

$$\frac{1}{2}u_1^2 - \frac{1}{2}u_0^2 = g\left(\frac{p_0}{\varpi_0} - \frac{p_1}{\varpi_1}\right) + g(z_1 - z_0)$$

dans laquelle on fera encore $\varpi_1 = \varpi_0 = \varpi$ quand il s'agira de liquides peu compressibles.

**33.** Quand on voudra appliquer les mêmes raisonnements au cas d'un nombre quelconque de veines entrantes et sortantes, toujours avec l'hypothèse d'une exacte permanence, on aura manifestement :

$$\frac{1}{2}\Sigma m_1 u_1^2 - \frac{1}{2}\Sigma m_0 u_0^2 = g\Sigma m_0 \frac{p_0}{\varpi_0} - g\Sigma m_1 \frac{p_1}{\varpi_1} + g\Sigma m_1 z_1 - g\Sigma m_0 z_0 + \Sigma\int_t^{t+1} R dr.$$

**34.** Cette formule pourra d'ailleurs être appliquée aux fluides ou gaz comme aux liquides; seulement, dans le cas des gaz, on sera amené à concevoir des volumes élastiques ou des ressorts à trois dimensions, de telle sorte qu'en désignant par $v$ un volume de forme quelconque dans l'intérieur duquel il y aura à considérer une même pression $p$, dirigée normalement aux parois du volume, on aura généralement pour la quantité de travail produite par l'augmentation ou par le changement de figure du volume $v$ entre deux limites quelconques $v_0$, $v_1$

$$\int_{v_0}^{v_1} p\,dv,$$

et pour une réunion de volumes élastiques

$$\Sigma\int_{v_0}^{v_1} p\,dv.$$

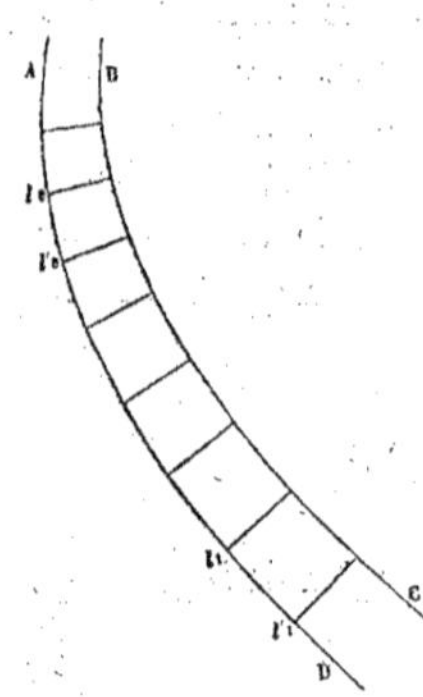

**55.** On pourra considérer, à ce point de vue, l'état de mouvement permanent d'une veine de gaz dans un filet ou tuyau très-mince et de grosseur variable ABCD. En figurant alors dans le tuyau tous les volumes successifs $v, v', v'', v'''\ldots$, que remplira une très-petite masse de gaz aux instants $o, dt, 2dt, 3dt\ldots$, et admettant l'hypothèse de la permanence, on verra bien clairement que dans le tuyau entier on aura pendant le temps $dt$

$$\int_v^{v'} pdv + \int_{v'}^{v''} pdv + \int_{v''}^{v'''} pdv + \ldots$$

de manière qu'en désignant expressément par $v_0$ le volume initial à l'orifice d'entrée de $l_0$ en $l'_0$, et par $v_1$ le volume final à l'orifice de sortie de $l_1$ en $l'_1$, la somme de ces différentes intégrales pourra être remplacée par l'intégrale unique

$$\int_{v_0}^{v_1} pdv$$

comme si une même masse de gaz devait être suivie pendant la durée complète de son mouvement de $l_0 l'_0$ en $l_1 l'_1$.

**56.** Les changements de grosseur du tuyau seront quelquefois assez peu considérables pour que la température ne change pas sensiblement pendant la variation progressive du volume $v$ de $v_0$ à $v_1$, et alors on pourra invoquer la loi de Mariotte, qui permettra de supposer

$$pv = p_0 v_0 = p_1 v_1 ,$$

de telle sorte qu'on aura :

$$p = p_0 \frac{v_0}{v}$$

$$\int_{v_0}^{v_1} pdv = p_0 v_0 \int_{v_0}^{v_1} \frac{dv}{v} = p_0 v_0 \ \text{log. hyp.} \ \frac{v_1}{v_0} = p_0 v_0 \ \text{log. hyp.} \ \frac{p_0}{p_1}.$$

Cette quantité devant être ajoutée au deuxième membre de l'équation des forces vives, nous aurons à faire encore

$$m = \frac{\varpi_0}{g}\, a_0 u_0 = \frac{\varpi_1}{g}\, a_1 u_1$$

$$v_0 = a_0 u_0 = \frac{gm}{\varpi_0}$$

$$v_1 = a_1 u_1 = \frac{gm}{\varpi_1},$$

par suite

$$p_0 v_0 = gm\,\frac{p_0}{\varpi_0}$$

$$p_1 v_1 = mg\,\frac{p_1}{\varpi_1},$$

puis la loi de Mariotte entraînera

$$\frac{p_0}{\varpi_0} = \frac{p_1}{\varpi_1} = \text{const.}$$

ce qui réduira à zéro le terme résultant des pressions extérieures $a_0 p_0$, $a_1 p_1$ que précédemment nous avons réussi à mettre sous la forme

$$gm\left(\frac{p_0}{\varpi_0} - \frac{p_1}{\varpi_1}\right).$$

Nous aurons enfin :

$$\Sigma\int_{v_0}^{v_1} p\,dv = gm\frac{p_0}{\varpi_0}\,\text{log. hyp.}\,\frac{p_0}{p_1}$$

et quand il n'y aura pas de résistances au glissement des particules gazeuses le long des parois du tube, cette quantité remplacera entièrement le terme

$$\Sigma\int_{t}^{t+1} R\,dr,$$

mais quand il y aura des forces de frottement ou de viscosité à considérer, il faudra que l'on attribue encore une certaine valeur négative au terme

$$\Sigma \int_{t}^{t+1} R dr.$$

**57.** Quand les volumes $v_{_0}, v_{_1}$ aux deux limites de l'intégration seront très-inégaux, on ne pourra plus négliger les changements de température du gaz qui seront positifs ou négatifs, selon que le volume $v$ ira en diminuant ou en augmentant.

Il ne sera plus permis alors d'invoquer la loi de Mariotte, et ce que l'on aura de mieux à faire généralement, ce sera d'effacer la quantité

$$\int_{v_{_0}}^{v_{_1}} p dv + \Sigma \int_{t}^{t+1} R dr$$

dans l'équation des forces vives, et de n'appliquer aux fluides élastiques que la formule ordinaire des liquides incompressibles

$$\frac{1}{2} mu_{_1}^2 - \frac{1}{2} mu_{_0}^2 = \frac{gm(p_{_0} - p_{_1})}{\varpi} + gm(z_{_1} - z_{_0})$$

ou

$$\frac{1}{2} u_{_1}^2 - \frac{1}{2} u_{_0}^2 = \frac{g(p_{_0} - p_{_1})}{\varpi} + gm(z_{_1} - z_{_0}).$$

L'expérience seule pourrait nous conduire plus avant dans cette matière.

**58.** Le maniement de l'équation des forces vives exige encore la connaissance des théorèmes suivants, dont le dernier a été démontré par M. Coriolis :

1° Si l'on désigne par

$v$ la vitesse d'un point quelconque ;

V la vitesse du centre de gravité, ou plutôt du centre des masses d'un système ;

$v'$ les vitesses des différentes masses $m$ du système à l'égard de trois axes mobiles, dirigés par le centre des masses parallèlement aux axes primitifs ;

M la somme des masses ,

on a toujours :

$$\frac{1}{2}\Sigma mv^2 = \frac{1}{2}MV^2 + \frac{1}{2}\Sigma mv'^2,$$

la vitesse V étant celle qui persisterait dans le système, si par l'introduction de certains couples et de certaines forces mutuelles suffisamment intenses, on parvenait à détruire toutes les vitesses relatives $v'$.

2° Dans le mouvement de rotation d'un corps rigide autour d'un axe fixe, en désignant par

$r$ la plus courte distance d'une masse $m$ à l'axe de rotation ;

$\omega$ la vitesse angulaire du corps autour de cet axe,

on a :

$$\frac{1}{2}\Sigma mv^2 = \frac{1}{2}\omega^2 \Sigma mr^2.$$

3° Quand un système tourne d'une seule pièce autour d'un axe mené par le centre de gravité, et que les vitesses relatives $v'$ ne proviennent que d'une pareille rotation, on a :

$$\frac{1}{2}\Sigma mv'^2 = \frac{1}{2}\omega^2 \Sigma mr^2,$$

et par suite

$$\frac{1}{2}\Sigma mv^2 = \frac{1}{2}MV^2 + \frac{1}{2}\omega^2 \Sigma mr^2.$$

4° On sait que le mouvement le plus général d'un corps rigide autour d'un point se réduit toujours à tourner actuellement autour d'une certaine droite menée par le point, et dont la direction change graduellement avec le temps, ce qui lui a fait donner le nom d'*axe instantané*.

On sait aussi qu'en portant sur l'axe instantané un rayon vecteur de longueur $\omega$, dont les projections sur trois axes rectangulaires seront $p, q, r$, de manière que l'on aura :

$$\omega^2 = p^2 + q^2 + r^2,$$

les quantités $p, q, r$ pourront être regardées comme des vitesses rotatoires partielles ou composantes autour des axes, dont l'effet combiné sera justement le même que celui de la rotation unique $\omega$ autour de l'axe instantané, et que par suite l'on aura identiquement :

$$\frac{1}{2}\,\omega^2 \Sigma mr^2 = \frac{1}{2}\,(p^2 + q^2 + r^2)\,\Sigma mr^2 ;$$

mais qu'en outre l'on pourra toujours mener trois axes rectangulaires par le centre de gravité d'un corps qui feront les axes principaux du corps et qui jouiront de cette propriété remarquable qu'en désignant par A, B, C les moments d'inertie du corps autour des axes principaux et par $p$, $q$, $r$ les projections du rayon vecteur $\omega$ sur ces axes, l'on aura :

$$\frac{1}{2}\,\omega^2 \Sigma mr^2 = \frac{1}{2}\,Ap^2 + \frac{1}{2}\,Bq^2 + \frac{1}{2}\,Cr^2 ,$$

et par suite

$$\frac{1}{2}\,\Sigma mv^2 = \frac{1}{2}\,MV^2 + \frac{1}{2}\,\omega^2 \Sigma mr^2 = \frac{1}{2}\,MV^2 + \frac{1}{2}\,(Ap^2 + Bq^2 + Cr^2).$$

5° Dans le mouvement d'un corps flexible ou d'un assemblage quelconque de points matériels, on peut imaginer par le centre de gravité trois axes rectangulaires tenus invariablement par une sphère mobile, et participant avec cette sphère à un certain mouvement déterminé, que M. Coriolis a nommé le mouvement moyen de rotation, et qui serait le mouvement effectif du système à un instant donné $t$, si par l'introduction subite des forces mutuelles suffisamment intenses, on parvenait à produire une complète invariabilité dans la figure du système à cet instant.

Or, le mouvement moyen de rotation d'un corps ou d'un assemblage de points matériels étant ainsi conçu, si l'on désigne par

     $v$ la vitesse totale d'une masse $m$ ;

     $v'$ la vitesse relative de cette masse par rapport au centre de gravité du système ;

     $v_m$ la vitesse moyenne ou la vitesse d'entraînement d'une masse $m$, comme si cette masse était fixement attachée au système des axes mobiles, dans la position où elle se trouvera par rapport à ces axes, à l'instant $t$;

$v_r$ la vitesse relative d'une masse $m$, par rapport au même système d'axes mobiles, c'est-à-dire la vitesse partielle qui pourrait être subitement anéantie par l'introduction de forces mutuelles suffisamment intenses, sans qu'il en résultât aucun changement dans les vitesses $v_m$,

on aura toujours :

$$\frac{1}{1}\,\Sigma mv'^2 = \frac{1}{2}\,\Sigma mv_m^2 + \frac{1}{2}\,\Sigma mv_r^2$$

et, d'après ce qui précède :

$$\frac{1}{2}\,\Sigma mv_m^2 = \frac{1}{2}\,\omega^2 \Sigma mr^2 ;$$

donc enfin généralement :

$$\frac{1}{2}\,\Sigma mv^2 = \frac{1}{2}\,MV^2 + \frac{1}{2}\,\omega^2 \Sigma mr^2 + \frac{1}{2}\,\Sigma mv_r^2.$$

59. De ce cinquième et dernier théorème, il résulte que le premier membre de l'équation des forces vives dans un système quelconque, pourra toujours être décomposé en trois parties distinctes.

Pareillement dans le deuxième membre, mis sous la forme

$$\Sigma \int_0^1 (Xdx + Ydy + Zdz) + \Sigma \int_0^1 Rdr,$$

chacun des chemins $dx, dy, dz$ pourra être décomposé en trois parties, dont l'une sera commune à tous les points du système, et représentera le chemin du centre de gravité, dont l'autre variera d'un point à un autre, et ne dépendra que du mouvement moyen de rotation du système à un instant donné autour de son centre de gravité; dont la troisième enfin ne dépendra que du changement de figure du système par rapport à l'état de mouvement moyen correspondant, à un instant donné.

27

Ainsi en désignant par

$$d\xi, \; d\eta, \; d\zeta \qquad \text{les premières parties,}$$
$$d_m x, \; d_m y, \; d_m z \quad \text{les secondes,}$$
$$d_r x, \; d_r y, \; d_r z \quad \text{les troisièmes,}$$

on aura :

$$dx = d\xi + d_m x + d_r x$$
$$dy = d\eta + d_m y + d_r y$$
$$dz = d\zeta + d_m z + d_r z \, ,$$

et quand on substituera ces valeurs de $dx, dy, dz$ dans le deuxième membre de l'équation générale des forces vives, on reconnaîtra aisément que l'une des parties, en vertu de la loi connue du mouvement de translation du centre de gravité, se réduira à

$$\tfrac{1}{2} MV_1^2 - \tfrac{1}{2} MV_0^2 = \Sigma \int_0^1 (X d\xi + Y d\eta + Z d\zeta) = \int_0^1 (\Sigma X) d\xi + \int_0^1 (\Sigma Y) d\eta + \int_0^1 (\Sigma Z) d\zeta \dots (A).$$

Donc il restera :

$$\tfrac{1}{2} \left[ \omega_1^2 \Sigma m r_1^2 + \Sigma m v_{r_1}^2 \right] - \tfrac{1}{2} \left[ \omega_0^2 \Sigma m r_0^2 + \Sigma m v_{r_0}^2 \right] = \Sigma \int_0^1 (X d_m x + Y d_m y + Z d_m z) +$$
$$+ \Sigma \int_0^1 (X d_r x + Y d_r y + Z d_r z) + \Sigma \int_0^1 R dr.$$

D'autre part, M. Coriolis a fait voir qu'en désignant par

$$X_m, \quad Y_m, \quad Z_m$$

des forces conventionnelles, qui ne dépendront que de la nature du mouvement moyen de rotation du système, et dont nous connaîtrons la signification, ainsi que les expressions algébriques, dans la prochaine section de cet ouvrage, on aura toujours séparément :

$$\tfrac{1}{2} \Sigma m v_{r_1}^2 - \tfrac{1}{2} \Sigma m v_{r_0}^2 = \Sigma \int_0^1 (X d_r x + Y d_r y + Z d_r z) +$$
$$+ \Sigma \int_0^1 (X_m d_r x + Y_m d_r y + Z_m d_r z) + \Sigma \int_0^1 R dr \dots (B),$$

et par suite, en retranchant cette équation de la précédente :

$$\frac{1}{2}\,\omega_1^2\,\Sigma mr_1^2 - \frac{1}{2}\,\omega_0^2\,\Sigma mr_0^2 = \Sigma\int_0^1 (X d_m x + Y d_m y + Z d_m z) -$$

$$- \Sigma\int_0^1 (X_m d_r x + Y_m d_r y + Z_m d_r z)\ldots\ldots(C),$$

de telle sorte que l'équation générale des forces vives pourra toujours être décomposée en trois parties distinctes, dont la première (A) se rapportera au mouvement moyen de translation d'un système, et ne renfermera ni la quantité

$$\Sigma\int_0^1 R\,dr,$$

ni l'autre quantité généralement compliquée :

$$\Sigma\int_0^1 (X_m d_r x + Y_m d_r y + Z_m d_r z)\,;$$

dont la troisième (C) renfermera cette dernière quantité, mais point la première, et se rapportera au mouvement moyen de rotation du système autour de son centre de gravité ; dont la deuxième enfin (B) ne se rapportera qu'au changement de figure du système, et renfermera à la fois les deux quantités qui dépendront, l'une des forces R , et l'autre des forces $X_m, Y_m, Z_m$.

40. Mais pour que ces équations ne deviennent pas fautives, il sera indispensable que parmi les forces $X, Y, Z$, on comprenne les composantes $X'', Y'', Z''$ des forces résistantes $P''$, qui proviendront de la prétendue fixité des points d'appui d'une machine, et, à ce point de vue, il y aurait encore bien des choses à connaître sur les vitesses moyennes

$$\frac{d\xi}{dt}, \quad \frac{d\eta}{dt}, \quad \frac{d\zeta}{dt}$$

$$\frac{d_m x}{dt}, \quad \frac{d_m y}{dt}, \quad \frac{d_m z}{dt}$$

qui ne seront généralement que des vitesses intermittentes ou vibratoires à l'entour et le long des courbes bien continues, que l'on aurait à considérer dans l'hypothèse de la rigidité des formes et dans celle de la fixité des points d'appui des différents corps d'une machine.

Il suit de là qu'en ajoutant les équations (A) et (C), on réussira toujours, au moyen de la théorie des mouvements moyens de M. Coriolis, à débarrasser l'équation des forces vives de la quantité généralement inconnue

$$\Sigma \int_0^1 \mathrm{R}dr\,,$$

mais avec l'inconvénient d'avoir à tenir compte de la quantité également inconnue

$$\Sigma \int_0^1 (\mathrm{X}_m d_r x + \mathrm{Y}_m d_r y + \mathrm{Z}_m d_r z)$$

et d'avoir à considérer en outre des vitesses moyennes, qui ne cesseront pas d'être des vitesses intermittentes ou vibratoires, ce qui empêchera de faire servir utilement l'équation trouvée tant qu'on ne saura pas quelles sortes de vitesses bien continues, comme celles des corps non variables de figure, il pourra être permis de substituer aux vitesses moyennes vibratoires du système, fort compliquées sans doute.

Nous ne nous arrêterons donc pas plus longtemps à cette décomposition si intéressante au premier abord de l'équation générale

$$\frac{1}{2}\Sigma m v_1^2 - \frac{1}{2}\Sigma m v_0^2 = \Sigma \int_0^1 (\mathrm{X}dx + \mathrm{Y}dy + \mathrm{Z}dz) + \Sigma \int_0^1 \mathrm{R}dr$$

en deux ou trois équations distinctes, dont une seule conservera le terme inconnu des forces mutuelles.

41. Nous ne nous arrêterons pas non plus au cas où il y aura des changements très-considérables dans les vitesses de deux ou plusieurs corps pendant un temps excessivement court, c'est-à-dire avant que les points d'application des forces aient pu décrire des chemins bien appréciables.

Nous ne nous arrêterons pas, en mot, à la théorie du choc des corps, qui sera toujours fausse, quand on ne supposera, comme autrefois, que des corps rigides, et qui deviendra aussi délicate que compliquée quand on voudra avoir égard aux changements de figure, et par suite aux mouvements vibratoires des corps choquants.

42. Nous examinerons très-attentivement, au contraire, la *théorie des forces de réaction* de masses liquides qui se trouveront gênées dans leurs mouvements par des cloisons fixes ou mobiles, et au moyen de laquelle nous parviendrons à fonder une théorie exacte des roues hydrauliques pour tous les cas, où nous réussirons à connaître les vitesses des particules liquides à leur entrée et à leur sortie d'une roue.

Les *Bernouilly*, *Euler*, *Lagrange* et *Coriolis* n'avaient fait connaître que des cas très-particuliers de la théorie générale, que l'auteur du présent ouvrage a soumise à l'appréciation de l'Institut, il y a quelques années, et dont il ne va exposer ici que la partie la plus élémentaire.

43. Revenons à la figure d'un vase de forme quelconque, alimenté par une ou plusieurs veines affluentes, et muni d'un ou plusieurs orifices de sortie, de manière que l'on puisse y concevoir un état dé mouvement exactement permanent.

Conservons toutes les notations qui nous ont servi dans le développement de l'équation des forces vives, et convenons encore de désigner par

$A_0$, $A_1$ des sections planes obliques à travers les veines entrantes et sortantes,

$\varepsilon_0$, $\varepsilon_1$ les angles aigus des sections obliques $A_0$, $A_1$ avec les sections perpendiculaires $a_0$, $a_1$,

$\alpha_0$, $\beta_0$, $\gamma_0$ $\Big\{$ les angles des vitesses $u_0$, $u_1$ aux orifices d'entrée et de sortie
$\alpha_1$, $\beta_1$, $\gamma_1$ avec les axes rectangulaires des $x, y, z$,

$\lambda_0$, $\mu_0$, $\nu_0$ $\Big\{$ les angles correspondants des pressions $p_0$, $p_1$ supposées perpendiculaires aux plans des aires $A_0$, $A_1$ du dehors au dedans
$\lambda_1$, $\mu_1$, $\nu_1$ du volume occupé par la masse liquide entre les limites $l_0$, $l_1$,

$P, Q, R$ $\Big\{$ les efforts de translation et de rotation du vase sur ses points d'appui, en prenant pour origine statique ou pour centre de
$L, M, N$ composition des forces l'origine des coordonnées $x, y, z$.

Cela étant, si nous faisions agir sur le vase les forces

$$- P, \quad - Q, \quad - R,$$

dans les directions des axes, et les couples ou moments

$$- L, \quad - M, \quad - N,$$

autour des axes, les points d'appui du vase pourraient être anéantis, et la fixité du vase persisterait après comme auparavant.

Mais après, le système sera libre dans l'espace, et nous pourrons lui appliquer les six équations générales de la dynamique, qui ne renfermeront jamais les forces intérieures ou mutuelles d'un système.

En désignant par

$p$ la pression de l'air sur le dehors du vase ou sur le dehors des veines liquides entrantes et sortantes perpendiculairement aux surfaces pressées,

F la force de pesanteur d'une parcelle de matière du système par unité de masse dans un espace vide d'air,

X, Y, Z les composantes de la force F par unité de masse parallèlement aux axes rectangulaires des $x, y, z$,

$$\left. \begin{array}{l} mom_x F \\ mom_y F \\ mom_z F \end{array} \right\} \text{ les moments ou quantités } \left\{ \begin{array}{l} yZ - zY \\ zX - xZ \\ xY - yX \end{array} \right\} \text{ d'une force F,}$$

nous aurons de cette manière :

$$\Sigma_0^1 \partial m \frac{d^2 x}{dt^2} = - P + \Sigma_0^1 X \partial m + Sap \cos. \lambda$$

$$\Sigma_0^1 \partial m \frac{d^2 y}{dt^2} = - Q + \Sigma_0^1 Y \partial m + Sap \cos. \mu$$

$$\partial m \frac{d^2 z}{dt^2} = - R + \Sigma_0^1 Z \partial m + Sap \cos. \nu$$

$$\Sigma_0^1 \, \partial m \left( y \frac{d^2 z}{dt^2} - z \frac{d^2 y}{dt^2} \right) = - \mathrm{L} + \Sigma_0^1 \, mom_x \mathrm{F} \partial m + \mathrm{S} mom_x \, ap$$

$$\Sigma_0^1 \, \partial m \left( z \frac{d^2 x}{dt^2} - x \frac{d^2 z}{dt^2} \right) = - \mathrm{L} + \Sigma_0^1 \, mom_y \mathrm{F} \partial m + \mathrm{S} mom_y \, ap$$

$$\Sigma_0^1 \, \partial m \left( x \frac{d^2 y}{dt^2} - y \frac{d^2 x}{dt^2} \right) = - \mathrm{N} + \Sigma_0^1 \, mom_z \mathrm{F} \partial m + \mathrm{S} mom_z \, ap$$

le signe S indiquant une sommation à faire tout à l'entour du volume occupé, en y comprenant les pressions spéciales $A_0 p_0$, $A_1 p_1$ dans les sections
planes $A_0$, $A_1$ des veines entrantes et sortantes.

Les termes

$$\Sigma_0^1 \mathrm{X} \partial m \,, \quad \Sigma_0^1 \mathrm{Y} \partial m \,, \quad \Sigma_0^1 \mathrm{Z} \partial m$$

seront évidemment les composantes du poids du système parallèlement aux
axes rectangulaires des $x, y, z$ à un instant donné $t$, comme s'il n'y avait pas
de mouvement à cet instant.

Les termes

$$\Sigma_0^1 mom_x \mathrm{F} \partial m \,, \quad \Sigma_0^1 mom_y \mathrm{F} \partial m \,, \quad \Sigma_0^1 mom_z \mathrm{F} \partial m$$

seront pareillement les couples ou moments du poids du système autour
des axes rectangulaires des $x, y, z$, à un instant donné $t$; mais ces différents
termes ne se rapporteront qu'au poids absolu du système dans un espace
vide d'air.

Les pressions $p_0$, $p_1$ dans les sections planes $A_0$, $A_1$ étant supposées d'abord
égales à celles de l'air ambiant, les termes

$$\mathrm{S} ap \cos. \lambda \,, \quad \mathrm{S} ap \cos. \mu \,, \quad \mathrm{S} ap \cos. \nu$$

seront les composantes de la force résultante de soulèvement du système
dans le fluide pesant atmosphérique, de telle sorte qu'il nous suffira de
changer nos conventions, et de dire que, par la suite, nous voudrons désigner spécialement par la lettre F, non pas le poids absolu par unité de
masse dans le vide pneumatique, mais bien le poids relatif ou apparent par
unité de masse dans le milieu pesant, qui entourera le système, pour que

nous devions manifestement effacer tous les termes affectés du signe S dans nos six équations.

Cependant, pour plus de généralité, nous pourrons supposer que dans chacune des sections $A_0$, $A_1$ il y aura à la fois deux pressions, dont l'une sera égale à celle de l'air ambiant, et dont l'autre agira en sus, comme si elle émanait d'un piston ; nous pourrons convenir encore de ne vouloir désigner par $p_0, p_1$ que ces pressions additionnelles, c'est-à-dire les excès des pressions absolues aux orifices sur les pressions de l'air ambiant, et, par ce moyen, en dégageant de nos six équations les inconnus

$$P, Q, R$$
$$L, M, N$$

nous aurons :

$$P = \Sigma_0^1 X \partial m + A_0 p_0 \cos. \lambda_0 + A_1 p_1 \cos. \lambda_1 - \Sigma_0^1 \partial m \frac{d^2 x}{dt^2}$$

$$Q = \Sigma_0^1 Y \partial m + A_0 p_0 \cos. \mu_0 + A_1 p_1 \cos. \mu_1 - \Sigma_0^1 \partial m \frac{d^2 y}{dt^2}$$

$$R = \Sigma_0^1 Z \partial m + A_0 p_0 \cos. \nu_0 + A_1 p_1 \cos. \nu_1 - \Sigma_0^1 \partial m \frac{d^2 z}{dt^2}$$

$$L = \Sigma_0^1 mom_x F \partial m + mom_x A_0 p_0 + mom_x A_1 p_1 - \Sigma_0^1 dm \left( y \frac{d^2 z}{dt^2} - z \frac{d^2 y}{dt^2} \right)$$

$$M = \Sigma_0^1 mom_y F \partial m + mom_y A_0 p_0 + mom_y A_1 p_1 - \Sigma_0^1 \partial m \left( z \frac{d^2 x}{dt^2} - x \frac{d^2 z}{dt^2} \right)$$

$$N = \Sigma_0^1 mom_z F \partial m + mom_z A_0 p_0 + mom_z A_1 p_1 - \Sigma_0^1 \partial m \left( x \frac{d^2 y}{dt^2} - y \frac{d^2 x}{dt^2} \right).$$

44. Ainsi le problème que nous voulons résoudre se réduira à savoir trouver, sous formes explicites, les derniers termes des équations que nous venons d'écrire, et cela ne sera pas difficile, ainsi que nous allons le faire voir, dès l'instant que le système se trouvera dans un état de mouvement permanent.

Si nous remontons à la signification précise des termes $\frac{d^2 x}{dt^2}$, nous aurons manifestement dans les deux positions consécutives du système sur la figure entre les limites $l_{\text{o}}, l_{\text{i}}$ et $l'_{\text{o}}, l'_{\text{i}}$ aux instants $t$ et $t + dt$,

$$\Sigma_{\text{o}}^{\text{i}} \delta m \frac{d^2 x}{dt^2} = \Sigma_{\text{o}}^{\text{i}} \delta m \frac{d}{dt}\left(\frac{dx}{dt}\right) = \frac{\Sigma_{\text{o}'}^{\text{i}'} \delta m \left(\frac{dx}{dt}\right)' - \Sigma_{\text{o}}^{\text{i}} \delta m \left(\frac{dx}{dt}\right)'}{dt};$$

puis, en raisonnant comme plus haut au sujet du premier membre de l'équation des forces vives, nous trouverons

$$\Sigma_{\text{o}}^{\text{i}'} \delta m \left(\frac{dx}{dt}\right)' = \Sigma_{\text{o}}^{\text{i}} \delta m \left(\frac{dx}{dt}\right)' + m_{\text{i}} dt u_{\text{i}} \cos. \alpha_{\text{i}} - m_{\text{o}} dt u_{\text{o}} \cos. \alpha_{\text{o}}.$$

L'hypothèse de la permanence nous donnera :

$$\Sigma_{\text{o}}^{\text{i}} \delta m \left(\frac{dx}{dt}\right)' = \Sigma_{\text{o}}^{\text{i}} \delta m \left(\frac{dx}{dt}\right),$$

et par suite nous aurons :

$$- \Sigma_{\text{o}}^{\text{i}} \delta m \frac{d^2 x}{dt^2} = m_{\text{o}} u_{\text{o}} \cos. \alpha_{\text{o}} - m_{\text{i}} u_{\text{i}} \cos. \alpha_{\text{i}},$$

pareillement :

$$- \Sigma_{\text{o}}^{\text{i}} \delta m \frac{d^2 y}{dt^2} = m_{\text{o}} u_{\text{o}} \cos. \beta_{\text{o}} - m_{\text{i}} u_{\text{i}} \cos. \beta_{\text{i}}.$$

$$- \Sigma_{\text{o}}^{\text{i}} \delta m \frac{d^2 z}{dt^2} = m_{\text{o}} u_{\text{o}} \cos. \gamma_{\text{o}} - m_{\text{i}} u_{\text{i}} \cos. \gamma_{\text{i}}.$$

Dans les trois dernières équations, nous aurons :

$$\Sigma_{\text{o}}^{\text{i}} \delta m \left( y \frac{d^2 z}{dt^2} - z \frac{d^2 y}{dt^2} \right) = \Sigma_{\text{o}}^{\text{i}} \delta m \frac{d}{dt}\left( y \frac{dz}{dt} - z \frac{dy}{dt} \right) =$$

$$= \frac{\Sigma_{\text{o}'}^{\text{i}'} \delta m \left[ y'\left(\frac{dz}{dt}\right)' - z'\left(\frac{dy}{dt}\right)' \right] - \Sigma_{\text{o}}^{\text{i}} \delta m \left[ y\left(\frac{dz}{dt}\right) - z\left(\frac{dy}{dt}\right) \right]}{dt},$$

puis en changeant les limites,

$$\Sigma_{\text{o}'}^{\text{i}'} \delta m \left[ y'\left(\frac{dz}{dt}\right)' - z'\left(\frac{dy}{dt}\right)' \right] = \Sigma_{\text{o}}^{\text{i}} \delta m \left[ y'\left(\frac{dz}{dt}\right)' - z'\left(\frac{dy}{dt}\right)' \right] + mom_x m_{\text{i}} dt u_{\text{i}} - mom_x m_{\text{o}} dt u_{\text{o}}$$

et à cause de l'état de permanence du mouvement

$$\Sigma_0^1 \delta m \left[ y'\left(\frac{dz}{dt}\right)' - z'\left(\frac{dy}{dt}\right)' \right] = \Sigma_0^1 \delta m \left[ y\left(\frac{dz}{dt}\right) - z\left(\frac{dy}{dt}\right) \right];$$

par conséquent :

$$- \Sigma_0^1 \delta m \left( y\frac{d^2z}{dt^2} - z\frac{d^2y}{dt^2} \right) = mom_x m_0 u_0 - mom_x m_1 u_1$$

et de même :

$$- \Sigma_0^1 \delta m \left( z\frac{d^2x}{dt^2} - x\frac{d^2z}{dt^2} \right) = mom_y m_0 u_0 - mom_y m_1 u_1$$

$$- \Sigma_0^1 \delta m \left( x\frac{d^2y}{dt^2} - y\frac{d^2x}{dt^2} \right) = mom_z m_0 u_0 - mom_z m_1 u_1.$$

45. Il est manifeste encore que tous les mêmes raisonnements s'appliqueront à autant de veines entrantes et sortantes que l'on voudra, de telle sorte qu'en affectant spécialement le signe S à la sommation des termes correspondants de tous les orifices qu'il pourra y avoir, pourvu que le mouvement soit permanent, nous trouverons :

$$P = \Sigma_0^1 X\delta m + SA_0 p_0 \cos.\lambda_0 + SA_1 p_1 \cos.\lambda_1 + Sm_0 u_0 \cos.\alpha_0 - Sm_1 u_1 \cos.\alpha_1$$

$$Q = \Sigma_0^1 Y\delta m + SA_0 p_0 \cos.\mu_0 + SA_1 p_1 \cos.\mu_1 + Sm_0 u_0 \cos.\beta_0 - Sm_1 u_1 \cos.\beta_1$$

$$R = \Sigma_0^1 Z\delta m + SA_0 p_0 \cos.\nu_0 + SA_1 p_1 \cos.\nu_1 + Sm_0 u_0 \cos.\gamma_0 - Sm_1 u_1 \cos.\gamma_1$$

$$L = \Sigma_0^1 mom_x F\delta m + Smom_x A_0 p_0 + Smom_x A_1 p_1 + Smom_x m_0 u_0 - Smom_x m_1 u_1$$

$$M = \Sigma_0^1 mom_y F\delta m + Smom_y A_0 p_0 + Smom_y A_1 p_1 + Smom_y m_0 u_0 - Smom_y m_1 u_1$$

$$N = \Sigma_0^1 mom_z F\delta m + Smom_z A_0 p_0 + Smom_z A_1 p_1 + Smom_z m_0 u_0 - Smom_z m_1 u_1,$$

les masses $m_0, m_1$ qui traverseront les orifices $A_0, A_1$ dans l'unité de temps pouvant toutes être calculées par le moyen de la formule

$$m = \frac{\varpi}{g} Au \cos.\varepsilon = \frac{\varpi}{g} au$$

appliquée successivement à tous les orifices, et l'hypothèse de la permanence exigeant que l'on ait la relation

$$Sm_1 = Sm_2.$$

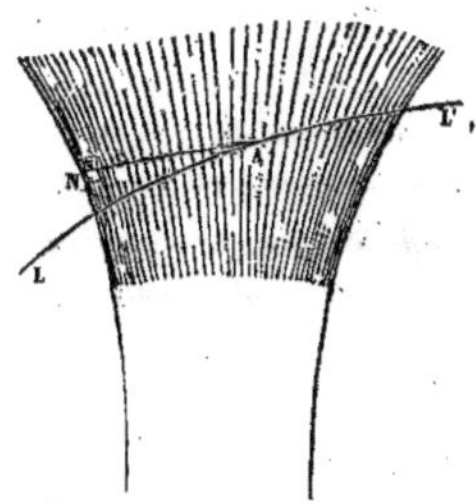

46. Le nombre des orifices étant illimité, nous pouvons appliquer toutes les mêmes formules à des veines entrantes et sortantes de grosseurs finies et de formes non cylindriques, en décomposant chacune de ces veines en un nombre infiniment grand de filets, et en coupant tous les filets par une surface quelconque LL′, dont les éléments différentiels seront les sections A des orifices de nos formules.

47. A la surface extérieure de chacune de ces veines, la pression absolue sera celle de l'air ambiant, et par conséquent la pression additionnelle $p$ de nos formules y sera nulle; mais dans l'intérieur d'une veine non cylindrique, la pression $p$ de nos formules sera égale à l'intégrale des forces centrifuges des parcelles de liquide le long d'une courbe NA, menée du dehors perpendiculairement à tous les filets consécutifs, jusqu'à la section A de celui dont on voudra connaître la pression $p$.

On pourra concevoir ainsi une multitude de courbes différentes qui viendront du dehors normalement à tous les filets consécutifs en un même point A, et la loi de l'hydrodynamique devra nécessairement être telle que l'intégrale des forces centrifuges le long de chacune de ces courbes sera la même; car, autrement, le mouvement changerait d'un instant à l'autre et ne serait plus permanent.

48. Quoi qu'il en soit des règles de l'hydrodynamique, dès qu'il y aura permanence dans l'état de mouvement d'une masse liquide, on réussira à démontrer nos formules, et ces formules nous permettront d'énoncer le magnifique théorème que voici :

*Dans une masse liquide, qui sera gênée dans son mouvement par des cloisons de formes quelconques, nous pourrons concevoir une surface rentrante sur elle-même qui retranchera du système entier telle partie que nous voudrons, et pourvu que l'état de mouvement soit exactement permanent dans la partie re-*

*tranchée, il nous sera permis de faire abstraction de l'état de mouvement qui aura lieu, pour ne plus voir que les forces ci-après :*

*1° Le poids du système dans toute l'étendue de la partie retranchée ;*

*2° Les pressions Ap dirigées normalement du dehors au dedans sur toutes les parties infiniment petites A de la surface, par laquelle il nous plaira de limiter les veines entrantes et sortantes ;*

*3° Les forces $m_0 u_0$ dans la direction des vitesses $u_0$ à tous les orifices d'entrée, et les forces $m_1 u_1$ en sens contraire des vitesses $u_1$ à tous les orifices de sortie.*

*Il nous suffira ensuite de composer les forces ainsi définies d'après les règles ordinaires de la statique des corps rigides, pour trouver, à l'égard de telle origine que nous voudrons, les efforts résultants de translation*

$$P, \ Q, \ R$$

*et les efforts résultants de rotation*

$$L, \ M, \ N,$$

*avec lesquels le système des cloisons, pressées par la masse liquide en mouvement, chassera sur ses points d'appui dans les directions des axes et autour des axes qui auront servi à la composition de toutes les forces et de tous les couples de ces forces.*

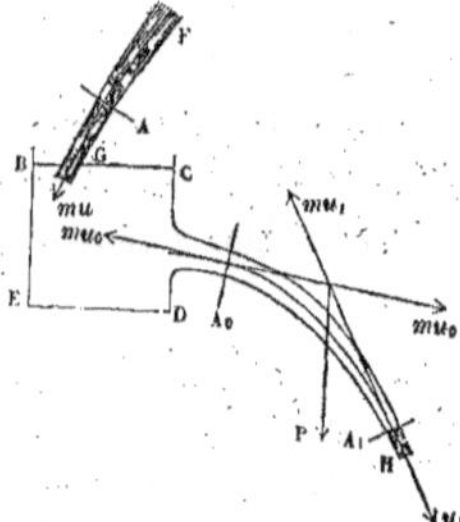

49. Ainsi, dans le cas d'un vase BCDE alimenté par une veine FG, et duquel s'échappera une veine DH, nous pourrons couper les deux veines par des plans perpendiculaires ou obliques $A, A_0$, et pourvu que les vitesses $u, u_0$ puissent être considérées comme étant sensiblement égales et parallèles en tous les points des sections $A, A_0$, nous pourrons négliger les pressions additionnelles $p, p_0$ dans ces sections, de manière à ne plus avoir à considérer que le poids entier du système limité par les plans $A, A_0$, et les deux forces

$$mu, \ mu_0$$

(la première dans le sens de la vitesse $u$, et la seconde en sens contraire de la vitesse $u_0$), dont la composition, d'après les règles ordinaires de la statique des corps rigides, nous fera trouver les efforts que le vase fera sur ses points d'appui.

50. Lors donc qu'on voudra comparer ces efforts, à l'état de mouvement du système, avec ceux qui auraient lieu à l'état de repos, en l'absence des veines FG, DH, on se trouvera obligé de faire la section A tout au ras de la surface du niveau BC dans le vase, et la section $A_0$ tout au ras de l'orifice de sortie en D; mais, en principe, on ne pourra manquer de trouver exactement les mêmes efforts, quand on fera les sections A, $A_0$ partout ailleurs, pourvu qu'en même temps l'on ajoute au poids du système les poids des tronçons correspondants AG, $DA_0$.

51. Il suit de là que le changement de la vitesse $u_0$, par suite du changement de position de la section $A_0$, sera dans une relation directe avec le poids du tronçon de veine que, par le changement de position du plan $A_0$, on se trouvera obligé de compter en plus ou en moins parmi toutes les forces de pesanteur du système.

Pour trouver cette relation de la manière la plus simple, nous n'aurons qu'à faire deux sections quelconques $A_0$, $A_1$ dans la veine DH, et alors nous reconnaîtrons facilement que, sur le tronçon $A_0A_1$ pris à part, il devra y avoir équilibre selon les règles ordinaires de la statique des corps rigides entre le poids du tronçon P et les deux forces

$$mu_0, \quad mu_1$$

dont la première sera dirigée par le centre de figure de la section $A_0$ dans le sens de la vitesse $u_0$, et l'autre par le centre de figure de la section $A_1$ en sens contraire de la vitesse $u_1$.

52. Au moyen de cette dissertation, notre théorème des forces de réaction doit être compris du lecteur dans son entière pureté et dans son excessive généralité.

En principe, on ne devra pas se préoccuper de l'état de mouvement d'une masse liquide quand toutes les parcelles de cette masse se renouvelleront incessamment avec le temps, sans qu'il y ait de changement dans les vitesses successives en un même lieu, ni par conséquent dans le volume occupé.

On ne devra considérer alors que le poids entier du volume occupé, avec les pressions A$p$ aux orifices, et les forces $mu$ dirigées respectivement dans le sens des vitesses $u$ à chaque orifice d'entrée, et en sens contraire des vitesses $u$ à chaque orifice de sortie.

53. En désignant par $a$ la section perpendiculaire d'un filet entrant ou sortant, on aura toujours

$$m = \frac{\varpi}{g} au$$

et par conséquent

$$mu = \frac{\varpi}{g} au^2$$

puis en désignant par $h$ ce qu'on appelle communément la hauteur due à une vitesse $u$, on aura encore

$$u^2 = 2gh$$
$$mu = 2\varpi ah$$

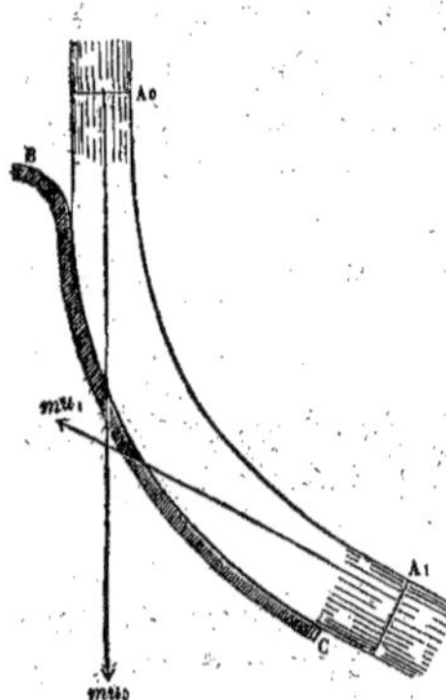

d'où il résulte que l'intensité de chacune des forces $mu$ sera égale à deux fois le poids d'une colonne liquide, ayant pour base la section perpendiculaire d'un filet, et pour hauteur celle due à la vitesse de ce filet.

54. Supposons, par exemple, qu'une cloison BC serve à faire changer la courbure d'une veine liquide ; alors en coupant cette veine par deux surfaces planes ou courbes $A_0$, $A_1$ en deçà et au delà de la cloison BC dans des régions où les vitesses $u_0$, $u_1$ de toutes les parcelles qui traverseront les surfaces coupantes pourront être regardées comme étant sensiblement égales et parallèles dans chacune de ces surfaces, il nous suffira de désigner par $m$ la masse du liquide qui s'écoulera dans l'unité de temps, et de considérer les seules forces $mu_0$, $mu_1$ sur la figure ainsi que le poids du tronçon de veine compris entre les deux surfaces coupantes de $A_0$ en $A_1$, pour que la composition de ces trois forces, d'après les règles ordinaires de la statique des

corps rigides, nous fasse trouver les efforts précis de la masse liquide en mouvement sur la cloison BC.

55. Quand la cloison BC sera d'une forme cylindrique verticale, le poids du tronçon de veine $A_0A_1$ cessera d'agir sur la cloison, et il n'y aura plus à considérer que les composantes horizontales des deux forces $mu_0$, $mu_1$, à moins qu'il n'y ait du frottement ou de l'adhérence entre le liquide et la cloison, auquel cas il faudrait tenir compte encore d'un effort vertical égal à la somme de ces frottements, dont la valeur serait précisément la résultante du poids du tronçon $A_0A_1$ et des composantes verticales de forces $mu_0$, $mu_1$.

56. Nous pourrons concevoir un liquide de nature visqueuse ou un amas de matières pulvérulentes, sans que l'énoncé de notre théorème en doive être changé, quand les pressions $p$ dans les orifices ne cesseront pas d'être nulles ou perpendiculaires aux surfaces A de ces orifices et qu'il y aura toujours une exacte permanence.

Avec des matières visqueuses ou pulvérulentes, les pressions $p$ dans les orifices A pourront agir obliquement sur ces surfaces, et pourvu qu'on tienne compte de ces obliquités, notre théorème subsistera encore.

57. Quand il y aura des tournoiments dans le volume occupé et surtout des flexions alternatives dans les parois d'un vase, on ne pourra plus, il est vrai, faire l'hypothèse d'un état de mouvement exactement permanent, mais dans le mémoire déjà cité, il est démontré que des changements alternatifs dans le volume occupé ne produiront que des changements alternatifs correspondants dans les quantités P, Q, R, L, M, N de nos formules, de telle sorte que si l'on ne tenait pas compte de ces alternatives dans la recherche des intégrales

$$\int_{t_0}^{t_1} Pdt \ , \ \int_{t_0}^{t_1} Qdt \ , \ \int_{t_0}^{t_1} Rdt \ , \ \int_{t_0}^{t_1} Ldt \ , \ \int_{t_0}^{t_1} Mdt \ , \ \int_{t_0}^{t_1} Ndt$$

on ne commettrait aucune erreur, si aux deux instants $t_0$, $t_1$ le système se trouvait dans deux situations identiques.

58. Les quantités

$$Smu \cos. \alpha \ , \ Smu \cos. \beta \ , \ Smu \cos. \gamma$$

de nos formules sont les sommes des produits des masses entrantes ou sortantes $m$ par les vitesses effectives $u\cos.\alpha$, $u\cos.\beta$, $u\cos.\gamma$ de ces masses.

Or, en désignant par

    $x, y, z$ les coordonnées variables du centre d'une masse $m$,

    $\xi, \eta, \zeta$ les coordonnées du centre de gravité d'un groupe quelconque de masse $m$,

    M la masse totale du groupe,

on aura toujours :

$$M\xi = mx + m'x' + m''x'' + \ldots\ldots,$$

d'où :

$$M\frac{d\xi}{dt} = m\frac{dx}{dt} + m'\frac{dx'}{dt} + m''\frac{dx''}{dt} + \ldots\ldots,$$

et pareillement dans les directions des $y$ et des $z$, de telle sorte que dans nos formules, il nous sera toujours loisible de faire

$$Smu\cos.\alpha = M\frac{d\xi}{dt}$$

$$Smu\cos.\beta = M\frac{d\eta}{dt}$$

$$Smu\cos.\gamma = M\frac{d\zeta}{dt},$$

ce qui démontre que, dans le calcul des efforts de translation

$$P, \quad Q, \quad R,$$

il ne sera pas nécessaire de connaître les vitesses effectives $u$ des masses $m$, mais seulement les vitesses $\frac{d\xi}{dt}$, $\frac{d\eta}{dt}$, $\frac{d\zeta}{dt}$ du centre de gravité de ces masses groupées comme on voudra.

59. Ainsi, dans le cas d'une veine liquide poussée par un piston, ce sera la vitesse de piston qu'il nous faudra connaître et non pas les vitesses latérales des particules liquides dans le sens perpendiculaire au mouvement du piston.

Mais cette simplification de notre théorème des forces de réaction ne s'appliquera pas au calcul des couples ou moments L, M, N.

# SECTION IV.

### DE LA THÉORIE GÉNÉRALE DES MOUVEMENTS RELATIFS.

1. La dynamique des corps à volumes finis que nous venons d'exposer dans la précédente section, n'est fondée que sur deux choses, d'abord les trois équations

$$
\left. \begin{aligned}
m\,\frac{d^2x}{dt^2} &= X \\
m\,\frac{d^2y}{dt^2} &= Y \\
m\,\frac{d^2z}{dt^2} &= Z
\end{aligned} \right\} \qquad (1)
$$

du mouvement d'un point matériel, sollicité par la résultante F de toutes les forces X, Y, Z sur ce point, et ensuite le seul artifice du classement des forces F en forces extérieures et en forces intérieures.

2. Il s'ensuit que si l'on nous donnait par rapport à un autre système d'axes, les équations fondamentales du mouvement d'un point matériel

$$
\left. \begin{aligned}
m\,\frac{d^2x'}{dt^2} &= X' \\
m\,\frac{d^2y'}{dt^2} &= Y' \\
m\,\frac{d^2z'}{dt^2} &= Z'
\end{aligned} \right\} \qquad (2)
$$

29

nous pourrions nous proposer de développer avec les équations (2) tous les mêmes principes de mécanique, que ceux qu'il nous a été possible de fonder avec les équations (1).

La théorie générale des mouvements relatifs se réduira donc à un problème fort simple : *Connaissant les équations (1) du mouvement d'un point matériel de masse* m *par rapport à un système donné d'axes rectangulaires des* x, y, z *trouver les équations correspondantes du même état de mouvement, de la même masse* m, *par rapport à un système d'axes rectangulaires des* x', y', z' *qui se mouvra d'une manière connue par rapport au système des* x, y, z, et ce problème ne sera qu'une question de pure géométrie que nous pourrons résoudre immédiatement.

5. Quand les axes rectangulaires des $x'$, $y'$, $z'$, se mouvront parallèlement à ceux des $x, y, z$ nous n'aurons qu'à désigner par $\xi, \eta, \zeta$ les coordonnées variables de l'origine mobile, pour avoir à tous les instants $t$

$$\left.\begin{array}{l} x = \xi + x' \\ y = \eta + y' \\ z = \zeta + z' \end{array}\right\} \qquad (3)$$

ce qui nous donnera :

$$\left.\begin{array}{l} \dfrac{dx}{dt} = \dfrac{d\xi}{dt} + \dfrac{dx'}{dt} \\[2mm] \dfrac{dy}{dt} = \dfrac{d\eta}{dt} + \dfrac{dy'}{dt} \\[2mm] \dfrac{dz}{dt} = \dfrac{d\zeta}{dt} + \dfrac{dz'}{dt} \end{array}\right\} \qquad (4)$$

Ainsi les vitesses primitives dans le système des $x, y, z$ ne seront que les sommes algébriques des vitesses de l'origine mobile, et des vitesses subséquentes dans le système des $x', y', z'$, c'est-à-dire en d'autres termes, que la vitesse primitive $v$ d'un point se trouvera déterminée en direction et en grandeur par la diagonale du parallélogramme, que l'on pourra former sur la vitesse subséquente $v$ du point, et sur la vitesse U de l'origine comme côtés.

4. En différentiant une seconde fois nous aurons :

$$\frac{d^2x}{dt^2} = \frac{d^2\xi}{dt^2} + \frac{d^2x'}{dt^2}$$

$$\frac{d^2y}{dt^2} = \frac{d^2\eta}{dt^2} + \frac{d^2y'}{dt^2}$$

$$\frac{d^2z}{dt^2} = \frac{d^2\zeta}{dt^2} + \frac{d^2z'}{dt^2}$$

c'est-à-dire que la relation des dérivées secondes sera la même que celle des dérivées premières ou des vitesses, et la même encore que celle des coordonnées.

De plus nous aurions la même relation pour tel autre système de dérivées d'un ordre plus élevé, qu'il nous plairait de chercher.

5. Mais cela ne nous importe pas ici, car en transposant nos équations des dérivées secondes, nous en tirerons :

$$\frac{d^2x'}{dt^2} = \frac{d^2x}{dt^2} - \frac{d^2\xi}{dt^2}$$

$$\frac{d^2y'}{dt^2} = \frac{d^2y}{dt^2} - \frac{d^2\eta}{dt^2}$$

$$\frac{d^2z'}{dt^2} = \frac{d^2z}{dt^2} - \frac{d^2\zeta}{dt^2}$$

et par suite nous aurons :

$$\left. \begin{array}{l} m\dfrac{d^2x'}{dt^2} = \mathrm{X} - m\dfrac{d^2\xi}{dt^2} \\[2ex] m\dfrac{d^2y'}{dt^2} = \mathrm{Y} - m\dfrac{d^2\eta}{dt^2} \\[2ex] m\dfrac{d^2z'}{dt^2} = \mathrm{Z} - m\dfrac{d^2\zeta}{dt^2} \end{array} \right\} \qquad (5)$$

c'est-à-dire que les forces X′, Y′, Z′ du mouvement subséquent par rapport au système des $x'$, $y'$, $z'$ proviendront de la simple addition des forces

$$\mathrm{X}, \quad \mathrm{Y}, \quad \mathrm{Z}$$

du mouvement primitif avec d'autres forces égales aux quantités

$$- m \frac{d^2\xi}{dt^2}, \quad - m \frac{d^2\eta}{dt^2}, \quad - m \frac{d^2\zeta}{dt^2},$$

ce qui est déjà fort simple au point de vue purement géométrique des choses, et ce qui sera plus simple encore au point de vue mécanique du sujet, ainsi que nous allons le faire voir.

6. Les formules (1) sont celles du mouvement d'une masse $m$ qui en l'absence des forces X, Y, Z serait en repos, ou se mouvrait en ligne droite avec une vitesse constante dans le système des $x, y, z$.

Une masse $m$ ainsi constituée ne pourrait être en repos dans le système des $x', y', z'$ qu'autant qu'on l'y attacherait fixement et que par suite les liens qui serviraient à l'attacher de manière à la faire participer obligatoirement au mouvement de translation de l'origine mobile $\xi, \eta, \zeta$ feraient sur elles les forces

$$m \frac{d^2\xi}{dt^2}, \quad m \frac{d^2\eta}{dt^2}, \quad m \frac{d^2\zeta}{dt^2},$$

ce qui revient à dire que la masse $m$ ferait sur les mêmes liens les forces égales et contraires

$$- m \frac{d^2\xi}{dt^2}, \quad - m \frac{d^2\eta}{dt^2}, \quad - m \frac{d^2\zeta}{dt^2}.$$

Donc les quantités que l'on devra ajouter aux forces X, Y, Z du système primitif pour avoir les forces X', Y', Z' du système subséquent, seront toujours les *forces absolues* que l'on parviendrait à constater par des expériences dynamométriques à l'état obligatoire de repos dans le système des $x', y', z'$, avec une masse $m$ qui d'elle-même resterait en repos dans le systèmes des $x, y, z$.

7. Si la masse $m$ ne pouvait rester à l'état de repos dans le système des $x, y, z$, qu'au moyen de la force F d'un fil, il faudrait que dans le système des $x', y', z'$ la même masse $m$ tenue obligatoirement en repos fût

sollicitée à la fois par la force F du premier fil, et par la force F, d'un second fil égal et contraire à la résultante des forces d'inertie

$$-m\frac{d^2\xi}{dt^2}, \quad -m\frac{d^2\eta}{dt^2}, \quad -m\frac{d^2\zeta}{dt^2},$$

Il s'ensuit que la signification expérimentale des formules (5) par rapport aux axes rectangulaires des $x', y', z'$ sera exactement la même que celle
des formules (1) par rapport aux axes rectangulaires des $x, y, z$, et que l'on
pourra invoquer tous les mêmes raisonnements pour trouver avec les
équations (5) dans le système des $x', y', z'$ la loi du centre de gravité, celle
des aires, l'équation des forces vives et les formules de notre théorème
des forces de réaction pour telle réunion de masses $m$ que l'on voudra,
dès l'instant qu'on connaîtra les valeurs effectives des dérivées secondes

$$-\frac{d^2\xi}{dt^2}, \quad -\frac{d^2\eta}{dt^2}, \quad -\frac{d^2\zeta}{dt^2}$$

qui joueront le même rôle dans le système des axes rectangulaires des
$x', y', z'$ que la constante $g$ dans les phénomènes de la pesanteur à la
surface de la terre.

8. Les dérivées secondes, dont il est question, seront communes à
chaque instant à toutes les masses $m$ d'un système, et par conséquent toutes
les règles de la composition des forces de pesanteur des corps à la surface
de la terre s'y appliqueront, à cela près que les grandeurs de ces dérivées
pourront varier arbitrairement d'un instant à l'autre.

9. Quand le point $\xi, \eta, \zeta$ se mouvra en ligne droite avec une vitesse
constante, on aura

$$m\frac{d^2x'}{dt^2} = X$$

$$m\frac{d^2y'}{dt^2} = Y$$

$$m\frac{d^2z'}{dt^2} = Z,$$

c'est-à-dire qu'il y aura à faire usage des mêmes forces $X, Y, Z$ dans le système des $x', y', z'$ que dans le système des $x, y, z$.

10. On trouvera alors pour l'équation générale des forces vives, dans un cas

$$\frac{1}{2} \Sigma m v_1^2 - \frac{1}{2} \Sigma m v_0^2 = \Sigma \int_0^1 (X dx + Y dy + Z dz) + \Sigma \int_0^1 R dr,$$

dans l'autre

$$\frac{1}{2} \Sigma m v_1'^2 + \frac{1}{2} \Sigma m v_0'^2 = \Sigma \int_0^1 (X dx' + Y dy' + Z dz') + \Sigma \int_0^1 R dr,$$

$$(6)$$

le terme

$$\Sigma \int_0^1 R dr$$

ne pouvant manquer d'être le même dans l'une et l'autre formule.

11. Il suit de là qu'en retranchant les deux équations l'une de l'autre on arrivera à une relation générale de mécanique, qui ne dépendra pas des forces mutuelles du système, et comme les vitesses constantes de l'origine mobile

$$\frac{d\xi}{dt}, \quad \frac{d\eta}{dt}, \quad \frac{d\zeta}{dt}$$

seront absolument arbitraires, il faudra évidemment que cette relation se décompose en trois équations distinctes.

Si nous effectuions en effet les calculs que nous venons d'indiquer, nous retrouverions la loi connue du mouvement du centre de gravité d'un système en fonction des seules forces extérieures $X, Y, Z$.

12. Si, au lieu d'une réunion quelconque de points matériels, nous ne considérions qu'une masse liquide dont le mouvement serait gêné par des cloisons fixement attachées au système d'axes rectangulaires des $x', y', z'$, et s'il nous était permis encore de concevoir l'état de mouvement comme étant sensiblement permanent dans l'un et l'autre système d'axes, nous pourrions chercher à développer nos deux équations des forces vives de la

manière qui a été expliquée dans la précédente section, mais il y aurait à
faire remarquer qu'une pression quelconque F de l'une des cloisons sur la
masse liquide, pourrait être remplacée par ses trois composantes X, Y, Z et
que dans l'équation des forces vives, qui se rapporterait au système des
$x', y', z'$, ces forces ne figureraient que par la somme

$$X \times 0 + Y \times 0 + Z \times 0 = 0$$

tandis que dans l'autre équation nous aurions à mettre la quantité

$$X d\xi + Y d\eta + Z d\zeta = \left( X \frac{d\xi}{dt} + Y \frac{d\eta}{dt} + Z \frac{d\zeta}{dt} \right) dt$$

pour chacune des forces F pendant le temps $dt$, et par conséquent pour la
totalité des forces F pendant l'unité de temps, la quantité résultante

$$T = \Sigma \left( X \frac{d\xi}{dt} + Y \frac{d\eta}{dt} + Z \frac{d\zeta}{dt} \right) = \frac{d\xi}{dt} \Sigma X + \frac{d\eta}{dt} \Sigma Y + \frac{d\zeta}{dt} \Sigma Z$$

qui représenterait la somme du travail moteur, que la masse liquide en
mouvement servirait à transmettre au système rigide des $x', y', z'$.

Donc la quantité de travail T resterait dans la différence des deux équations, et comme la quantité généralement inconnue

$$\Sigma \int_0^1 R dr$$

ne s'y trouverait plus, nous parviendrions manifestement à une expression
rationnellement exacte de la quantité T en fonction des forces de pesanteur
du système et des seules vitesses $u, u'$ des particules liquides aux orifices
d'entrée et de sortie.

Tel est le point de vue qui a été mis en avant par M. Coriolis et développé
par lui dans quelques cas particuliers.

13. Mais notre théorème des forces de réaction nous mènera plus simplement au même but et encore au delà.

Concevons en effet des vases ou des canaux fixement attachés aux axes rectangulaires des $x'$, $y'$, $z'$, et alimentés d'une manière exactement permanente par une ou plusieurs veines liquides, supposées entraînées dans l'espace avec une vitesse égale et parallèle à celle des axes rectangulaires des $x'$, $y'$, $z'$ afin qu'un observateur qui participerait au mouvement de translation de ces axes, ne pût voir que des filets exactement déterminés dans leurs formes et directions, à travers les mêmes orifices d'entrée et de sortie toujours.

Alors il est clair qu'en invoquant notre théorème des forces de réaction, et en regardant les pressions additionnelles $p_0$, $p_1$ aux orifices comme nulles ou négligeables, nous aurons :

$$P = \Sigma_0^1 \, X\partial m + S m_0' u_0' \cos.\alpha_0' - S m_1' u_1' \cos.\alpha_1'$$

$$Q = \Sigma_0^1 \, Y\partial m + S m_0' u_0' \cos.\beta_0' - S m_1' u_1' \cos.\beta_1'$$

$$R = \Sigma_0^1 \, Z\partial m + S m_0' u_0' \cos.\gamma_0' - S m_1' u_1' \cos.\gamma_1'$$

$$L = \Sigma_0^1 \, mom_{x'} F\partial m + S mom_{x'} m_0' u_0' - S mom_{x'} m_1' u_1'$$

$$M = \Sigma_0^1 \, mom_y F\partial m + S mom_y m_0' u_0' - S mom_y m_1' u_1'$$

$$N = \Sigma_0^1 \, mom_z F\partial m + S mom_z m_0' u_0' - S mom_z m_1' u_1'$$

c'est-à-dire que nous connaîtrons les efforts résultants de translation

$$P, \quad Q, \quad R$$

et les efforts résultants de rotation

$$L, \quad M, \quad N$$

de la masse liquide en mouvement sur les vases ou canaux, en fonction des forces de pesanteur du volume occupé et en fonction des seules vitesses $u_0'$, $u_1'$ des masses $m_0'$, $m_1'$ aux orifices d'entrée et de sortie.

14. Si nous convenons en même temps de désigner par

$a$, $b$, $c$ les composantes de la vitesse $u$ d'une masse $m$ dans le système des $x$, $y$, $z$,

$a'$, $b'$, $c'$ les composantes de la vitesse correspondante $u'$ de la même masse $m$ dans le système des $x'$, $y'$, $z'$,

A, B, C les composantes de la vitesse de translation U du système des
$$x', y', z',$$
nous pourrons d'abord mettre les expressions des efforts de translation P, Q, R sous la forme

$$\left.\begin{array}{l} P = \Sigma_0^1 X \partial m + S m_0' a_0' - S m_1' a_1' \\ Q = \Sigma_0^1 Y \partial m + S m_0' b_0' - S m_1' b_1' \\ R = \Sigma_0^1 Z \partial m + S m_0' c_0' - S m_1' c_1' \end{array}\right\} \; ; \qquad (7)$$

puis nous aurons, pour telle masse $m$ que nous voudrons :

$$a' = a - A$$
$$b' = b - B$$
$$c' = c - C,$$

et par suite, pour une réunion quelconque de masses $m$,

$$\Sigma m a' = \Sigma m a - A \Sigma m ,$$

par conséquent, dans l'expression de la quantité P

$$\Sigma m_0' a_0' = \Sigma m_0' a_0 - A \Sigma m_0'$$
$$\Sigma m_1' a_1' = \Sigma m_1' a_1 - A \Sigma m_1' ,$$

et comme l'hypothèse de la permanence exigera que l'on ait :

$$\Sigma m_1' = \Sigma m_0' ,$$

nous en conclurons

$$\Sigma m_0' a_0' - \Sigma m_1' a_1' = \Sigma m_0' a_0 - \Sigma m_1' a_1 ,$$

et pareillement

$$\Sigma m_0' b_0' - \Sigma m_1' b_1' = \Sigma m_0' b_0 - \Sigma m_1' b_1$$
$$\Sigma m_0' c_0' - \Sigma m_1' c_1' = \Sigma m_0' c_0 - \Sigma m_1' c_1 ,$$

ce qui nous démontre que dans les expressions des forces résultantes P, Q, R, il sera parfaitement indifférent de mettre les vitesses $u$ par rapport au système des $x, y, z$, ou les vitesses $u'$ par rapport au système des $x', y', z'$.

15. N'oublions pas que jusqu'ici le réservoir qui fournissait les veines affluentes a dû être regardé comme étant animé d'une vitesse de translation égale et parallèle à celle du système d'axes rectangulaires des $x', y', z'$.

Concevons maintenant un réservoir fixement attaché au système d'axes rectangulaires des $x, y, z$, et une série régulière de vases ou de canaux fixement attachés au système d'axes rectangulaires des $x', y', z'$.

Alors, il est clair qu'une même veine ne pourra verser indéfiniment dans le même vase ou dans le même canal, mais la totalité des vases ou canaux recevra la totalité des masses $m$, fournies par le réservoir, et quoique l'hypothèse d'un état de mouvement permanent ne soit plus possible dans chaque vase en particulier, il est facile de voir cependant qu'il pourra y avoir une autre sorte de permanence en ce que le volume occupé par les masses liquides dans la totalité des vases, ou *l'espace hydrophore* comme on dit ordinairement dans la théorie des roues hydrauliques, sera, sinon invariable, du moins périodiquement changeant, entre des limites d'autant plus resserrées que les orifices des différents vases que traverseront successivement les veines affluentes, seront plus petits et plus nombreux.

Or, en réfléchissant à un tel état de choses, et en se pénétrant bien de la démonstration des formules de notre théorème des forces de réaction ; on ne tardera pas à comprendre que rien ne devra changer dans ces formules, quand on voudra les appliquer à un espace hydrophore exactement invariable, à travers lequel passeront incessamment et régulièrement des cloisons résistantes et sans épaisseur, qui n'auront pas la vertu de faire changer la figure du volume occupé.

On ne pourra, il est vrai, se procurer des cloisons résistantes sans épaisseur, ni obtenir un espace hydrophore exactement invariable, mais dans le mémoire déjà cité, il est démontré que des changements alternatifs dans l'espace hydrophore ne produiront que des changements alternatifs correspondants dans les efforts $P, Q, R, L, M, N$, de telle sorte que les intégrales de ces efforts, par rapport au temps, ne différeront pas des intégrales des valeurs moyennes de ces efforts, chaque fois qu'aux deux limites $t, t'$ des intégrations, le système se retrouvera dans deux situations identiques, et

si cela est, il s'ensuivra que dans le nouvel état de choses que nous examinons, on aura moyennement :

$$
\left.
\begin{aligned}
P &= \Sigma_0^1 X\delta m + Sm_0 a_0 - Sm_1 a_1 = \Sigma_0^1 X\delta m + Sm_0 a_0' - Sm_1 a_1' \\
Q &= \Sigma_0^1 Y\delta m + Sm_0 b_0 - Sm_1 b_1 = \Sigma_0^1 Y\delta m + Sm_0 b_0' - Sm_1 b_1' \\
R &= \Sigma_0^1 Z\delta m + Sm_0 c_0 - Sm_1 c_1 = \Sigma_0^1 Z\delta m + Sm_0 c_0' - Sm_1 c_1'
\end{aligned}
\right\} \quad (8)
$$

c'est-à-dire qu'il n'y aura pas de changement au fond entre les formules
(7 et 8), puisque les deux systèmes d'équations ne différeront entre eux que
par les lettres $(m_0, m_1)$, $(m'_0, m'_1)$ dont les unes se rapporteront à la totalité
des masses liquides fournies par le réservoir des $x, y, z$, et dont les autres
se rapporteront à la totalité des masses liquides fournies par le réservoir
des $x', y', z'$.

16. Cela posé, nous aurons manifestement :

$$
T = PA + QB + RC + L \times 0 + M \times 0 + N \times 0 \qquad (9)
$$

pour la totalité du travail moteur T que la masse liquide en mouvement
transmettra à la totalité des vases ou canaux, qui tiendront fixement au
système mobile des axes rectangulaires des $x', x', z'$, et par suite, en y substituant les expressions connues des quantités P, Q, R, nous trouverons :

$$
T = [A\Sigma_0^1 X\delta m + B\Sigma_0^1 Y\delta m + C\Sigma_0^1 Z\delta m] + Sm_0[Aa_0 + Bb_0 + Cc_0] - Sm_1[Aa_1 + Bb_1 + Cc_1]
$$

Nous aurons, en même temps, pour telle masse $m$ que nous voudrons :

$$
a'^2 = (a - A)^2 = a^2 - 2Aa + A^2
$$

d'où :

$$
Aa = \frac{1}{2} a^2 - \frac{1}{2} a'^2 + \frac{1}{2} A^2
$$

$$
SmAa = \frac{1}{2} Sma^2 - \frac{1}{2} Sma'^2 + \frac{1}{2} A^2 Sm
$$

et par conséquent à l'égard des masses $m_0$ et $m_1$ aux orifices d'entrée et de sortie,

$$S m_0 A a_0 = \frac{1}{2} S m_0 a_0^2 - \frac{1}{2} S m_0 a_0'^2 + \frac{1}{2} A^2 S m_0$$

$$S m_1 A a_1 = \frac{1}{2} S m_1 a_1^2 - \frac{1}{2} S m_1 a_1'^2 + \frac{1}{2} A^2 S m_1,$$

puis en vertu de l'hypothèse de la permanence :

$$S m_1 = S m_0,$$

et par suite :

$$S m_0 A a_0 - S m_1 A a_1 = \frac{1}{2} S m_0 a_0^2 - \frac{1}{2} S m_0 a_0'^2 - \frac{1}{2} S m_1 a_1^2 + \frac{1}{2} S m_1 a_1'^2,$$

de même :

$$S m_0 B b_0 - S m_1 B b_1 = \frac{1}{2} S m_0 b_0^2 - \frac{1}{2} S m_0 b_0'^2 - \frac{1}{2} S m_1 b_1^2 + \frac{1}{2} S m_1 b_1'^2$$

$$S m_0 C c_0 - S m_1 C c_1 = \frac{1}{2} S m_0 c_0^2 - \frac{1}{2} S m_0 c_0'^2 - \frac{1}{2} S m_1 c_1^2 + \frac{1}{2} S m_1 c_1'^2.$$

En ajoutant enfin ces trois équations et en désignant encore par $\Pi$ le poids total de la masse liquide dans le volume occupé, nous aurons :

$$T = \Pi U \cos. \widehat{(\Pi, U)} + \frac{1}{2} S m_0 u_0^2 - \frac{1}{2} S m_0 u_0'^2 - \frac{1}{2} S m_1 u_1^2 + \frac{1}{2} S m_1 u_1'^2 \quad (10).$$

17. Telle est en effet la formule que nous trouverions par la méthode de M. Coriolis, à l'aide des équations (6), mais il nous faudrait employer des raisonnements plus subtils, et nous ne connaîtrions pas les six quantités P, Q, R, L, M, N.

18. Dans l'équation (10) le poids $\Pi$ sera de nul effet, quand la vitesse U sera dirigée horizontalement.

19. On a vu aussi que dans les trois premières des six formules de notre

théorème des forces de réaction, nous n'avions pas besoin de connaître les vitesses effectives des masses entrantes ou sortantes, mais seulement celles des centres de gravité de ces masses groupées arbitrairement entre elles, et en effet, si nous ne connaissions pas encore cette propriété, nous la verrions maintenant avec une entière évidence dans la formule (10); car, en désignant par

V la vitesse du centre de gravité d'un groupe de masse $m$,

$v$ la vitesse totale de l'une des masses $m$;

$v_r$ la vitesse relative de la même masse $m$ par rapport au centre de gravité du groupe,

on aura toujours :

$$\frac{1}{2}\Sigma mv^2 = \frac{1}{2}V^2\Sigma m + \frac{1}{2}\Sigma mv_r^2$$

par rapport au système d'axes rectangulaires des $x, y, z$, et pareillement :

$$\frac{1}{2}\Sigma mv'^2 = \frac{1}{2}V'^2\Sigma m + \frac{1}{2}\Sigma mv_r^2$$

par rapport au système d'axes rectangulaires des $x', y', z'$.

Le terme

$$\frac{1}{2}\Sigma mv_r^2$$

étant nécessairement le même dans les deux formules, nous aurons par soustraction :

$$\frac{1}{2}\Sigma mv^2 - \frac{1}{2}\Sigma mv''^2 = \frac{1}{2}V'\Sigma m - \frac{1}{2}V'^2\Sigma m,$$

et par suite, en faisant encore

$$\Sigma m_1 = \Sigma m_0 = M,$$

l'équation (10) se changera en

$$T = \Pi U \cos.\,\widehat{(\Pi, U)} + \frac{1}{2}MV_0^2 - \frac{1}{2}MV_0''^2 - \frac{1}{2}MV_1^2 + \frac{1}{2}MV_1''^2 \qquad (10\ bis).$$

**20.** Telle sera la formule rigoureuse de différentes propositions que l'on a admises et appliquées, depuis longtemps, avec plus ou moins d'inexactitude, en s'appuyant à tort sur l'ancien et obscur théorème de Carnot dans le choc des corps durs.

**21.** Mais ce ne sera qu'une formule de principe que nous devrons voir dans l'équation (10) ou (10 bis), car dès l'instant que nous voudrons développer l'une ou l'autre de ces équations, nous reconnaîtrons immédiatement que toutes celles des vitesses composantes qui seront dirigées perpendiculairement à la vitesse de translation U du système, y seront de nul effet, et que la seule force utile dans le sens de la vitesse U se réduira à

$$F_v = \Pi \cos.(\widehat{\Pi,U}) + Sm_0 u_0 \cos.(\widehat{u_0,U}) - Sm_1 u_1 \cos.(\widehat{u_1,U})$$

$$= \Pi \cos.(\widehat{\Pi,U}) + M[V_0 \cos.(\widehat{V_0,U}) - V_1 \cos.(\widehat{V_1,U})],$$

puis le travail correspondant deviendra

$$T = UF_v = \Pi U \cos.(\widehat{\Pi,U}) + U[Sm_0 u_0 \cos.(\widehat{u_0,U}) - Sm_1 u_1 \cos.(\widehat{u_1,U})] =$$

$$= \Pi U \cos.(\widehat{\Pi,U}) + MU[V_0 \cos.(\widehat{V_0,U}) - V_1 \cos.(\widehat{V_1,U})].$$

**22.** Quand le système d'axes rectangulaires des $x'$, $y'$, $z'$ des formules (2) sera animé d'un mouvement quelconque de rotation par rapport au système des $x$, $y$, $z$ des formules (1), la relation des quantités $X'$, $Y'$, $Z'$ avec les quantités correspondantes $X$, $Y$, $Z$, pour le même état de mouvement dans l'espace d'une même masse $m$, deviendra naturellement plus compliquée.

Il nous suffirait en effet de transcrire les calculs qui ont été effectués à ce sujet par M. Coriolis pour faire voir qu'en prenant une même origine pour les deux systèmes d'axes, et en désignant par :

> F la résultante des forces X, Y, Z des équations (1),
>
> $\alpha$, $\beta$, $\gamma$ les angles de la même force F avec les axes rectangulaires des $x$, $y$, $z$,
>
> $\alpha'$, $\beta'$, $\gamma'$ les angles de la même force F avec les axes rectangulaires des $x'$ $y'$ $z'$,

$p'$, $q'$, $r'$ les vitesses de rotation composantes autour des axes rectangulaires des $x'$, $y'$, $z'$,

$mf_{x'}$, $mf_{y'}$, $mf_{z'}$ les projections sur les directions des $x'$, $y'$, $z'$, de la force centrifuge d'une masse $m$, considérée comme fixement attachée au lieu $x'$, $y'$, $z'$ du système tournant, là où cette masse se trouvera à l'instant $t$,

$-mt_{x'}$, $-mt_{y'}$, $-mt_{z'}$ les composantes de la force d'inertie tangentielle d'une masse $m$ dans la même supposition,

on aura, d'une part, dans le système des $x$, $y$, $z$ :

$$\left.\begin{aligned} m\,\frac{d^2x}{dt^2} &= \mathrm{F}\cos.\alpha \\[4pt] m\,\frac{d^2y}{d^2t} &= \mathrm{F}\cos.\beta \\[4pt] m\,\frac{d^2z}{dt^2} &= \mathrm{F}\cos.\gamma \end{aligned}\right\} ; \qquad (12)$$

et d'autre part, dans le système des $x'$, $a'$, $z'$ :

$$\left.\begin{aligned} m\,\frac{d^2x'}{dt^2} &= (\mathrm{F}\cos.\alpha' + mf_{x'} - mt_{x'}) + 2m\,\frac{r'dy' - q'dz'}{dt} \\[4pt] m\,\frac{d^2y'}{dt^2} &= (\mathrm{F}\cos.\beta' + mf_{y'} - mt_{y'}) + 2m\,\frac{p'dz' - r'dx'}{dt} \\[4pt] m\,\frac{d^2z'}{dt^2} &= (\mathrm{F}\cos.\gamma' + mf_{z'} - mt_{z'}) + 2m\,\frac{q'dx' - p'dy'}{dt} \end{aligned}\right\} , \qquad (13)$$

les quantités entre parenthèses dans les deuxièmes membres ayant ici la même signification mécanique que les deuxièmes membres des formules (5) dans le cas de la pure translation du système d'axes rectangulaires des $x'$, $y'$, $z'$ par rapport à celui des $x$, $y$, $z$, et les derniers termes seuls devant être interprétés d'une manière nouvelle.

Ces derniers termes seront toujours nuls pour une masse $m$, qui n'aura pas de vitesse dans le système d'axes rectangulaires des $x'$, $y'$, $z'$, et ils augmenteront d'autant plus que la vitesse $v'$ d'une masse $m$ dans ce système deviendra plus considérable ; ils seront nuls aussi quand les vitesses de rotation composantes $p'$, $q'$, $r'$ seront nulles, et ils augmenteront proportionnellement à la résultante $\omega'$ de ces vitesse de rotation, comme aussi proportionnellement à la vitesse résultante $v'$.

25. Ainsi dans le cas où la commune origine de nos deux systèmes d'axes serait prise au centre du globe de la terre, le système des $x$, $y$, $z$ étant fixement attaché à la sphère céleste et le système des $x'$, $y'$, $z'$ tenant invariablement au globe, si nous parvenions à représenter le mouvement d'une masse $m$ entièrement libre, dans le premier cas par les formules (12), il nous faudrait employer dans le second cas les formules (15), d'où il suit que l'intensité absolue de la pesanteur terrestre à l'égard de la sphère céleste se modifiera à l'égard du globe, non-seulement par l'adjonction de la force centrifuge et de la force d'inertie tengentielle d'une masse $m$, supposée fixement attachée au globe pendant sa rotation, mais encore par l'adjonction des forces

$$2m\,\frac{r'dy' - q'dz'}{dt}, \quad 2m\,\frac{p'dz' - r'dx'}{dt}, \quad 2m\,\frac{q'dx' - p'dy'}{dt}$$

qui seront toujours nulles dans l'expérience dynamométrique d'un fil à plomb, à l'état de repos, et dont l'effet ne se fera sentir qu'à l'état de mouvement d'une masse $m$, avec une intensité d'autant plus grande, que le mouvement de cette masse, dans le système tournant des $x'$, $y'$, $z'$, sera plus rapide, ou que la rotation du système sera plus considérable.

Donc si l'action de la pesanteur peut être considérée comme ne dépendant pas de la vitesse des corps en mouvement à l'égard de la sphère céleste, elle dépendra nécessairement de cette vitesse à l'égard du globe, c'est-à-dire à l'égard d'un système d'axes rectangulaires des $x'$, $y'$, $z'$ qui sera fixement attaché au globe; mais cette influence sera nulle pour les corps en repos, négligeable dans le cas des mouvements très-lents, et sensible à peine avec les plus grandes vitesses de 400 à 500 mètres par seconde des projectiles des bouches à feu, ainsi que nous le verrons tout à l'heure.

24. Nous pouvons ajouter que, si la commune origine de nos deux systèmes d'axes était prise à la surface du globe pour une masse $m$, qui s'éloignerait très-peu de cette origine, les quantités $f$ et $t$ seraient négligeables

dans les formules (15), ce qu'il ne faudrait pas interpréter en disant que l'intensité relative de la pesanteur ne diffère de son intensité absolue que par l'adjonction des termes

$$2m\,\frac{r'dy' - q'dz'}{dt}, \quad 2m\,\frac{p'dz' - r'dx'}{dt}, \quad 2m\,\frac{q'dx' - p'dy'}{dt}.$$

car le système actuel des axes rectangulaires des $x, y, z$, avec une origine à la surface du globe, serait précisément dans le même état par rapport au précédent système des $x, y, z$, que si dans les formules (1) et (5) nous exprimions que le point $\xi, \eta, \zeta$ participe à la rotation du globe autour de son centre.

Nous n'aurions qu'à développer, en effet, cette manière de voir pour dissiper toute obscurité ou toute apparence de paradoxe.

25. Nous pourrions faire voir encore qu'en projetant la trajectoire d'un point matériel de masse $m$, sur un plan perpendiculaire à l'axe instantané de la rotation du système, et en désignant par

$u'$ la projection de la vitesse $v'$ sur ce plan,

$\omega'$ la vitesse angulaire de rotation du sytème des axes rectangulaires des $x', y', z'$ autour de l'axe instantané,

les derniers termes des formules (15) ne seront que les projections sur les axes rectangulaires des $x', y', z'$ d'une force résultante égale en grandeur au terme

$$2m\omega'u',$$

et dirigée dans le plan de la vitesse $u'$, perpendiculairement à cette vitesse, dans celui des sens que l'on trouvera en décrivant un angle droit, à partir de la direction de la vitesse $u'$, en sens contraire de la rotation $\omega'$.

26. Nous pourrions conclure de là ou bien faire voir directement, en ajoutant les formules (15) multipliées respectivement par $dx', dy', dz'$, que les forces ainsi définies seront toujours de nul effet dans l'équation des forces vives que l'on trouvera par ce procédé, à l'égard du système des axes rectangulaires des $x', y', z'$.

Une telle équation des forces vives ne dépendra donc au deuxième

31

membre que des forces F, R que l'on aura à y faire figurer d'après les équations (12), plus des forces $f$ et $- t$ dues à la mobilité du système des axes rectangulaires des $x'\, y'$, $z'$; et quand on voudra supposer exceptionnellement que les axes rectangulaires des $x'$, $y'$, $z'$ participent au mouvement moyen de rotation de M. Coriolis, ces forces additionnelles $f$ et $- t$ deviendront précisément celles dont nous avons eu occasion de représenter les composantes pour

$$X_m, \quad Y_m, \quad Z_m$$

au n° 50 de la précédente section de cet ouvrage.

27. Mais nous ne nous arrêterons pas plus longtemps à la théorie des formules (13), parce que dans les applications vraiment utiles de la mécanique, il nous suffira de connaître à fond ce que nous donneraient les formules (13) pour le cas d'une rotation uniforme autour d'un axe fixe, et que ce cas particulier peut être résolu directement avec une grande simplicité.

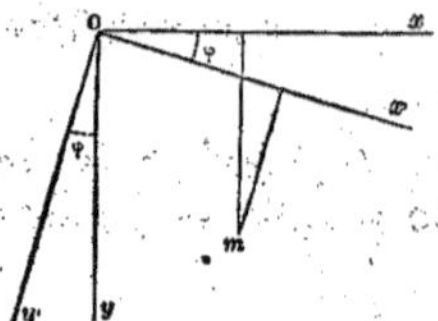

Concevons en effet que, des axes de nos deux systèmes, celui de $z'$ coïncide toujours avec celui des $z$, et que l'axe de $x'$ fasse un angle variable $\varphi$ avec celui des $x$.

Alors nous aurons, en vertu des formules ordinaires de la transformation des cordonnées :

$$\left.\begin{array}{l} x = x' \cos.\, \varphi - y' \sin.\, \varphi \\ y = x' \sin.\, \varphi + y' \cos.\, \varphi \\ z = z' \end{array}\right\}, \qquad (14)$$

d'où nous tirerons :

$$\frac{dx}{dt} = \left(\frac{dx'}{dt} \cos.\, \varphi - \frac{dy'}{dt} \sin.\, \varphi\right) + \left(- x' \sin.\, \varphi - y' \cos.\, \varphi\right) \frac{d\varphi}{dt}$$

$$\frac{dy}{dt} = \left(\frac{dx'}{dt} \sin.\, \varphi + \frac{dy'}{dt} \cos.\, \varphi\right) + \left(- x' \cos.\, \varphi - y' \sin.\, \varphi\right) \frac{d\varphi}{dt}$$

$$\frac{dz}{dt} = \frac{dz'}{dt}.$$

et,

$$\frac{d^2x}{dt^2} = \left(\frac{d^2x'}{dt^2}\cos.\varphi - \frac{d^2y'}{dt^2}\sin.\varphi\right) + 2\left(-\frac{dx'}{dt}\sin.\varphi - \frac{dy'}{dt}\cos.\varphi\right)\frac{d\varphi}{dt} +$$

$$+ (-x'\cos.\varphi + y'\sin.\varphi)\left(\frac{d\varphi}{dt}\right)^2 + (-x'\sin.\varphi - y'\cos.\varphi)\frac{d^2\varphi}{dt^2}$$

$$\frac{d^2y}{dt^2} = \left(\frac{d^2x'}{dt^2}\sin.\varphi + \frac{d^2y'}{dt^2}\cos.\varphi\right) + 2\left(\frac{dx'}{dt}\cos.\varphi - \frac{dy'}{dt}\sin.\varphi\right)\frac{d\varphi}{dt} +$$

$$+ (-x'\sin.\varphi - y'\cos.\varphi)\left(\frac{d\varphi}{dt}\right)^2 + (x'\cos.\varphi - y'\sin.\varphi)\frac{d^2\varphi}{dt^2}$$

$$\frac{d^2z}{dt^2} = \frac{d^2z'}{dt^2}.$$

Nous aurons en même temps :

$$\frac{dx}{dt} = v\cos.\widehat{(v, x)}$$

$$\frac{dy}{dt} = v\cos.\widehat{(v, y)}$$

$$\frac{dz}{dt} = v\cos.\widehat{(v, z)},$$

et, par suite, nous trouverons :

$$v\cos.\widehat{(v, x')} = \frac{dx}{dt}\cos.\varphi + \frac{dy}{dt}\sin.\varphi = \frac{dx'}{dt} - y'\frac{d\varphi}{dt}$$

$$v\cos.\widehat{(v, y')} = -\frac{dx}{dt}\sin.\varphi + \frac{dy}{dt}\cos.\varphi = \frac{dy'}{dt} + x'\frac{d\varphi}{dt}$$

$$v\cos.\widehat{(v, z')} = \frac{dz'}{dt}.$$

Or, en désignant par $\omega$ la vitesse angulaire de rotation autour de l'axe des $z$, nous aurons :

$$\frac{d\varphi}{dt} = \omega;$$

et les deux termes

$$- y' \frac{d\varphi}{dt} = - y'\omega = - \frac{y'}{r} r\omega$$

$$+ x' \frac{d\varphi}{dt} = + x'\omega = + \frac{x'}{r} r\omega$$

ne seront que les deux projections, sur les axes des $x'$ et des $y'$, de la vitesse tournante $r\omega$ d'un point tenu fixement dans le système des $x'$, $y'$, $z'$, au bout de la plus courte distance $r$ du point à l'axe des $z$.

Nous aurons donc à ériger en théorème, que : *la vitesse primitive ou absolue v sera toujours la diagonale du parallélogramme que l'on pourra former sur la vitesse subséquente ou relative v' et sur la vitesse tournante r$\omega$ comme côtés.*

28. Pour exprimer ce théorème d'une manière plus commode dans les applications, nous concevrons trois directions rectangulaires, dont l'une sera celle du bras $r$, du centre vers la circonférence; l'autre une parallèle à l'axe des $z$, par l'extrémité du bras $r$, et la troisième une perpendiculaire au plan méridien du bras $r$, dans le sens de la vitesse tournante $r\omega$, ou simplement $\omega$, ce qui nous permettra d'écrire :

$$\left. \begin{aligned} v \cos. \widehat{(v, \omega)} &= v' \cos. \widehat{(v', \omega)} + r\omega \\ v \cos. \widehat{(v, r)} &= v' \cos. \widehat{(v', r)} \\ v \cos. \widehat{(v, z)} &= v' \cos. \widehat{(v', z)} \end{aligned} \right\}, \qquad (15)$$

et quand nous voudrons sous-entendre que les trois vitesses

$$v, \ v', \ r\omega$$

seront toujours contenues dans un même plan, nous nous bornerons à écrire, à la manière de M. Coriolis :

$$\left. \begin{aligned} v \cos. \widehat{(v, \omega)} &= v' \cos. \widehat{(v', \omega)} + r\omega \\ v \cos. \widehat{(v, \omega)} &= v' \sin. \widehat{(v', \omega)} \end{aligned} \right\} \qquad (15 \ bis).$$

29. La relation des vitesses $v$, $v'$ étant ainsi parfaitement connue, nous

ferons remarquer, en second lieu, qu'en vertu de l'hypothèse

$$m \frac{d^2x}{dt^2} = F \cos.\alpha$$

$$m \frac{d^2y}{dt^2} = F \cos.\beta$$

$$m \frac{d^2z}{dt^2} = F \cos.\gamma ,$$

par rapport au système d'axes rectangulaires des $x$, $y$, $z$, on trouvera pour le même état de mouvement par rapport au système des $x'$, $y'$, $z'$ :

$$F \cos.\alpha' = m\left( \frac{d^2x}{dt^2}\cos.\varphi + \frac{d^2y}{dt^2}\sin.\varphi \right) = m \frac{d^2x'}{dt^2} - 2m \frac{dy'}{dt}\frac{d\varphi}{dt} - mx'\left(\frac{d\varphi}{dt}\right)^2 - my' \frac{d^2\varphi}{dt^2}$$

$$F \cos.\beta' = m\left( -\frac{d^2x}{dt^2}\sin.\varphi + \frac{d^2y}{dt^2}\cos.\varphi \right) = m \frac{d^2y'}{dt^2} + 2m \frac{dx'}{dt}\frac{d\varphi}{dt} - my'\left(\frac{d\varphi}{dt}\right)^2 + mx' \frac{d^2\varphi}{dt^2}$$

$$F \cos.\gamma' = m \frac{d^2z}{dt^2} = m \frac{d^2z'}{dt^2} ;$$

puis, en faisant

$$\frac{d\varphi}{dt} = \omega = \text{const.}$$

$$\frac{d^2\varphi}{dt} = 0 ,$$

et en transposant :

$$\left. \begin{aligned}
m \frac{d^2x'}{dt^2} &= F \cos.\alpha' + mx'\omega^2 + 2m\omega \frac{dy'}{dt} \\
m \frac{d^2y'}{dt^2} &= F \cos.\beta' + my'\omega^2 - 2m\omega \frac{dx'}{dt} \\
m \frac{d^2z'}{dt} &= F \cos.\gamma'
\end{aligned} \right\} \qquad (16)$$

c'est-à-dire que toutes les propriétés mécaniques d'une seule masse $m$ qui, dans le mouvement primitif, dépendront d'une force résultante F, dépendront exactement de la même manière dans le mouvement subséquent :

1° De la même force F ;

2° Des quantités $+ mx'\omega^2$, $+ my'\omega^2$ ou des composants de la force centrifuge

$$m.\frac{(r\omega)^2}{r} = mr\omega^2$$

que ferait la masse $m$ sur le bras tournant $r$, si elle était fixement attachée à ce bras dans le système des $x'$, $y'$, $z'$ ;

3° Des quantités

$$+ 2m\omega\,\frac{dy'}{dt}, \quad - 2m\omega\,\frac{dx'}{dt},$$

ou des composantes d'une force résultante particulière, que l'on trouvera en cherchant la projection $u'$ de la vitesse $v'$ sur un plan perpendiculaire à l'axe des $z'$, et en menant dans ce plan une longueur ou intensité égale au terme

$$2m\omega u' = 2m\omega \sqrt{\left(\frac{dx'}{dt}\right)^2 + \left(\frac{dy'}{dt}\right)^2},$$

perpendiculairement à la vitesse $u'$, dans celui des deux sens que l'on trouvera en décrivant un angle droit, à partir de la direction de la vitesse $u'$, en sens contraire de la rotation $\omega$.

50. Si nous voulions appliquer les formules (16) au mouvement d'un projectile à la surface de la terre, en prenant l'axe des $z'$ dans la direction du pôle nord sur l'hémisphère boréal, nous n'aurions pas à nous occuper des termes $mx'\omega^2$, $my'\omega^2$, parce que les sommes

$$F\cos.\alpha' + mx'\omega^2$$
$$F\cos.\beta' + my'\omega^2$$
$$F\cos.\gamma'$$

seraient précisément les composantes de la force expérimentale $mg$ de la pesanteur sur une masse $m$, et qu'ainsi, en désignant par $\lambda'$, $\mu'$, $\nu'$, les angles de la force $mg$ avec les axes rectangulaires des $x'$, $y'$, $z'$, nous aurions, après la suppression du facteur $m$,

$$\frac{d^2x'}{dt^2} = g \cos.\lambda' + 2\omega \frac{dy'}{dt}$$

$$\frac{d^2y'}{dt^2} = g \cos.\mu' - 2\omega \frac{dx'}{dt}$$

$$\frac{d^2z'}{dt^2} = g \cos.\nu'$$

l'angle $\nu'$ devenant le supplément de la distance du pôle nord au lieu où se trouverait l'origine des $x'$, $y'$, $z'$, ou le supplément du complément de la latitude de ce lieu.

51. La vitesse angulaire $\omega$ serait d'ailleurs le chemin décrit circulairement dans le mouvement de rotation de la terre, pendant l'unité de temps par l'extrémité d'un rayon égal à l'unité linéaire.

Ainsi, en prenant la seconde pour unité de temps, comme il y a 86400″ dans un jour de 24 heures (temps sidéral), on aura :

$$\omega = \frac{2\pi}{86400}$$

et il sera facile de voir quelle devrait être la vitesse $u'$ d'un projectile parallèlement à l'équateur, pour que la force perturbatrice dont nous nous occupons ici,

$$2\omega u',$$

devînt une fraction déterminée de la quantité connue $g$ de la pesanteur.

52. Nous n'insisterons pas davantage là-dessus. Nous ne nous arrêterons pas non plus à faire voir comment la force perturbatrice que nous venons de définir, et que M. Coriolis a appelée la *force centrifuge composée* d'une masse $m$ dans le système tournant des $x'$, $y'$, $z'$, aura pour effet de déplacer graduellement le plan d'oscillation d'un pendule simple,

conformément à la belle expérience de M. Foucaut, qui vient d'être répétée avec un si grand succès à l'observatoire de Paris et au Panthéon.

53. Ce qu'il nous importe de faire remarquer, c'est la faculté que nous aurons de regarder le système d'axes rectangulaires des $x'$, $y'$, $z'$ de nos formules, comme étant fixément attaché à une roue qui tournera uniformément avec une vitesse angulaire $\omega$ autour de l'axe des $z'$.

La lettre F des formules (16) désignera alors l'intensité $mg$ du poids d'une masse $m$, mais la direction de cette force qui était fixe par rapport aux axes rectangulaires des $x$, $y$, $z$, deviendra mobile dans le système des $x'$, $y'$, $z'$, et tournera uniformément autour de l'axe des $z'$, sous une inclinaison constante, avec une vitesse égale et contraire à celle que jusqu'ici nous avons désignée par $\omega$.

54. Ce sera cette mobilité de la commune direction des forces $mg$ de la pesanteur qui fera l'unique difficulté que l'on pourra rencontrer quelquefois dans l'application des formules (16) à un cas donné, car les autres forces F, qui émaneront des cloisons ou parois d'une roue sur une masse liquide adjacente, auront des directions fixes dans le système des $x'$, $y'$, $z'$, et mobiles au contraire dans le système des $x$, $y$, $z$; puis les forces centrifuges $mr\omega^2$, qui pourront être remplacées par leurs composantes

$$+\, mx'\omega^2, \quad +\, my'\omega^2,$$

et les forces centrifuges composées $2m\omega u'$, qui pourront être remplacées par leurs composantes

$$+\, 2m\omega\, \frac{dy'}{dt}, \quad -\, 2m\omega\, \frac{dx'}{dt},$$

auront des lois parfaitement déterminées, et assez simples pour que l'on puisse se proposer d'établir quelques théorèmes généraux, à l'aide desquels on ne trouvera jamais de difficulté à tenir compte de l'influence de ces forces dans les formules du mouvement.

55. Ainsi, pour avoir la loi du mouvement du centre de gravité d'une réunion quelconque de masse $m$, nous n'avons qu'à écrire successivement les équations (16) pour chacune des masses $m$ qu'il pourra y avoir à considérer, et ajouter respectivement les $1^{res}$, les $2^{mes}$ et les $3^{mes}$ de ces équations, ce qui fera disparaître évidemment toutes les forces mutuelles, et nous donnera exactement les mêmes résultats en ce qui concerne,

1° Le poids total du système,

2° La résultante des forces centrifuges $mr\omega^2$,

3° La résultante des forces centrifuges composées $2m\omega u'$,

que si toutes les masses que l'on aura à considérer étaient réunies à leur centre de gravité dans le système tournant des $x'$, $y'$, $z'$.

56. Dans les équations des moments ou de la loi des aires, on verra également disparaître toutes les forces mutuelles, et quand on ne s'attachera particulièrement qu'à celle des trois équations qui concernera les moments autour de l'axe des $z'$, on verra disparaître encore les forces centrifuges $mr\omega^2$, parce que chacune de ces forces sera dirigée par l'axe des $z'$. Il ne restera donc que :

$$\Sigma m \left( x' \frac{d^2 y'}{dt^2} - y' \frac{d^2 x'}{dt^2} \right) = \Sigma mom_z F - 2\omega \Sigma mr \frac{dr}{dt}.$$

57. Quand nous voudrons trouver l'équation des forces vives, nous n'aurons qu'à ajouter les formules (16) multipliées respectivement par $dx'$, $dy'$, $dz'$, ce qui nous donnera d'abord :

$$m \frac{dx'd^2x' + dy'd^2y' + dz'd^2z'}{dt^2} = F(\cos.\alpha'dx' + \cos.\beta'dy' + \cos.\gamma'dz') + m\omega^2(x'dx' + y'dy'),$$

puis :

$$m v'dv' = Fds' \cos.(\widehat{F, ds'}) + m\omega^2 rdr,$$

et en intégrant entre deux limites, 0 et 1 :

$$\frac{1}{2} mv_1'^2 - \frac{1}{2} mv_0'^2 = \int_0^1 (\widehat{F, ds'})\cos.(\widehat{F, ds'}) + \frac{1}{2} m\omega^2(r_1^2 - r_0^2).$$

**38.** Ainsi, les forces centrifuges composées n'entreront jamais dans l'équation des forces vives, par rapport au système d'axes rectangulaires des $x'$, $y'$, $z'$, et en effet, de ce que nous avons dit plus haut il résulte que la force centrifuge composée

$$2m\omega u'$$

tombera toujours dans une direction perpendiculaire à la vitesse $v'$.

**39.** Pour une réunion quelconque de masses $m$, l'équation des forces vives sera :

$$\frac{1}{2}\Sigma mv_1'^2 - \frac{1}{2}\Sigma mv_0'^2 = \Sigma \int_0^1 F ds \cos.(\widehat{F, ds'}) + \frac{1}{2}\omega^2\Sigma m(r_1^2 - r_0^2)$$

et comme les forces $F$ ne pourront être que des forces extérieures $P$ ou des forces intérieures $R$, nous aurons, par le seul artifice de cette distinction :

$$\frac{1}{2}\Sigma mv_1'^2 - \frac{1}{2}\Sigma mv_0'^2 = \Sigma \int_0^1 P ds' \cos.(\widehat{P, ds'}) + \frac{1}{2}\omega^2\Sigma m(r_1^2 - r_0^2) + \Sigma \int_0^1 R dr,$$

tandis que dans le système des $x, y, z$ nous aurons : $\qquad\qquad (18)$

$$\frac{1}{2}\Sigma mv_1^2 - \frac{1}{2}\Sigma mv_0^2 = \Sigma \int_0^1 P ds \cos.(\widehat{P, ds}) + \Sigma \int_0^1 R dr ;$$

les forces intérieures ou mutuelles ne pouvant manquer de donner exactement le même terme :

$$\Sigma \int_0^1 R dr$$

dans l'une et l'autre équation.

**40.** Il suit de là que, par la soustraction des formules (18) l'une de l'autre, le terme résultant des forces mutuelles s'en ira, et que nous trouverons une relation mécanique qui sera rigoureusement indépendante des forces mutuelles $R$ d'un système.

Si nous effectuions, en effet, les calculs que nous venons d'indiquer, nous retrouverions celle des trois formules de la loi connue des aires, qui dépendra des moments des seules forces extérieures autour de l'axe des $z'$.

41. Si, au lieu d'une réunion quelconque de points matériels, nous considérions une masse liquide, dont le mouvement serait gêné par des cloisons fixément attachées au système tournant des axes rectangulaires des $x'$, $y'$, $z'$, et s'il nous était permis, en même temps, de concevoir un état de mouvement sensiblement permanent dans l'un et l'autre système d'axes, nous pourrions chercher à développer nos deux équations des forces vives de la manière qui a été expliquée dans la précédente section, en faisant observer qu'une pression quelconque F de l'une des cloisons sur la masse liquide pourra toujours être remplacée par ses trois composantes X', Y', Z', ou mieux encore par les trois composantes :

$$\mathrm{F}\cos.\widehat{(\mathrm{F},\omega)}, \quad \mathrm{F}\cos.(\mathrm{F},r), \quad \mathrm{F}\cos.(\mathrm{F},z),$$

dont l'une agira dans le sens de la vitesse tournante $r\omega$, l'autre dans le sens du bras $r$, et la troisième dans le sens des $z$, de telle sorte que dans l'équation des forces vives, qui se rapporterait au système des $x'$, $y'$, $z'$, ces forces ne figureraient que par la somme :

$$\mathrm{F}\cos.\widehat{(\mathrm{F},\omega)}\times 0 + \mathrm{F}\cos.\widehat{(\mathrm{F},r)}\times 0 + \mathrm{F}\cos.\widehat{(\mathrm{F},z)}\times 0 = 0,$$

tandis que, dans l'autre équation, nous aurions à mettre la quantité

$$\mathrm{F}\cos.(\mathrm{F},\omega)\times r\omega dt + \mathrm{F}\cos.\widehat{(\mathrm{F},r)}\times 0 + \mathrm{F}\cos.\widehat{(\mathrm{F},z)}\times 0$$

pour chacune des forces F, pendant le temps $dt$, et par conséquent pour la totalité des forces F, pendant l'unité de temps, la quantité résultante :

$$\mathrm{T} = \Sigma r\omega\mathrm{F}\cos.\widehat{(\mathrm{F},\omega)} = \omega\Sigma r\mathrm{F}\cos.\widehat{(\mathrm{F},\omega)},$$

qui représenterait la somme de travail moteur, que la masse liquide en mouvement servirait à transmettre au système rigide et tournant des $x'$, $y'$, $z$.

Donc la quantité de travail T resterait dans la différence des équations (18), et comme la quantité généralement inconnue :

$$\Sigma \int_0^1 R\, dr$$

ne s'y trouverait plus, nous parviendrions manifestement à une expression rationnellement exacte de la quantité T en fonction des forces de pesanteur du système et des seules vitesses $u$, $u'$ des particules liquides aux orifices d'entrée et de sortie.

Tel est, en effet, le point de vue qui a été mis en avant par M. Coriolis, et developpé par lui dans différents cas.

42. Mais notre théorème des forces de réaction nous mènera plus simplement au même but et encore au delà.

Concevons, en effet, des vases ou canaux fixément attachés aux axes rectangulaires des $x'$, $y'$, $z'$, et alimentés par une ou plusieurs veines liquides, que nous supposerons fournies par un réservoir distinct du système d'axes rectangulaires des $x'$, $y'$, $z'$, mais tournant avec la même vitesse $\omega$ autour du même axe des $z'$, afin que les mêmes filets puissent toujours verser dans les mêmes orifices d'une manière exactement permanente.

Alors, il est clair qu'en invoquant notre théorème des forces de réaction, et en regardant les pressions additionnelles $p_0$, $p_1$ aux orifices d'entrée et de sortie comme nulles, nous aurons les formules connues :

$$
\begin{aligned}
P' &= \Sigma_0^1 X'\partial m + S m'_0 u'_0 \cos.\alpha'_0 - m'_1 u'_1 \cos.\alpha'_1 \\
Q' &= \Sigma_0^1 Y'\partial m + S m'_0 u'_0 \cos.\beta'_0 - m'_1 u'_1 \cos.\beta' \\
R' &= \Sigma_0^1 Z'\partial m + S m'_0 u'_0 \cos.\gamma'_0 - m'_1 u'_1 \cos.\gamma' \\
L' &= \Sigma_0^1 mom_{x'} F\partial m + S mom_{x'} m'_0 u'_0 - S mom_{x'} m'_1 u'_1 \\
M' &= \Sigma_0^1 mom_{y'} F\partial m + S mom_{y'} m'_0 u'_0 - S mom_{y'} m'_1 u'_1 \\
N' &= \Sigma_1^1 mom_{z'} F\partial m + S mom_{z'} m'_0 u'_0 - S mom_{z'} m'_1 u'_1
\end{aligned}
\right\} \quad (19)
$$

dans lesquelles nous devrons mettre en place des forces. F et de leurs composantes $X'$, $Y'$, $Z'$, non-seulement les forces de pesanteur $mg$, mais encore les forces centrifuges $mr\omega^2$, et les forces centrifuges composées $2mr\omega u'$, dont les composantes seront respectivement :

$$+ mx'\omega^2, \quad + 2m\omega\,\frac{dy'}{dt} \ldots \text{dans le sens des } x$$

$$+ my'\omega^2, \quad - 2m\omega\,\frac{dx'}{dt} \ldots \text{dans le sens des } y$$

$$0, \quad 0 \ldots \text{dans le sens des } z.$$

Or, en désignant par :

M la somme des masses $m$ dans le volume occupé entre les limites $0$, $1$,

$\Pi = Mg$ le poids correspondant dont la direction tournera uniformément autour de l'axe des $z'$, sous une obliquité constante, avec une vitessse égale et contraire à $\omega$,

$\xi'$, $\eta'$, $\zeta'$ les coordonnées du centre de gravité de toutes les masses $m$, ou du point d'application du poids $\Pi$,

nous aurons immédiatement :

$$\Sigma_0^1 mx'\omega^2 = M\xi'\omega^2 = \frac{\Pi}{g}\xi'\omega^2, \quad + 2\Sigma m\omega\,\frac{dy'}{dt} = + 2M\omega\,\frac{d\eta'}{dt} = + 2\frac{\Pi}{g}\,\omega\,\frac{d\eta'}{dt}$$

$$\Sigma_0^1 my'\omega^2 = M\eta'\omega^2 = \frac{\Pi}{g}\eta'\omega^2, \quad - 2\Sigma m\omega\,\frac{dx'}{dt} = - 2M\omega\,\frac{d\xi'}{dt} = - 2\frac{\Pi}{g}\,\omega\,\frac{d\zeta'}{dt},$$

ce qui démontre que les quantités résultantes des forces centrifuges $mr\omega^2$, et celles des forces centrifuges composées $2m\omega u'$, seront les mêmes que si toutes les masses $m$ étaient réunies à leur centre de gravité.

Dans la composition des couples ou moments, on aura ensuite :

$$\Sigma_0^1 mom_x F\delta m = mom_{x'}\Pi - \omega^2\Sigma_0^1 my'z' + 2\omega\Sigma_0^1 mz'\,\frac{dx'}{dt}$$

$$\Sigma_0^1 mom_y F\delta m = mom_y \Pi + \omega^2\Sigma_0^1 mx'z' + 2\omega\Sigma_0^1 mz'\,\frac{dy'}{dt}$$

$$\Sigma_0^1 mom_{z'} \mathrm{F} \delta m = mom_{z'} \Pi + \quad 0 \quad - 2\omega \Sigma_0^1 m \frac{(x'dx' + y'dy')}{dt},$$

et, par suite, il sera facile d'avoir les expressions rigoureuses des six quantités :

$$\mathrm{P}', \ \mathrm{Q}', \ \mathrm{R}', \ \mathrm{L}', \ \mathrm{M}', \ \mathrm{N}'.$$

45. Ces formules étant tout à fait générales, et le poids $\Pi$ devant comprendre encore le poids de la roue à laquelle on voudra les appliquer, nous n'aurons qu'à égaler à zéro toutes les vitesses :

$$\frac{dx'}{dt}, \ \frac{dy'}{dt}, \ \frac{dz'}{dt}$$
$$u'_0, \ u'_1$$

dans le système des $x'$, $y'$, $z'$, pour avoir le cas particulier d'un corps rigide de masse M qui tournera uniformément autour de l'axe des $z'$ avec une vitesse $\omega$, et qui, en raison d'une telle rotation, fera sur les points d'appui de l'axe des $z'$ les efforts résultants :

$$\mathrm{P}' = \Pi \cos.\widehat{(\Pi, x')} + \frac{\Pi}{g} \xi' \omega^2$$
$$\mathrm{Q}' = \Pi \cos.\widehat{(\Pi, y')} + \frac{\Pi}{g} \eta' \omega^2$$
$$\mathrm{R}' = \Pi \cos.\widehat{(\Pi, z')}$$
$$\mathrm{L}' = mom_{x'} \Pi - \omega^2 \Sigma m y' z'$$
$$\mathrm{M}' = mom_{y'} \Pi - \omega^2 \Sigma m x' z'$$

tandis qu'autour de l'axe des $z'$ il devra être sollicité par un moment égal et contraire à la quantité

$$\mathrm{N}' = mom_{z'} \Pi,$$

pour qu'en effet le corps puisse tourner uniformément avec la vitesse $\omega$ qu'on lui suppose.

44. C'est là un corollaire de nos formules générales, que nous avons été bien aise de faire remarquer en passant ; mais, ce qui méritera notre principale attention, ce sera la dernière des six formules de notre théorème général des forces de réaction, non-seulement parce que les forces centrifuges $mr\omega^2$ n'y auront jamais aucun effet, mais encore parce que le terme résultant des forces centrifuges composées $2m\omega u'$ s'y réduira à la quantité :

$$- 2\omega\Sigma_0^1 m \frac{x'dx' + y'dy'}{dt} = - 2\Sigma_0^1 mr \frac{dr}{dt} = - \omega\Sigma_0^1 m \frac{dr^2}{dt}$$

qui comportera une nouvelle réduction fort simple.

On aura en effet :

$$\Sigma_0^1 m \frac{dr^2}{dt} = \frac{\Sigma_{0'}^{1'} mr'^2 - \Sigma_0^1 mr^2}{dt}$$

$$\Sigma_{0'}^{1'} mr'^2 = \Sigma_0^1 mr'^2 + Sm'_1 dtr^2_1 - Sm'_0 dtr_0^2,$$

et, en vertu de l'hypothèse d'une exacte permanence,

$$\Sigma_0^1 mr'^2 = \Sigma_0^1 mr^2 ;$$

par conséquent :

$$\Sigma_0^1 m \frac{dr^2}{dt} = Sm'_1 r_1^2 - Sm'_0 r_0^2,$$

et, par suite :

$$N' = mom_x \Pi - \omega[Sm'_1 r_1^2 - Sm_0' r_0^2] + Smom_x m'_0 u'_0 - Smom_z m'_1 u'_1,$$

puis ,

$$T = \omega N' = \omega mom_z \Pi - \omega^2[Sm'_1 r_1^2 - Sm'_0 r_1^2] + \omega Smom_z m'_0 u'_0 - \omega Smom_x m'_1 u'_1,$$

$$\tag{20}$$

ce qui fera la solution exacte du problème que M. Coriolis serait parvenu à résoudre par une voie moins simple et par des raisonnements plus subtils en retranchant les formules (18) l'une de l'autre.

45. Pour interpréter les formules (20) sur une figure, nous repré-

senterons par le point O la projection de l'axe des $z'$ sur un plan perpendiculaire à cet axe. A l'un des orifices d'entrée $A_0$, nous marquerons les forces $m_0'u_0'$, $m_0'r_0\omega$, dans les directions respectives des vitesses $u_0'$, $r_0\omega$, et à l'un des orifices de sortie $A_1$, nous marquerons les forces correspondantes $m'u_1'$, $m_1'r_1\omega$, dans des directions respectivement opposées à celles des vitesses $u_1'$, $r_1$, $\omega$. Au centre de gravité G du système, nous marquerons encore le poids $\Pi$, et alors, en cherchant le couple résultant des seules forces que nous venons de définir autour de l'axe des $z'$, nous aurons évidemment la quantité $N'$ des formules (20).

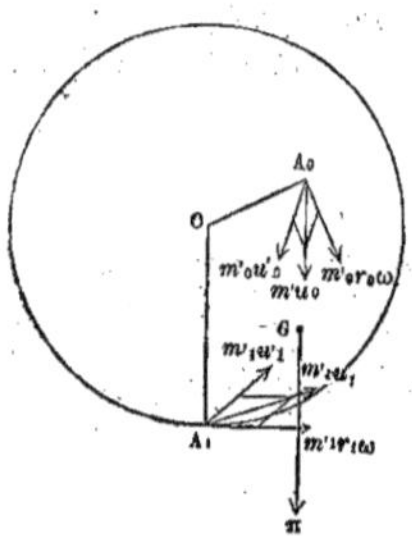


**46.** Mais les formules (15) ou (15 *bis*) nous apprennent qu'en désignant par $u_0$, $u_1$ les vitesses des masses $m_0'$, $m_1'$ par rapport au système d'axes primitifs des $x, y, z$, chacune des vitesses $u$ sera déterminée en direction et en grandeur par la diagonale du parallélogramme que l'on pourra former sur les vitesses correspondantes $u'$, $r\omega$, et, d'après cette remarque, il nous suffira évidemment de chercher le couple résultant des seules forces

$$m'_0 u_0 , \quad m'_1 u_1$$

aux orifices d'entrée et de sortie, puis de désigner encore par $r$ la plus courte distance du point G à l'axe des $z$, pour avoir :

$$
\begin{aligned}
N' &= mom_{z'}\Pi + Smom_{z'}m'_0 u_0 - Smom_{z'}m'_1 u_1 \\
&= \Pi r\cos.(\widehat{\Pi, \omega}) + Sm'_0 r_0 u_0 \cos.(\widehat{u_0, \omega}) - Sm'_1 r_1 u_1 \cos.(\widehat{u_1, \omega}),
\end{aligned}
\tag{21}
$$

et,

$$T = \omega N' = \Pi r\omega\cos.(\widehat{\Pi, \omega}) + Sm'_0 r_0\omega u_0 \cos.(\widehat{u_0, \omega}) - Sm'_1 r_1\omega u_1 \cos.(\widehat{u_1, \omega}).$$

La dernière de ces formules pourra être transformée ensuite de différentes manières, car des formules (15 *bis*) on déduira généralement :

$$v^2 = v'^2 + r^2\omega^2 + 2r\omega v' \cos.\widehat{(v', \omega)},$$

et

$$v'^2 = v^2 + r^2\omega^2 + 2r\omega v \cos.\widehat{(v, \omega)};$$

puis de cette dernière :

$$r\omega v \cos.\widehat{(v, \omega)} = \frac{1}{2}v^2 - \frac{1}{2}v'^2 + \frac{1}{2}r^2\omega^2,$$

et pour un nombre quelconque de masses $m$ :

$$\Sigma m r\omega v \cos.\widehat{(v, \omega)} = \frac{1}{2}\Sigma m v^2 - \frac{1}{2}\Sigma m v'^2 + \frac{1}{2}\omega^2 \Sigma m r^2 ;$$

donc pour toutes les masses $m_0$ aux orifices d'entrée :

$$\Sigma m'_0 r_0 \omega u_0 \cos.\widehat{(u_0, \omega)} = \frac{1}{2}\Sigma m'_0 u_0^2 - \frac{1}{2}\Sigma m'_0 u_0'^2 + \frac{1}{2}\omega^2 \Sigma m'_0 r_0^2,$$

et pour toutes les masses $m'_1$ aux orifices de sortie :

$$\Sigma m'_1 r_1 \omega u_1 \cos.\widehat{(u_1, \omega)} = \frac{1}{2}\Sigma m'_1 u_1^2 - \frac{1}{2}\Sigma m'_1 u_1'^2 + \frac{1}{2}\omega^2 \Sigma m'_1 r_1^2,$$

puis, en substituant et en transposant :

$$T + \frac{1}{2}\omega^2 [\Sigma m'_1 r_1^2 - \Sigma m'_0 r_0^2] = \Pi r\omega \cos.\widehat{(\Pi, \omega)} + \frac{1}{2}S m'_0 u_0^2 - \frac{1}{2}S m'_0 u_0'^2 -$$
$$- \frac{1}{2}S m'_1 u_1^2 + \frac{1}{2}S m'_1 u_1'^2, \qquad (22)$$

c'est-à-dire qu'en ajoutant à la quantité de travail $T$ le travail résultant des forces centrifuges $mr\omega^2$ sur toutes les masses qui, dans l'unité de temps, entreront par les orifices $A_0$ et sortiront par les orifices $A_1$, on obtiendra une somme dont l'expression algébrique coïncidera avec le deuxième membre de la formule (10).

Il y aura cette différence néanmoins que dans la formule (22) on devra conserver les vitesses effectives des masses $m_0$, $m_1$, et qu'il ne serait permis d'y faire figurer les vitesses des centres de gravité de ces masses, comme dans les formules (10 *bis*), qu'à la condition d'y introduire quelques quantités secondaires dépendantes de la vitesse de rotation $\omega$, et dont nous ne nous occuperons pas ici.

47. La principale remarque à faire c'est que, jusqu'ici, le réservoir qui fournissait les veines affluentes, devait lui-même tourner autour de l'axe des $z'$ avec une vitesse $\omega$ égale à celle de la roue, tandis que dans les applications, ce sera presque toujours un réservoir fixement attaché au système des $x, y, z$ qui alimentera une série régulière de vases ou de canaux fixement attachés au système tournant des $x', y', z'$.

Il ne sera plus possible alors qu'il y ait une exacte permanence dans chaque vase ou canal en particulier, mais il pourra y avoir un autre sorte de permanence en ce que le volume occupé par les masses liquides dans la totalité des vases, ou l'*espace hydrophore*, comme on dit ordinairement dans la théorie des roues hydrauliques, sera, sinon invariable, du moins périodiquement changeant entre des limites d'autant plus resserrées, que les orifices des différents vases qui traverseront successivement les veines affluentes, seront plus petits et plus nombreux.

Or, en réfléchissant à un tel état de choses, et en se pénétrant bien de la demonstration des formules de notre théorème des forces de réaction, on ne tardera pas à comprendre que rien ne devra changer dans ces formules, quand on voudra les appliquer à un espace hydrophore exactement invariable, qui sera balayé ou traversé incessamment par des cloisons résistantes et sans épaisseur, dès l'instant que ces cloisons n'auront pas la vertu de faire changer la figure du volume occupé.

48. On ne pourra, il est vrai, se procurer des cloisons résistantes sans épaisseur, ni obtenir un espace hydrophore exactement invariable; mais dans le mémoire déjà cité, il est démontré que des changements alternatifs dans l'espace hydrophore ne produiront que des changements alternatifs

correspondants dans les efforts P, Q, R, L, M, N, de telle sorte que les intégrales de ces efforts par rapport au temps ne différeront pas des intégrales des valeurs moyennes de ces efforts, chaque fois qu'entre deux limites $t$, $t'$ des intégrations, le système se retrouvera dans deux situations identiques, et si cela est, il s'ensuivra que dans le nouvel état de choses, que nous examinons, on aura moyennement en place des formules (19) et des développements qui en dépendaient,

$$
\left. \begin{aligned}
P &= \Sigma_0^1 X \partial m + Sm_0 u_0 \cos. \alpha_0 - Sm_1 u_1 \cos. \alpha_1 \\
Q &= \Sigma_0^1 Y \partial m + Sm_0 u_0 \cos. \beta_0 - Sm_1 u_1 \cos. \beta_1 \\
R &= \Sigma_0^1 Z \partial m + Sm_0 u_0 \cos. \gamma_0 - Sm_1 u_1 \cos. \gamma_1 \\
L &= \Sigma_0^1 mom_x \, F \partial m + Smom_x \, m_0 u_0 - Smom_x \, m \, u_1 \\
M &= \Sigma_0^1 mom_y \, F \partial m + Smom_y \, m_0 u_0 - Smom_y \, m_1 u_1 \\
N &= \Sigma_0^1 mom_z \, F \partial m + Smom_z \, m_0 u_0 - Smom_z \, m_1 u_1
\end{aligned} \right\} \quad (23)
$$

Puis comme les efforts résultants P, Q, R, L, M, N agiront réellement sur des cloisons fixement attachées au système tournant des $x'$, $y'$, $z'$, il sera bien facile de voir que l'on aura :

$$
T = P \times 0 + Q \times 0 + R \times 0 + L \times 0 + M \times 0 + N\omega = N\omega
$$

c'est-à-dire que, sauf le changement des lettres $m'_0$, $m'_1$ en $m_0$, $m_1$, on retombera identiquement sur les formules (21) et (22).

49. Il nous reste à ajouter que la méthode plus subtile de M. Coriolis ne nous conduirait pas à un autre résultat, avec l'inconvénient en outre de ne pas nous faire connaître les six quantités P, Q, R, L, M, N des formules (23).

50. Donc, finalement, dans la théorie des roues hydrauliques, dans celle des roues à aubes et dans celle du propulseur à hélice des bateaux à vapeur, dans la théorie du ventilateur à force centrifuge, comme machine soufflante ou comme machine aspirante, et généralement dans toutes les espèces de roues tournantes à mouvement uniforme, comme aussi dans de pareils systèmes qui se mouvront en ligne droite avec une vitesse con-

stante, ce qui reviendra à faire à la fois

$$r = \infty, \quad \omega = 0, \quad r\omega = v$$

dans les formules des systèmes tournants, on aura, comme relation de pure gémétrie :

$$v \sin.\widehat{(v, \omega)} = v' \cos.\widehat{(v', \omega)} + r\omega$$

$$v \sin.(v, \omega) = v' \sin.\widehat{(v', \omega)}$$

entre les vitesses $v$, $v'$, $r\omega$ d'un point quelconque dans les deux systèmes des $x, y, z$ et $x', y', z'$, et comme relation exacte de mécanique :

$$
\begin{aligned}
T =\ &\Pi r\omega \cos.\widehat{(\Pi, \omega)} + \frac{1}{2} Sm_0 u_0{}^2 - \frac{1}{2} Sm_0 u_0{}'^2 - \frac{1}{2} Sm_1 u_1{}^2 + \\
&+ \frac{1}{2} Sm_1 u_1{}'^2 - \frac{1}{2}\omega^2 [Sm_1 r_1{}^2 - Sm_0 r_0{}^2] \\
=\ &\Pi r\omega \cos.\widehat{(\Pi, \omega)} + \omega[Sm_0 r_0 u_0 \cos.\widehat{(u_0, \omega)} - Sm_1 r_1 u_1 \cos.\widehat{(u_1, \omega)}] \\
=\ &\Pi r\omega \cos.\widehat{(\Pi, \omega)} + \omega\{Sm_0 r_0[u'_0 \cos.\widehat{(u'_0, \omega)} + r_0\omega] - Sm_1 r_1[u'_1 \cos.\widehat{(u'_1, \omega)} + r_1\omega]\} \\
=\ &\Pi r\omega \cos.\widehat{(\Pi, \omega)} + \omega\{Sm_0 r_0 u_0 \cos.\widehat{(u_0, \omega)} - Sm_1 r_1[u'_1 \cos.\widehat{(u'_1, \omega)} + r_1\omega]\} \\
=\ &\Pi r\omega \cos.\widehat{(\Pi, \omega)} + \omega\{Sm_0 r_0[u'_0 \cos.\widehat{(u'_0, \omega)} + r_0\omega] - Sm_1 r_1 u_1 \cos.\widehat{(u_1, \omega)}\}
\end{aligned}
\tag{24}
$$

Chacune de ces formules pourra servir à faire trouver exactement la quantité de travail T qui sera transmise au système des vases ou canaux des $x'$, $y'$, $z'$, ou celle que par un changement de signe de la quantité T, le système des vases ou canaux des $x'$, $y'$, $z'$ devra transmettre à la masse liquide molle ou pulvérulente qui traversera ces canaux, pourvu que l'on connaisse le poids $\Pi$ dans l'espace hydrophore et la position du centre de gravité de ce poids, ainsi que les masses entrantes et sortantes $m_0$, $m_1$ et les vitesses $u_0$, $u_1$ ou bien $u'_0$, $u'_1$ de ces masses.

51. Quand les veines entrantes et sortantes auront des formes à peu près cylindriques et parfaitement déterminées au milieu de l'air ambiant, il n'y aura pas lieu de se préoccuper des pressions additionnelles de nos formules primitives dans les orifices, ni d'aucune pression atmosphérique, dès l'instant qu'on désignera par $\Pi$ le poids relatif ou apparent qui sera contenu dans l'espace hydrophore, tel que ce poids pourrait être constaté expérimentalement dans l'hypothèse d'une solidification instantanée au milieu de l'atmosphère.

52. Si les veines entrantes et sortantes n'avaient pas des formes cylindriques, il faudrait compléter les formules (24) en y tenant compte des pressions additionnelles $p_0$, $p_1$ dans les orifices d'entrée et de sortie, à moins qu'on ne prît le parti de couper toutes les veines entrantes et sortantes par des surfaces de révolution autour de l'axe des $z'$, auquel cas toutes les pressions $p_0$, $p_1$ rencontreraient cet axe et disparaîtraient évidemment des formules (24); mais la difficulté de connaître les vitesses inégales du centre au dehors d'une veine de grosseur finie et de forme non cylindrique resterait entière. Cette difficulté serait plus grande encore avec une roue qui fonctionnerait dans une masse liquide indéfinie comme les roues ou les propulseurs à hélice des bateaux à vapeur, et, dans ce cas-là, on appliquerait sans difficulté les formules (24), mais sans connaître les grandeurs des quantités qu'on y ferait entrer algébriquement, et par conséquent on ne pourrait en tirer la solution du problème qu'on aurait en vue.

53. Dans les autres cas, quand les veines entrantes et sortantes auront des formes à peu près cylindriques et parfaitement déterminées à l'air libre, il faudra évidemment que l'on connaisse ou qu'on mesure à chaque orifice d'entrée l'une des vitesses $u_0$, $u'_0$ (ce qui entraînera l'autre), mais cela ne suffira pas, et il faudra que l'on trouve encore à chaque orifice de sortie l'une des vitesses $u_1$, $u'_1$ (ce qui entraînera l'autre).

54. Dans les roues à augets et dans celles à palettes très-rapprochées et parfaitement emboîtées, on aura à très-peu près :

$$u'_1 = 0 , \quad u_1 = r_1 \omega$$

et par suite le terme

$$\frac{1}{2} Sm_0 u_0''^2$$

représentera une perte de force vive dans la première des formules (24) au point de vue de l'effet utile de la roue; mais cette quantité de force vive sera employée véritablement à faire des agitations ou des tournoiements dans la masse liquide, et n'aura rien de commun sous ce rapport avec l'ancien et obscur théorème de Carnot.

55. Dans les roues où il y aura des canaux au lieu d'augets, on ne saura rien *à priori* sur les vitesses $u_1$, $u'_1$ aux orifices de sortie. Il n'y aura alors que l'une des formules (18) qui pourra donner quelque lumière à cet égard; mais ce ne sera qu'une lumière bien faible quand il y aura des intermittences de mouvement dans chaque canal.

56. Quand un canal poura être traversé toujours de la même manière, la première des formules (18) deviendra pour des liquides incompressibles :

$$\frac{1}{2} mu_1'^2 - \frac{1}{2} mu_0'^2 = \frac{mg(p_0 - p_1)}{\varpi} + m \int_0^1 gds' \cos.(\widehat{g, ds'}) +$$
$$+ \frac{1}{2} m\omega^2(r_1^2 - r_0^2) + \Sigma \int_t^{t+1} Rdr ,$$

mais l'intégrale

$$\int_0^1 gds' \cos.(\widehat{g, ds'})$$

dépendra de la forme du canal et variera encore d'une position du canal à l'autre de manière à empêcher l'écoulement d'être exactement permanent, à moins que l'axe de rotation ne soit vertical comme dans les roues à réaction proprement dites, et dans celles de M. Fourneyron où l'intégrale en question se réduira à

$$\int_0^1 gds' \cos.(\widehat{g, ds'}) = g(z_1 - z_0).$$

de manière que l'on aura la relation parfaitement déterminée :

$$\frac{1}{2}\,mu_{\scriptscriptstyle 1}^{\prime 2} - \frac{1}{2}\,mu_{\scriptscriptstyle 0}^{\prime 2} = \frac{mg(p_{\scriptscriptstyle 0} - p_{\scriptscriptstyle 1})}{\varpi} + mg(z_{\scriptscriptstyle 1} - z_{\scriptscriptstyle 0}) +$$

$$+ \frac{1}{2}\,m\omega^2(r_{\scriptscriptstyle 1}^{\,2} - r_{\scriptscriptstyle 0}^{\,2}) + \Sigma \int_{t}^{t+1} \mathrm{R}\,dr \quad . \quad . \quad . \quad . \quad (25)$$

dans laquelle la quantité

$$\Sigma \int_{t}^{t+1} \mathrm{R}\,dr$$

devra prendre une certaine valeur négative

$$\Sigma \int_{t}^{t+1} \mathrm{R}\,dr = -\,m\mathrm{A},$$

dont l'expérience seule pourra faire connaître la juste valeur.

57. Dans les autres cas la variabilité de l'intégrale

$$\int_{0}^{1} g\,ds'\,\cos.\,(\widehat{g,\,ds'})$$

empêchera l'écoulement d'être exactement permanent, à moins que dans une masse liquide indéfinie les pressions $p_{\scriptscriptstyle 0}$, $p_{\scriptscriptstyle 1}$ ne soient variables en même temps, et de telle sorte encore qu'avec un écoulement à plein jet dans chaque canal, on puisse avoir ou exactement ou très-approximativement la relation auxiliaire

$$\frac{g(p_{\scriptscriptstyle 0} - p_{\scriptscriptstyle 1})}{\varpi} + \int_{0}^{1} g\,ds'\,\cos.\,(\widehat{g,\,ds'}) = \text{const.}$$

58. Il suit de là que notre théorie des forces de réaction ne nous dispensera pas d'invoquer souvent l'équation des forces vives de M. Coriolis dans les mouvements relatifs ; il s'ensuit aussi que l'équation de M. Coriolis ne pourra pas être développée exactement dans tous les cas,

mais nous serons toujours parvenus à ramener cette partie si neuve encore et si importante de la mécanique terrestre ou industrielle à sa plus simple expression, et à une forme vraiment élémentaire, avec l'immense avantage de pouvoir calculer exactement la quantité de travail T d'une roue à l'aide des formules (24), dès que nous nous aviserons d'y substituer les valeurs expérimentales des différentes quantités qui s'y trouvent, et à ce point de vue mi-expérimental, notre théorie des forces de réaction sera vraiment complète et indépendante de la théorie des forces vives de M. Coriolis.

# SECTION V.

DU THÉORÈME DE NEWTON SUR LA SIMILITUDE DES MOUVEMENTS, CONSIDÉRÉ COMME UNE RÈGLE UNIVERSELLE DE TOUTES LES QUESTIONS DE MÉCANIQUE PRATIQUE.

1. En géométrie, deux figures sont semblables quand l'une peut se déduire de l'autre au moyen d'un certain rapport $l$ entre tous les côtés homologues sans changements dans les angles.

2. Dans la statique des corps rigides, il suffit qu'un système de forces P, P′, P″ soit en équilibre sur une certaine figure pour que toutes les mêmes forces, multipliées par tel nombre $f$ que l'on voudra, soient en équilibre sur la même figure et sur toute figure semblable à celle-là.

3. Le théorème général de la similitude, en statique, sera ainsi fort simple et fort large, puisqu'on pourra disposer arbitrairement des deux coefficients ou rapports $l, f$.

Cependant dans les applications terrestres, on sera obligé de compter les poids des corps parmi les forces P, P′, P″..... d'un système, et alors il y aura deux cas à distinguer, l'un tout idéal, l'autre tout réel.

4. Le cas idéal sera celui dans lequel on se trouverait en imaginant des corps à volumes finis à de grandes distances les uns des autres, et dont les centres de gravité seraient réunis par des droites rigides ; le coefficient $l$ ne se rapporterait alors qu'à la figure des droites rigides, et

34

le coefficient $f$ ne se rapporterait qu'aux poids $\Pi$, $\Pi'$, $\Pi''$..... des différents corps, de sorte que l'on ne cesserait pas d'avoir une complète indépendance entre les coefficients $l$, $f$, tant que les volumes des différents corps ne dépasseraient pas les limites au delà desquelles ces volumes pénétreraient les uns dans les autres.

5. Le cas réel sera celui où il n'y aura qu'un même rapport de similitude $l$ dans toutes les parties du système, et alors en désignant par $d$ le rapport des densités ou des pesanteurs spécifiques, il faudra que l'on ait :

$$f = dl^3 \, ;$$

car les poids des corps semblables suivront exactement cette loi, et par conséquent il devra en être de même de toutes les autres forces P, P', P''.

6. Dans la statique des corps flexibles les équations de l'équilibre sont :

$$0 = X + \Sigma R \frac{dr}{dx}$$

$$0 = Y + \Sigma R \frac{dr}{dy}$$

$$0 = Z + \Sigma R \frac{dr}{dz}$$

en tous les points $x$, $y$, $z$ d'un système, et les fonctions

$$R = \varphi(r) = \frac{df(r)}{dr}$$

pourront certainement être telles que, dans deux positions exactement semblables, avant et après la déformation du système, les forces X, Y, Z, qui serviront à produire cette déformation, ne varieront pas dans un seul et même rapport $f$.

Donc, inversement, quand les forces X, Y, Z varieront dans un même rapport $f$, la figure subséquente du système pourra ne pas être semblable à la figure initiale, et, en effet, dès l'instant qu'on se représentera une barre prismatique posée horizontalement sur deux appuis, sous une charge verticale au milieu, on comprendra que la flèche de cette barre augmentera directement avec la charge sans que la corde de l'arc puisse augmenter, ce qui empêchera manifestement la nouvelle figure d'équilibre d'être semblable à la précédente.

Pareillement, une barre prismatique tirée dans le sens de sa longueur seulement, éprouvera un certain allongement sans grossir, etc., etc.

On ne pourra donc pas avoir la prétention d'étendre la théorie de la similitude en statique jusqu'aux petits changements de figure que subira un corps donné sous l'action de forces différentes.

On pourra à la vérité se proposer d'établir une comparaison entre deux corps de grande et de petite dimension supposés semblables dans leurs formes initiales quand il n'y a pas de forces X, Y, Z en jeu, et semblables encore dans leurs formes subséquentes quand l'un est sollicité par des forces X, Y, Z, et l'autre par des forces correspondantes X', Y', Z'; car, en invoquant les formules ordinaires de la théorie de la résistance des matériaux, on apprendra que, dans ce cas-là, pour une même espèce de matière, et pour une même qualité élastique, il n'y aura de l'un à l'autre corps que le rapport unique

$$l^2$$

entre les forces absolues qui devront être appliquées de part et d'autre à des surfaces homologues.

Il s'ensuit donc que la théorie de la similitude en statique pourra être étendue jusque-là quand on fera

$$f = l^2, \text{ ou bien } f = 1,$$

selon qu'on voudra désigner par la lettre $f$ le rapport des forces résultantes sur deux surfaces homologues et semblables, ou bien le rapport des forces résultantes par unité de surfaces en deux points homologues; mais on ne pourra astreindre à cette même loi les forces de la pesanteur dont le rapport de l'un à l'autre corps, pour une densité égale, sera

$$l^3.$$

Ce ne seront pas d'ailleurs des formes également résistantes que celles de deux corps semblables et semblablement fléchis de grandes et petites dimensions, et par ces motifs, on ne pourra donner quelque extension à la théorie de la similitude dans la statique des corps flexibles qu'autant qu'on négligera les petits changements de figure que subiront les corps sous l'action de la force qu'on leur appliquera, ce qui reviendra manifestement à ne plus considérer que des figures entièrement déterminées et connues à l'avance comme dans la statique des corps rigides où la théorie en question se réduira uniquement à ce qui en a été dit tout à l'heure.

7. Pour étendre la même théorie à la dynamique, il nous suffira de faire remarquer que les forces extérieures totales sur un corps en mouvement seront reparésentées par les quantités

$$X_{,} = X - m \frac{d^2x}{dt^2}$$

$$Y_{,} = Y - m \frac{d^2y}{dt^2}$$

$$Z_{,} = Z - m \frac{d^2z}{dt^2},$$

et que, par conséquent, ce seront les quantités complexes $X_{,}$, $Y_{,}$, $Z_{,}$ qui devront augmenter toutes dans un seul et même rapport $f$, quand on voudra passer d'un système quelconque à un autre système exactement semblable à celui-là.

8. Mais en considérant les coordonnées $x$, $y$, $z$ d'un point matériel de masse $m$, comme des fonctions de l'arc $s$ de la courbe décrite, et l'arc $s$ comme une fonction du temps, on aura :

$$\frac{dx}{dt} = \frac{dx}{ds} \frac{ds}{dt} = \frac{dx}{ds} v;$$

puis, en considérant encore la vitesse $v$ comme une fonction de l'arc $s$, on trouvera :

$$\frac{d^2x}{dt^2} = \frac{dx}{ds} \frac{dv}{ds} \frac{ds}{dt} + \frac{d^2x}{ds^2} \frac{ds}{dt} v = \frac{vdv}{ds} \frac{dx}{ds} + v^2 \frac{d^2x}{ds^2};$$

de telle sorte qu'en désignant par

$\alpha, \beta, \gamma$ les angles de la vitesse $v$ avec les axes rectangulaires des $x, y, z$,

$r$ le rayon de courbure de la trajectoire considéré comme essentiellement positif,

$a, b, c$ les angles que fera le rayon $r$, mené de la circonférence vers le centre, avec les $x, y, z$,

on aura :

$$\frac{d^2x}{dt^2} = \frac{vdv}{ds}\cos.\alpha + \frac{v^2}{r}\cos.a$$

$$\frac{d^2y}{dt^2} = \frac{vdv}{ds}\cos.\beta + \frac{v^2}{r}\cos.b$$

$$\frac{d^2z}{dt^2} = \frac{vdv}{ds}\cos.\gamma + \frac{v^2}{r}\cos.c.$$

9. Il suit de là que d'un système à un autre, les quantités

$$\frac{d^2x}{dt^2}, \quad \frac{d^2y}{dt^2}, \quad \frac{d^2z}{dt^2}$$

pourront varier de bien des manières ; mais quand on ne voudra faire de comparaison qu'entre les points homologues de deux systèmes semblables, et que de plus encore on voudra avoir des trajectoires semblables, afin que la similitude des deux systèmes puisse avoir lieu indéfiniment, alors les angles $\alpha$, $\beta$, $\gamma$ et $a$, $b$, $c$ seront les mêmes de part et d'autre pour deux points homologues, et les forces dynamiques, dont il est question, varieront en partie comme le terme

$$\frac{v^2}{r},$$

et en partie comme le terme

$$\frac{vdv}{ds}.$$

**10.** Ainsi en désignant par $u$ le rapport des vitesses de deux points homologues et en conservant la lettre $l$ pour désigner le rapport des dimensions linéaires, on aura, dans l'autre système, la vitesse

$$v' = uv,$$

et les forces correspondantes :

$$\frac{v'^2}{r'} = \frac{u^2 v^2}{lr} = \frac{u^2}{l} \times \frac{v^2}{r}$$

$$\frac{v'dv'}{ds'} = \frac{uv(udv + vdu)}{lds} = \left(\frac{u^2}{l} + \frac{vudu}{ldv}\right) \times \frac{vdv}{ds},$$

d'où l'on voit que du premier système au second le rapport des forces centripètes sera :

$$\frac{u^2}{l}$$

et le rapport des forces tangentielles

$$\frac{u^2}{l} + \frac{vudu}{ldv}.$$

Donc le rapport de ces deux espèces de forces ne pourra être le même qu'autant qu'on aura :

$$\frac{v'}{v} = u = \text{const.} \qquad\qquad (1)$$

et quand cette condition sera remplie, le commun rapport des quantités

$$\frac{d^2x}{dt^2}, \quad \frac{d^2y}{dt^2}, \quad \frac{d^2z}{dt^2},$$

entre deux points homologues de deux systèmes exactement semblables, deviendra le nombre parfaitement déterminé

$$\frac{u^2}{l},$$

c'est-à-dire le quotient du carré du rapport des vitesses par le rapport des dimensions linéaires.

11. Le rapport des masses homologues dans deux systèmes semblables étant :

$$\frac{m'}{m} = dl^3,$$

la lettre $d$ servant à désigner le rapport des densités, on voit que le rapport des forces d'inertie

$$- m \frac{d^2x}{dt^2}, \quad - m \frac{d^2y}{dt^2}, \quad - m \frac{d^2z}{dt^2}$$

sera :

$$f = dl^3 \times \frac{u^2}{l} = dl^2 u^2, \qquad (2)$$

et que, par suite, toutes les autres forces dont les composantes ont été désignées par X, Y, Z devront varier comme celle-là, c'est-à-dire comme la densité, comme le carré des dimensions linéaires et comme le carré des vitesses.

12. Le rapport des durées $t$, $t'$ de deux excursions homologues deviendra :

$$\theta = \frac{t'}{t} = \frac{l}{u},$$

et ce serait là toute la théorie de la similitude en dynamique, s'il nous était permis de négliger les forces de la pesanteur.

13. Il s'ensuit qu'en l'absence des forces de la pésanteur, les résistances des corps flottants de formes semblables et à parois absolument lisses ou polies varieraient exactement comme les densités des liquides, comme les surfaces homologues et comme les carrés des vitesses, pourvu que la pression atmosphérique à la surface libre de ces liquides variât aussi d'après la même loi, et par conséquent proportionnellement à la densité ainsi qu'au carré de la vitesse par unité de surface.

14. Mais dans les applications terrestres on ne pourra généralement pas se dispenser d'avoir égard aux forces de la pesanteur, et alors il faudra que toutes les autres forces varient précisément comme celles-là, c'est-à-dire, qu'à la relation générale

$$f = dl^2 u^2 ,$$

il faudra que l'on joigne encore la condition

$$u^2 = l, \qquad\qquad (3)$$

ce qui entraînera

$$f = dl^2$$

pour les autres forces comme pour celles de la pesanteur.

15. La condition

$$u^2 = l$$

sera d'autant plus nécessaire que les forces de la pesanteur seront plus prédominantes dans un système, c'est-à-dire que le mouvement sera plus lent ; elle sera d'autant moins nécessaire, au contraire, que les forces $mg$ de la pesanteur seront plus petites à l'égard des forces d'inertie

$$- m \frac{d^2 x}{dt^2} , \quad - m \frac{d^2 y}{dt^2} , \quad - m \frac{d^2 z}{dt^2}$$

ou que le mouvement sera plus rapide.

16. Il suit de là que la résistance d'un corps flottant à différentes vitesse et avec une pression convenable à la surface libre du liquide, devra se rapprocher indéfiniment de la proportionnalité au carré de la vitesse, à mesure que le mouvement deviendra plus rapide, et devra s'éloigner au contraire d'une telle proportionnalité à mesure que le mouvement deviendra plus lent.

17. L'exacte proportionnalité aux surfaces et aux carrés des vitesses ne pourra avoir lieu, en un mot, qu'autant que l'on opèrera avec des formes semblables et avec la condition

$$u^2 = l.$$

Ainsi dans le cas où l'on aurait constaté par expérience la résistance d'un modèle de vaisseau, ou bien l'allure complète d'un modèle de bateau à vapeur, à roues ou à hélice, au moyen de certaines forces connues, on n'aurait qu'à exécuter l'un ou l'autre modèle avec des dimensions linéaires $l$ fois plus grandes, et à multiplier toutes les vitesses observées par le rapport

$$u = \sqrt{l}$$

pour que le nouveau système fonctionnât semblablement au précédent, en exigeant des forces, dont les intensités statiques seraient toutes augmentées dans la proportion du cube du rapport des dimensions linéaires à l'unité, ce qui ferait augmenter la quantité de travail de chacune de ces forces comme le produit

$$dl^3 u = dl^3 u^3.$$

18. Ou inversement dans le cas où les dimensions et la vitesse d'un vaisseau ou d'un bateau à vapeur seraient données, et que l'on se proposât d'expérimenter sur un modèle en petit, pour trouver toutes les relations des forces et des vitesses du système, on emploierait la même formule

$$u = \sqrt{l}$$

pour trouver le rapport précis des vitesses que l'on devrait établir entre deux points homologues des deux systèmes, pour que le rapport

$$f = l^a$$

pût servir à passer exactement de chacune des forces du système en grand à la force correspondante du modèle en petit, ou réciproquement.

19. Seulement, pour l'entière exactitude, il faudrait encore que la pression atmosphérique à la surface de niveau du liquide, ainsi que les forces de frottement ou d'adhérence des particules liquides contre les parois du système suivissent la loi générale des autres forces, c'est-à-dire, la proportionnalité au cube du rapport des dimensions linéaires, sur deux surfaces homologues, et par conséquent la proportionnalité au rapport des dimensions linéaires ou au rapport des carrés des vitesses, par unité de surface.

20. Mais il est assez vraisemblable que pour des liquides à peu près incompressibles une telle condition restrictive au sujet de la pression atmosphérique ne deviendrait bien nécessaire qu'autant que l'extrême rapidité du mouvement d'un corps entièrement immergé produirait à l'arrière du corps une traînée complétement vide ou du moins pleine de vapeur, comme celle qui existerait peut-être à l'arrière d'un boulet de canon qui se mouvrait avec une vitesse de 400 à 500 mètres par seconde dans un milieu suffisamment dense.

21. Quant à l'adhérence ou au frottement d'un liquide contre une paroi unie, le peu qu'on en sait jusqu'à ce jour semble indiquer que les forces de cette espèce varient, en effet, à très-peu près comme le carré de la vitesse.

22. Ce que nous venons de dire montre suffisamment que le théorème de Newton sur la similitude, en mécanique, sera toujours le meilleur et souvent l'unique fondement que l'on puisse donner à une foule d'applications pratiques.

23. Ce seul théorème renferme notamment à peu près tout ce qu'on

a su établir jusqu'à ce jour par des moyens plus ou moins empiriques ou défectueux en hydrodynamique, et quand on y joindra la théorie des forces vives de M. Coriolis ainsi que notre théorème sur les forces de réaction, on possèdera une science beaucoup plus simple et bien autrement puissante que celle qu'on a voulu tirer jusqu'à présent des formules spéciales de l'hydrodynamique, dont l'utilité nous paraît absolument nulle dans un cours de mécanique terrestre.

FIN.

PARIS. — IMPRIMÉ PAR E. THUNOT ET Cⁱᵉ,
26, RUE RACINE, PRÈS DE L'ODÉON.

# TRAITÉ

DE LA

# MÉCANIQUE DES CORPS SOLIDES

ET DU

# CALCUL DE L'EFFET DES MACHINES ;

## PAR G. CORIOLIS,

Membre de l'Institut de France (Académie royale des sciences),

Ingénieur en chef des ponts et chaussées, etc., etc.,

Ancien professeur et directeur des études de l'École polytechnique.

SECONDE ÉDITION, REVUE ET AUGMENTÉE.

1 vol. in-4° avec planches, Paris, 1844. — 15 fr.

La première édition du CALCUL DE L'EFFET DES MACHINES, dès qu'elle parut, obtint un tel succès qu'en peu de temps elle s'épuisa complétement.

La seconde édition que nous annonçons aujourd'hui, a été augmentée d'un traité de la MÉCANIQUE DES CORPS SOLIDES.

Il suffira sans doute, pour faire apprécier la supériorité de cette nouvelle édition sur la précédente, de donner ci-après la table générale des matières dont se compose le TRAITÉ DE LA MÉCANIQUE DES CORPS SOLIDES ET DU CALCUL DE L'EFFET DES MACHINES.

## MÉCANIQUE DES CORPS SOLIDES

ET CONSIDÉRATIONS SUR LE FROTTEMENT.

### CHAPITRE PREMIER.

*Notions sur la vitesse, la force, le poids, la masse, et sur le mouvement d'un point matériel.* — Du mouvement absolu et du mouvement relatif. — De la vitesse. — De l'inertie et de la force. — De l'accélération. — De la masse.

# CALCUL DE L'EFFET DES MACHINES.

### CHAPITRE PREMIER.

Calcul du travail dû à des poids. — Calcul du travail dû aux réactions mutuelles. — De la roideur. — Son influence sur la répartition du travail dans les compressions lentes. — Travail produit par l'expansion des gaz; application au calcul de celui qu'on tire de la vapeur avec une quantité de chaleur donnée. — Travail transmis par un courant fluide à un canal et à un plan mobiles. — Du calcul des forces vives. — De la transmission du travail dans le mouvement relatif. — Application au travail transmis par un courant fluide à un canal mobile. — L'équation des forces vives a encore lieu lorsqu'on ne considère que le mouvement par rapport au centre de gravité.

### CHAPITRE II.

Comment ce principe de la transmission du travail s'étend au mouvement des liquides.—Écoulement de l'eau par un petit orifice. — Travail transmis par une veine fluide à un vase mobile. —Comment le principe de la transmission du travail s'applique aux fluides élastiques. — Écoulement des gaz. — Travail qu'exigent les machines soufflantes. — Travail du vent sur un plan mobile.

### CHAPITRE III.

Distinction entre les parties qui composent les machines destinées à opérer un effet continu. — Théorie des volants. — Des moteurs. — Des courants d'eau. — Des roues à augets. — Des roues à aubes ou à palettes. — Du travail maximum transmis par les roues hydrauliques en ayant égard aux frottements. — Des moteurs animés. — De la vapeur comme moteur. — Du vent comme moteur. — Remarques sur les transmissions de mouvement. — Remarques sur la mesure du travail transmis.—Comment il faut établir les bases des marchés sur les moteurs.—Des moyens mécaniques de mesurer le travail.— Des expériences sur les pertes de travail dans les renvois de mouvement.—Des différents effets utiles, et des pertes de travail qui tiennent à ces effets. — Des moyens d'évaluer par expérience les quantités de travail qu'exigent les différents effets utiles.—Tableau des quantités de travail dynamique nécessaires pour produire divers effets utiles. — Tableaux des quantités de travail dynamique que fournissent: 1° les hommes et les chevaux: 2° la chaleur employée dans les machines à vapeur ; 4° le vent; 4° les chutes d'eau et les courants.

### FRAGMENTS.

I. *Des ponts suspendus*. — II. *De la poussée des terres*. — Du prisme de plus grande poussée. — NOTE sur un mécanisme propre à mesurer le travail transmis dans une machine par un arbre tournant, ou par une roue d'engrenage.

## On trouve chez les mêmes libraires :

**CORIOLIS**, *membre de l'Institut, ingénieur en chef des ponts et chaussées.* THÉORIE MATHÉMATIQUE DES EFFETS DU JEU DE BILLARD. 1 vol. in-8°, avec planches. 6 fr. 50 c.

Cet intéressant ouvrage donne l'explication de tous les effets singuliers qu'on observe dans le mouvement des billes ; l'auteur, en voyant les effets produits sous ses yeux par le célèbre joueur Mingaud, a pu s'assurer que les formules et les constructions qui s'en déduisent donnent des résultats conformes à l'expérience. Outre l'exposé sommaire des principales conséquences de la théorie et des constructions qui donnent les mouvements des billes, ce volume est divisé en 8 chapitres comme il suit : Chap. 1. Du mouvement d'une bille sur un plan horizontal en ayant égard au frottement.—2. De l'effet du coup de queue horizontal.—3. Du choc de deux billes et du carambolage, en négligeant le frottement très-petit qui a lieu entre les billes pendant le choc.—4. Des effets d'un deuxième choc entre deux billes, après un premier choc.—5. Du choc de deux billes en ayant égard au frottement entre les billes pendant le choc, au défaut d'élasticité, et à l'inégalité des masses.—6. Du choc contre les bandes, soit directement, soit après un autre choc.—7. Cas particuliers où il faut modifier les formules et les constructions relatives à l'effet du frottement pendant le choc.—8. De l'effet du coup de queue incliné.

**GAUBERT**, *capitaine du génie, ancien élève de l'École polytechnique*, etc. TRAITÉ DE MÉCANIQUE à l'usage des élèves des Écoles polytechnique et normale et des aspirants à ces écoles. 1 vol. in-8°. avec pl. Paris, 1841. 8 fr.

— Essai sur la détermination DES CENTRES DE GRAVITÉ, suivi de notes sur la multiplication des nombres, la pyramide triangulaire, le binôme de Newton, la règle de Descartes, et les lignes du deuxième degré, les sections coniques, la division d'un angle en parties égales, la composition des forces, le problème général des distances, 2e édition, beaucoup augmentée, in-8°. Paris, 1839. 5 fr.

**HACHETTE**, *membre de l'Institut, ancien professeur à l'École polytechnique.* TRAITÉ ÉLÉMENTAIRE DES MACHINES. 1 vol. in-4°, avec 35 grandes planches, 4e édition. 25 fr.

**MORIN** (Arthur), *membre de l'Institut, professeur de mécanique au Conservatoire des Arts et Métiers de Paris.* NOUVELLES EXPÉRIENCES faites à Metz en 1834 sur l'*adhérence des pierres et des briques* posées en bain de mortier ou scellées en plâtre ; sur le *frottement des axes de rotation*, la variation de *tension des courrois* ou cordes sans fin employées à la transmission du mouvement, et sur le frottement des courroies à la surface des tambours ; suivies de tableaux donnant le résumé et les résultats de toutes les autres expériences sur le frottement exécutées par l'auteur en 1831, 1832 et 1833, et publiées par ordre de l'Académie des sciences. 1 vol. in-4°, avec planches, 1838. 7 fr.

**NAVIER**, *membre de l'Institut, professeur d'analyse et de mécanique à l'École polytechnique, inspecteur divisionnaire des ponts et chaussées.* RÉSUMÉ DES LEÇONS D'ANALYSE ET DE MÉCANIQUE données à l'École polytechnique. 3 vol. in-8°, 1841. 19 fr.

On vend séparément le Résumé des Leçons D'ANALYSE suivi de notes par M. J. Liouville, *de l'Institut, professeur à ladite école.* 2 vol. in-8°, 1840. 10 fr.

Le Résumé des LEÇONS DE MÉCANIQUE. 1 vol. in-8°, 1841. 9 fr.

---

PARIS. — IMPRIMERIE DE FAIN ET THUNOT,
Rue Racine, 28, près de l'Odéon.

moteur d'eau. — 2ᵉ PARTIE. Tables et renseignements utiles aux ingénieurs, aux architectes... ... un ouvrage divisé en six parties comprenant les principes fondamentaux de la dynamique ... les diverses machines mises en jeu par des moteurs naturels ... animés, conduites d'eau, résistance des matériaux ... leur application à l'industrie ; — 3ᵉ PARTIE. Machines à vapeur, bateaux ... chemins de fer, locomotives ; — 5ᵉ PARTIE. Architecture ; — 6ᵉ PARTIE. Routes, ponts, canaux. *Supplément.* Édition revue et augmentée. 1 fort vol. in-8 avec figures et pl. ... 12 fr. 50 c.

... théorique et pratique à la science de l'ingénieur. 1 vol. avec 84 figures dans le texte. ... 9 fr.

Table des carrés et des cubes des nombres entiers ... des longueurs des circonférences et des surfaces des cercles dont les diamètres sont exprimés par les nombres entiers de 1 à 1000, des expressions trigonométriques naturelles des angles successifs de minute en minute, avec un nouveau texte explicatif pour l'usage de ces tables. In-8 ... 1850. ... 3 fr. 50 c.

**LAROQUE.** Pratique de l'art de construire. Maçonnerie, connaissances relatives à l'exécution et à l'estimation des ouvrages de maçonnerie, et en particulier ceux du bâtiment. 1 vol. in-8, avec figures dans le texte. ... 7 fr.

**...**, de l'Institut, inspecteur général des mines, professeur d'exploitation à l'École des mines. Traité de l'exploitation des mines. 3 forts vol. in-8, atlas de 68 pl. in-folio. Paris, 1845. ... 45 fr.

**CORIOLIS**, de l'Institut, ingén. en chef des p. et ch. Traité de la Mécanique des corps solides et du calcul de l'effet des machines ; en considérant surtout les moteurs et sur leur évaluation, pour servir d'introduction à l'étude spéciale des machines. 2ᵉ édit.; in-4, avec pl. ... 10 fr.

— Théorie mathématique des effets du jeu de billard ; par le même auteur. 1 vol. gr. in-8 avec pl. ... 6 fr. 50 c.

**DUPUIT**, de l'Institut, inspecteur gén. des mines, professeur de mécanique aux Écoles des ponts et chaus., des mines, etc. Traité complet de mécanique. 4 forts vol. in-8, dont un de planch., avec un grand nombre de figures et planches intercalées dans le texte. ... 48 fr.

— Description de charpenterie en fer, etc. 1 vol. in-fol. cart. 80 fr.

On vend séparément :
Le tome I. Traité de construction en poteries et fer. 1 vol. in-fol. avec suppl. pl. ... 40 fr.

... de l'application du fer, de la fonte et de la ... 1 vol. in-fol., avec 80 pl. gravées. ... 40 fr.

..., ingénieur en chef, ancien élève de l'École polytechnique, ... à l'usage des élèves des Écoles polytechnique ... et des aspirants à ces écoles. 1 vol. in-8, avec pl. ...

... détermination des ombres de gravité, ... multiplication des ombres ... la pyramide triangulaire ... Newton ... les lignes du contour, les secteurs sphériques, ... composition ... ... résistance ... ... des ponts et chaussées, de l'Institut de France, ... Traité de la résistance des solides et ... 1 vol. in-4, avec planches. ... 15 fr.

... ancien professeur à l'École polytechnique. Géométrie descriptive, comprenant les applications de la géométrie aux ombres, à la perspective et à la stéréotomie. 1 fort vol. in-4, avec 74 pl. 2ᵉ édit. ... 20 fr.

... coupe des pierres. 1 vol. in-4, avec 35 grandes pl. ... 25 fr.

... chapitre, les principes généraux qui servent de base à ... la comparaison de leurs effets, l'auteur a développé dans le ... l'application si importante de la géométrie descriptive ; ... les tiges et lanternes à fuseau cylindriques et ... l'application de deux axes parallèles en incliné, etc. ; le troi- ... description des principales machines employées dans les constructions ... chapelets, ma- ... planches ... qui accompagnent cette descrip- ... elles sont au nombre de ... divisées en dix séries, et d'autres ... les machines hydrauliques, ... ... L'art de la charpente théorique et pratique. L'ouvrage ensemble 86 feuilles de texte et 180 ... (texte en trois langues français, allemand et anglais), le tout pouvant être réuni en un beau vol. in-fol. ... 130 fr.

... ingénieur de la marine. Obélisque de Luxor, histoire de sa translation à Paris, description des travaux auxquels il a donné lieu, avec un appendice sur les calculs, des appareils d'abatage, d'embarquement, de halage et d'érection ; détails pris sur les lieux et relatifs au sol, aux carrières, aux mœurs et aux usages de l'Égypte ancienne et moderne ; extrait de l'ouvrage de Fontana sur la translation de l'obélisque ... 1 vol. grand in-4, jésus, accompagné de 16 planches grand aigle. ... 15 fr.

---

... permanents qui font bâtir ...

..., ingénieur en chef, ... chemin de fer de Lyon, ... vrer pour plusieurs années ... à vapeur, pratique et ... sur le bâti ... machines à ... vapeur, ou remorquées moins ... les transports par terre ... et par chemin ...

**MORIN** (Arthur), *membre de l'Institut, professeur au Conservatoire des arts et métiers* ... Metz en 1834 sur l'adhérence ... bain de mortier ou scellement ... rotation, la variation de tension des courroies employées à la transmission du mouvement, ... courroies à la surface des tambours, ... résumé et le résultat de toutes les expériences exécutées par l'auteur en 1831 ... de l'Académie des sciences. 1 vol. in-4 ...

**OLIVIER** (Th.), *Docteur ès sciences, professeur au Conservatoire des Arts et Métiers, répétiteur ... des Arts et Manufactures.* **MÉTRIE DESCRIPTIVE**, ... qui se vendent chacune séparément :
**COURS DE GÉOMÉTRIE DESCRIPTIVE**, accompagnées d'un Atlas de 11 planches. ...

On vend ...

... un de 44 planches ...
... première partie ...
... notation graphique, ...
... celle du mouvement et de la ...
... sur les ombres et le ...
... Les ... et ... en ...
... particulier. ...
*Démonstration complète ...*
... forts vol. in-4 ... 1840 ...
... le deuxième et le troisième ...
... sur les surfaces ...
...
... Atlas de ... planches ...
... de planches.
4ᵉ **COMPLÉMENT DE GÉO...**
... nombre de planches.
5ᵉ ... MOINS 9 DE GÉOMÉTRIE ...
2 vol. in-4 ...
6ᵉ **APPLICATION ...** la perspec... un de 58 pl. ...
7ᵉ **APPLICATION ... GÉOMÉTRIE DESCRIPTIVE** à la coupe des pierres, 1 vol. in-4 et Atlas in ...

**PONTÉCOULANT** (de), *membre de l'Institut, Académie des sciences* ... physique ... servant à ... pernaux ... désigner ... lution de ...

..., *ingénieur architecte* ... Traité théorique et pratique ... principes de construction ... des ... 1 vol. de 82 pl. ...

**BOLLET** (Augustin), *ancien ...*, la Légion d'honneur ... la conservation des grains ... des procédés, machines et appareils appliqués au toyage, à la conservation et à la mesure ... du pain et à côté du biscuit de mer, en France, en ... lande, en Belgique, en Hollande, etc., présente un aperçu le commerce des blés en Europe ; publié sous les auspices du ministre de la marine et des colonies. 1 vol. in-... accompagné d'un magnifique atlas de 67 planches ...

PARIS. — IMPRIMÉ PAR E. THUNOT ET Cᵉ, RUE RACINE, 26, PRÈS L'ODÉON.

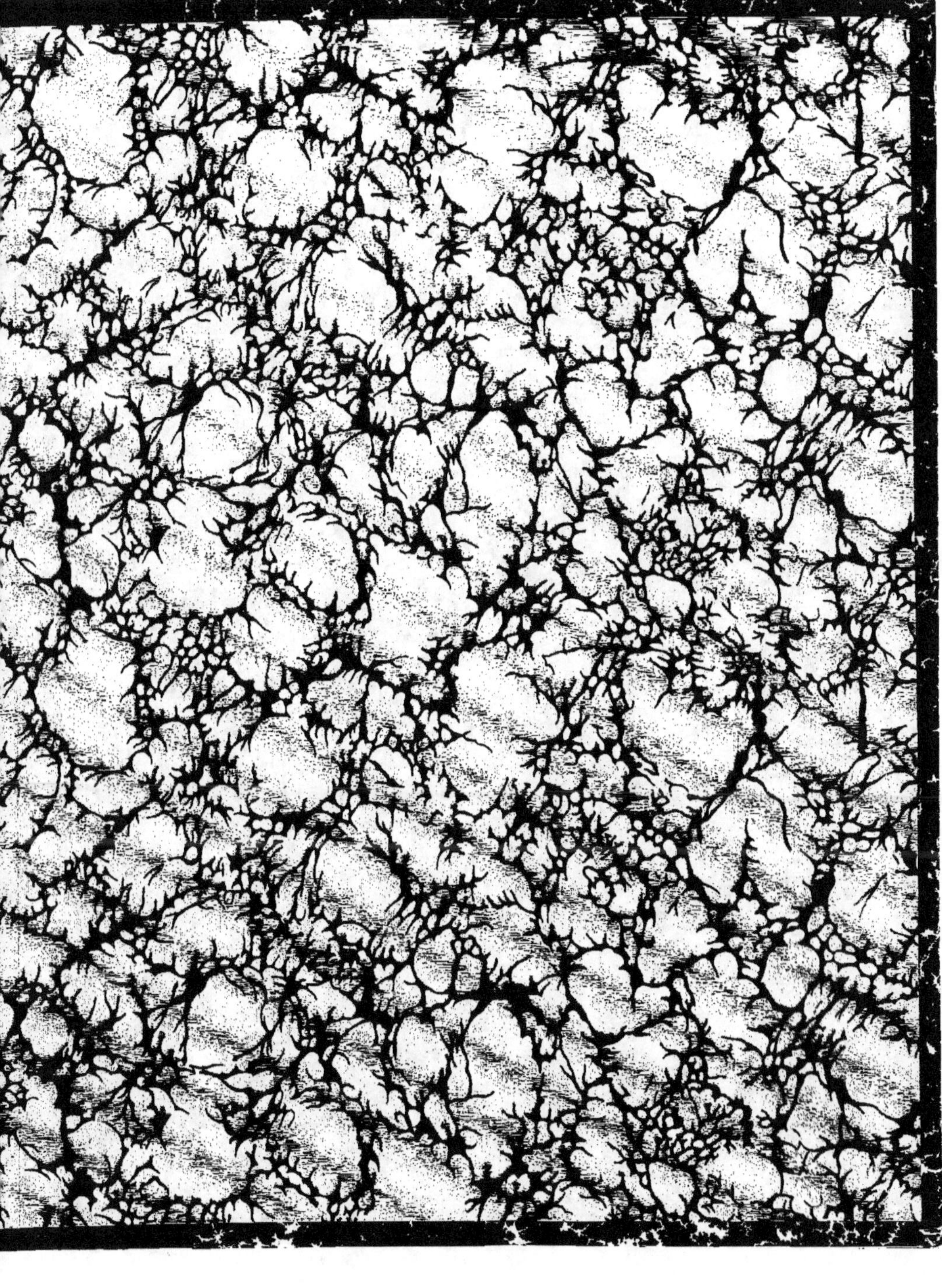

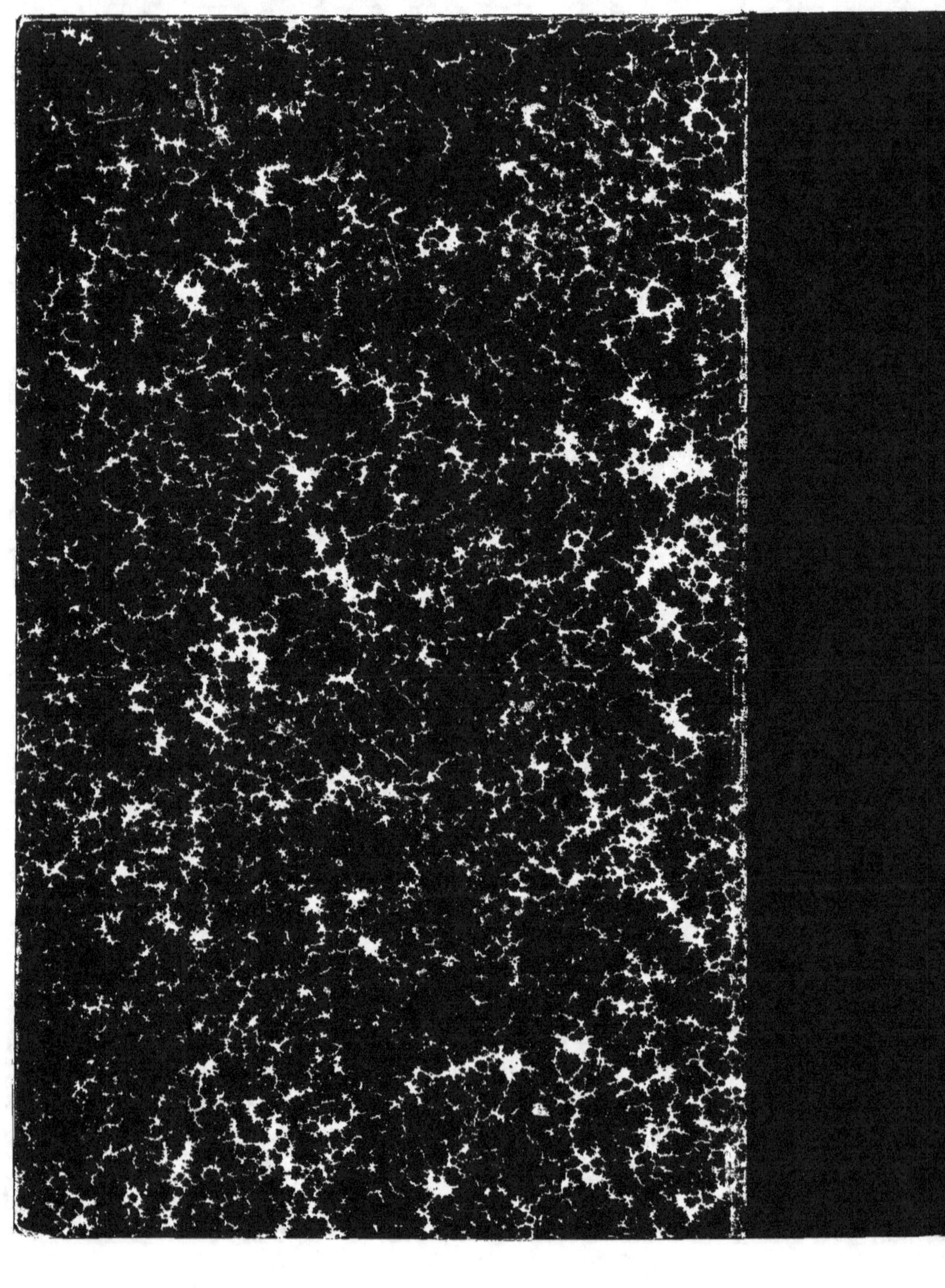